Interactive C#: Fundamentals, Core Concepts and Patterns

実力養成 C# ワークブック

ファンダメンタル、コアコンセプト、パターン
C#でオブジェクト指向プログラミングを体得する

◉著◉
Vaskaran Sarcar
◉監修◉
大澤文孝
◉翻訳◉
清水美樹

apress®

SE
SHOEISHA

本書内容に関するお問い合わせについて

このたびは翔泳社の書籍をお買い上げいただき、誠にありがとうございます。弊社では、読者の皆様からのお問い合わせに適切に対応させていただくため、以下のガイドラインへのご協力をお願いいたしております。下記項目をお読みいただき、手順に従ってお問い合わせください。

●ご質問される前に

弊社 Web サイトの「正誤表」をご参照ください。これまでに判明した正誤や追加情報を掲載しています。

正誤表　　　　　　　https://www.shoeisha.co.jp/book/errata/

●ご質問方法

弊社 Web サイトの「刊行物 Q & A」をご利用ください。

刊行物 Q & A　　　　https://www.shoeisha.co.jp/book/qa/

インターネットをご利用でない場合は、FAX または郵便にて、下記"翔泳社 愛読者サービスセンター"までお問い合わせください。

電話でのご質問は、お受けしておりません。

●回答について

回答は、ご質問いただいた手段によってご返事申し上げます。ご質問の内容によっては、回答に数日ないしはそれ以上の期間を要する場合があります。

●ご質問に際してのご注意

本書の対象を越えるもの、記述個所を特定されないもの、また読者固有の環境に起因するご質問等にはお答えできませんので、あらかじめご了承ください。

●郵便物送付先および FAX 番号

送付先住所　〒160-0006 東京都新宿区舟町 5
FAX 番号　03-5362-3818
宛先　　（株）翔泳社 愛読者サービスセンター

※本書に記載された URL 等は予告なく変更される場合があります。
※本書の出版にあたっては正確な記述につとめましたが、著者や出版社などのいずれも、本書の内容に対してなんらの保証をするものではなく、内容やサンプルに基づくいかなる運用結果に関してもいっさいの責任を負いません。
※本書に掲載されているサンプルプログラムやスクリプト、および実行結果を記した画面イメージなどは、特定の設定に基づいた環境にて再現される一例です。
※本書に記載されている会社名、製品名はそれぞれ各社の商標および登録商標です。
※本書では TM、®、©は割愛させていただいております。

INTERACTIVE C#: Fundamentals, Core Concepts and Patterns
Original English language edition published by Apress, Inc., Copyright © 2018 by Apress, Inc.
Japanese-language edition copyright © 2019 by SHOEISHA Co., Ltd.
All rights reserved.
Japanese translation rights arranged with WATERSIDE PRODUCTIONS, INC. through Japan UNI Agency, Inc., Tokyo

序文 – Ambrose Rajendram

　私は、仕事の大部分を研究開発関連の活動で過ごす中、さまざまな分野で多くのエンジニアと出会いました。どの人にもそれぞれの方針、資質、姿勢がありますが、エンジニアならば誰もが自分の人生の大部分を、知識を習得するために費やしているものです。今日、急速に変化する技術の様相においてはなおさらです。本書の著者 Vaskaran のように、境界の向こうにまた新しい境界を探して、永遠の探求を続ける人は他にもいます。しかし、Vaskaran が違うのは、自分の知識を他と共有し、それを世界に広めるために尽きせぬ情熱があるということです。ですから、この序文を書けることは名誉であり特権だと思っています。

　今は世界がつながっており、豊富な知識をインターネットで利用できます。無料で入手できるのも多いため、教科書は不要なように思うかもしれません。しかし、本書がすることは、基本から高度な概念まで一連の論理的な段階を通じて読者を導くことです。このような流れは、基本的な構成要素を理解するために、とても重要です。読者がここまで理解したら、先を進むのは難しくないでしょう。

　本書は主題を理解するために必要な事項に集中し、不必要なものは省略しています。各章で新しい考え方を紹介し、読者に浮かびそうな疑問を、教室で交わされるような素朴な Q&A の形で先立って示してくれます。これを通じて、さまざまな考え方をより深く理解するための洞察が得られるでしょう。

　オブジェクト指向プログラミングは今日のソフトウェア工学において最も重要な考え方であり、良質なプログラムを書くためにはぜひとも理解しておくべきです。本書の著者は、オブジェクト指向プログラミングを簡素でかつわかりやすい方法で提示するという驚くべき仕事をしてのけたと言えます。本書を、オブジェクト指向プログラミングの複雑な世界を旅する際のガイドとして使用してください。この本が、私にとって有益であったように、読者のみなさんにとっても有益であることを願っています。
　　　　　　　　　　　　　　　　　　　　　　　　　　　　　　　　　– Ambrose Rajendram

Ambrose Rajendram について

　Ambrose は、Hewlett-Packard のインドの研究開発センターの Master Technologist です。彼はエレクトロニクスエンジニアとして教育を受けましたが、技術への情熱に導かれ、機械工学からロボット工学、そして機械学習まで、さまざまな分野を経験してきました。現在は、ロボット工学に機械学習を適用して、日々の問題を解決する研究に取り組んでいます。

序文 – Siddhartha Ghosh

どのプログラミング言語についても教本はたくさんあります。特に C#のように人気のある言語は不足するはずもなく、言語そのものの開発に積極的に貢献している著者による決定的な教科書もあります。しかし、ほとんどの場合、普通の読者がこれらの本を読めば、難しすぎて理解できないと感じるでしょう。一方で、非常に読みやすい本もありますが、それらが扱う内容は往々にして正確さに欠けるものです。本書の著者 Vaskaran は以前教師であった経験から、プログラミングの強固な基盤を築く前に学生が直面する課題を理解しています。本書の独特の書き方である生徒と教師の対話形式は、問題を過度に複雑にすることなく、読者に基本的な考え方をしっかりと定着させます。本書には強力な基礎に加えて、著者 Vaskaran の職業生活から出た重要な情報も盛り込まれています。「メモリの解放」の章がその例です。本書は、その明確で興味深い方法により、読者に内容をよく理解させてくれると私は確信しています。

– Siddhartha Ghosh

Siddhartha Ghosh について

Siddhartha は、統計学と情報技術の大学院に在籍中です。彼は、バンガロールにある Hewlett-Packard の研究開発部門でエンタープライズプリント分野のソリューションアーキテクトとして働いています。IT 業界で 18 年以上、さまざまな役割を果たし、能力を発揮した経験があります。品質管理の MBA を取得しており、これまでに習得した一連の技能をどのように仕事に適用できるか、常に見出そうとしています。

著者について

Vaskaran Sarcar は、ソフトウェアエンジニアリングの ME、MCA であり、Hewlett-Packard のインドにある R&D センターのシニアソフトウェアエンジニア兼チームリーダーです。教育と IT 業界で 12 年以上の経験があります。

彼は、Jadavpur 大学、Vidyasagar 大学、Presidency 大学（以前の Presidency College）など、インドで一流の教育機関の卒業生です。2005 年に教職をはじめ、後にソフトウェア業界に入りました。新しいことを読み、学ぶことに情熱をもっています。連絡先は、vaskaran@rediffmail.com です。また LinkedIn (https://www.linkedin.com/in/vaskaransarcar) でつながることができます。

他の著書には、"Java Design Patterns"、Apress、2016。"Interactive Object-Oriented Programming in Java"、Apress、2016。"Design Patterns in C#"、CreateSpace、2015。"C# Basics: Test Your Skill"、CreateSpace、2015。"Operating System: Computer Science Interview Series"、CreateSpace、2014 などがあります。

本書のテクニカルレビュアーについて

Shekhar Kumar Maravi は、システムソフトウェアエンジニアです。専門はプログラミング言語、アルゴリズム、データ構造です。彼はボンベイのインド工科大学でコンピュータサイエンスとエンジニアリングの修士号を取得しています。

卒業後、インドの Hewlett-Packard の研究開発拠点に加わり、プリンタのファームウェアの開発に携わりました。現在は Siemens Healthcare India の Strategy and Innovation Division で、実験室用の自動診断装置のファームウェアとソフトウェアの技術リーダーとして働いています。

連絡先は shekhar.maravi@gmail.com です。また、Linkedin (https://www.linkedin.com/in/shekharmaravi) でつながることができます。

Ravindra T. Bharamoji の専門は、プログラミング言語とテスティングです。彼はカルナタカ大学で電子通信工学の学士号を取得し、卒業後 Wipro Technologies に入社しました。現在は HP のテクニカルリーダーとして働いています。連絡先は aarushsowmya@gmail.com です。また、LinkedIn (https://www.linkedin.com/in/ravindrabharamoji) でつながることができます。

謝辞

　最初に、全能の主に感謝します。主の祝福のみが私に本書を完成させてくださったと心から信じています。

　また我が両親の Ratanlal Sarkar と Manikuntala Sarkar にも深く感謝します。彼らの祝福なしに、この仕事はなし得なかったでしょう。

　妻の Indrani、娘の Ambika。愛しい家族である彼らの愛がなければ、私はまったく仕事を進めることができなかったでしょう。本書の執筆作業を予定通りに完了するため、彼らが私につきあって多くの楽しい集まりや招待を断念してくれたことを私は知っています。

　兄弟 Sambaran が常に励ましてくれたことに感謝します。

　テクニカルアドバイザーである Shekhar、Anupam、Ravindra、Idris、Naveen は、私の最良の友人たちでもあります。私が必要なときはいつでも彼らが助けてくれました。重ねて感謝します。

　Ambrose Rajendram と Siddhartha Ghosh は仕事仲間で、職場の先輩でもあります。本書の序文を書くために時間を割いてくれた2人に特別な感謝を捧げます。彼らのような専門家が私のために書くことを良しとしてくれたので、私はもっと良い仕事をしなければならないと決意を新たにしています。

　最後に、出版社、編集部、そしてこの本を直接的にも間接的にも支持してくれたすべての人たちに深く感謝します。

著者による序文

　一仕事を無事に完成させると、安心します。しかし、その仕事を心から望んでいましたのであれば、安心にとどまらず満足感が得られます。そして、その望んでの仕事が他者の役に立つことであるならば、その満足感は大変大きなものになるでしょう。今、私が味わっているのも同じ種類の感情です。

　2015年に、私は『C# Basics: Test Your Skill』という本で、C#の基本的な概念をいくつか扱いました。2017年に、この本を改訂して、『Interactive Object-Oriented Programming in C#』としました。この本はリリースされるといち早く、Amazon.com の「C#」と「オブジェクト指向プログラミング」の両分野で、新作として No.1 の評価を得ました。読者の反響に基づいて、この本をさらに洗練したのが本書です。本書は、純粋なオブジェクト指向プログラミング以上のものも扱っているので、「オブジェクト指向」と「プログラミング」という言葉はタイトルから削除されました。

　著者としての私の最初の目標は、本書を無事に完成させることでした。しかし、その過程でより高度な目標となりました。この本を一方的な説明でなく、対話的なものにしたいと考えたのです。読者にも私とともに旅をしてほしいと思いました。知らない道をたどって旅をするとき、ともに歩む相手がいて、その人に知識だけでなく、愛情と思いやりがあるならば、きっとその旅を終えることができるだろうということに反対する人はいないでしょう。本を通して新しいプログラミング言語を学ぶことは旅のようなものだという思いが、私の心に常にありました。そこでこの本では、私はあなたの旅の間支えてくれる、熱心な先生を紹介します。この先生には、質問することができます。先生はなるべく簡単な方法で答えようとしてくれます。みなさんが自分で考え分析していける

ように、先生からみなさんにいくつか質問をするかもしれません。ほとんどの場合、先生は完全なプログラムを書き、その出力をスクリーンショットとして表示してくれます。実際の結果を目にすることが、学習には最も効果的です。

本書の最も重要で無類の特徴は何かと聞かれれば、私は「対話的で非常に簡単」であると答えるでしょう。C#の最新機能を駆使した難しいプログラムを披露して自分のプログラマとしての力量を示すのが本書の目的ではありません。むしろ本当の目標は、C#プログラミングにおける中心となるコンセプトを説明することで、読者の創造性を高めることです。新しい技術を学ぶときには、最新の話題よりも、そのコンセプトこそが重要です。今日の最新のものが何であれ、明日は古くなります。しかし、「中心的なコンセプト」は消えることがありません。

では、旅にでかけましょう。これから「Interactive C#」を読んでいただけることを幸いと思います。実際の内容に入る前に、本の目的と内容の構成について明らかにしておきたいいくつかの点があります。

- 本書の目的は、教室のような環境を作って、読者の学びを助けることです。私は2005年から教育に携わり、工学系と非工学系の両方の大学で授業をしました。私が教えた内容の大部分がオブジェクト指向プログラミングに基づいていて良かったと思います。まさにそれが、このような本を書き広めたいという動機となりました。

- この本では、何もわからない人がいきなり読み始められるものではなく、Visual Studioをシステムにインストールする方法や「Hello World」プログラムの作成方法などにまで時間をかけて説明してはいません。本書の教室では、生徒は家で基本的な宿題を終えて来ること、また教室のコーディング環境が整っていることを前提としています。授業は、C#で実装できる基本的なオブジェクト指向の考え方から始まります。先生はC#の主な機能に焦点を当てて、これらの考え方をどのように学ぶか、またどうすれば効果的に使えるかを説明していきます。

- しかし基礎に自信がなくても大丈夫です。教室でより良い質問ができるように、付録Aを用意しました。ここでは、C#の重要な考え方の多くを説明し、自分の基本的な知識を試すこともできます。付録Aは参考文献としても役立ちますから、本文でわからないことがあるたびに、参照することになるでしょう。それを繰り返していけば、学びが身に付くはずです。プログラミングが初めての人にも、他の言語でプログラミングをしてきたと言う人にも、この付録は大いに役立つはずです。また、この付録には、一見簡単に見えるが実はひねった質問も入っています。読んでおくと、就職の面接や試験の準備になるかもしれません。

- 本書は先生と生徒の対話を独特な表現で進めていきます。読んでいくうちに、自分が教室でC#の授業を受けていたり、家で家庭教師と話す中で、論じあったり質問を受けたりするような気分になるでしょう。同時に、先生に質問して疑問を解決できるでしょう。このような書き方は、多くの学生が公開講座のような場所で質問をするのに抵抗を感じることに配慮したものです。本を読む上で学びたい内容に専念し、提示されているQ&Aセッショ

ンをよく考察すれば、きっと C# 言語に対する自信が深まり、プログラミングの世界で得るところが大きくなるでしょう。

- 分厚い本は脅威です。数日で読み終えるとは到底思えないからです。しかし継続は力なりです。本当の習熟は、24 時間とか 1 週間にして成らずだと私は信じています。本書は「C# の大事な概念を押さえることができるならば、いかなる努力をも惜しまない」と言う人のためのものです。それでも単純計算すると、1 週間に 2 つのトピックを完成させることができれば、2 か月以内に本書を学び終えることができます。学習速度は能力と努力次第ですが……。本書は、読み終えたときには、C# の中心となるオブジェクト指向プログラミング（OOP）の概念を詳しく知り、さらに重要なこととして先に進む方針をたてられるように、構成を工夫してあります。

- 本書のサンプルプログラムは、Visual Studio IDE で動作確認をしています。本書のサンプル作成プロジェクトは Visual Studio 2012 で始まり、Visual Studio 2017 で完成しましたが、コードがすべての最新バージョンと互換性があるように留意しました。最新の Visual Studio について、詳しく知っていなければならないということはありません。本書のプログラムは他の IDE でも実行できるものです。本書で Visual Studio を選択したのは、C# の研究のために最もよく使われている IDE で、さまざまなスクリーンショットを紹介できるからです。

最後になりますが、私は本書がみなさんの役に立つように最善を尽くして執筆しました。みなさんが本書から多くを得て、有用な本だと思ってくだされば幸いです。

本書の使い方

以下に、本書の使い方について、お薦めしたいことをいくつか挙げておきます。

- C#の基本を学んだばかりの方やC++、Javaなどの他の言語で学んできた方は、まず、付録AでC#の基本的な構文と考え方を参照すると良いでしょう。
- 付録Aに記載されている内容がわかるなら、本書の第1部へ入ってください。
- 本書の各部は前後がつながっています。第1部を読み終わってから第2部へと進んでください。
- 第3部では、デザインパターンの概要を示しています。

1995年頃、4人の著者、Erich Gamma、Richard Helm、Ralph Johnson、John Vlissidesが、『Design Patterns：再利用可能なオブジェクト指向ソフトウェアの要素』(Addison-Wesley, 1995)という著書を発表し、ソフトウェア開発におけるデザインパターンという考え方を創始しました。4人の著者は、ギャングオブフォー（Gang of Four：GoF）として知られるようになりました。彼らは3つのカテゴリに分類した23のデザインパターンに、この考えを取り入れました。本書ではこれらのカテゴリから、それぞれで1つずつのパターンを取り上げて考えます。本書の第3部では、現実世界で克服すべき課題を紹介し、それらをプログラミングによって処理する方法を示します。本書に記載したデザインパターンは、第1部、第2部、そして付録Aで説明されている内容に基づけば理解できるものです。

- Visual Studioはhttps://www.visualstudio.com/downloads/からダウンロードならびにインストールできます[1]。Visual Studio Community Editionは無料ですので、お使いください。

はじめるにあたっての注意事項

本書は「先生」と「生徒」の会話形式で書いてあります。「先生」は「生徒」よりも偉い人というのではなく、ともに学びの旅をする親切な案内役と考えてください。「生徒」は特定の誰かではなく、教室にいるさまざまな生徒を指します。実際、これらの質問は、著者が実際に教室での学生、職場での同僚、そして他の専門家に至るまで、さまざまな人から受けたものです。中には、著者自身が学生のように、仲間、自分の先生、そして専門家から教わった内容もあります。ですから、「生徒」とは単に、著者自身も含めてもっと知りたいと思う好奇心を持つ人々全体を指しています。著者は本書の「生徒」を愛し、すべてを尊重しながら記しています。したがって、「先生・生徒」を上下関係であるかのように誤解しないでください。

---

[1] 本書執筆時点では、このリンクが利用でき、利用情報も本書の通りですが、これらのリンクとポリシーは将来変更されることもあります。

目次

序文 – Ambrose Rajendram iii
序文 – Siddhartha Ghosh iv
著者について v
本書のテクニカルレビュアーについて vi
謝辞 vii
著者による序文 vii
本書の使い方 x
はじめるにあたっての注意事項 x

第1部　オブジェクト指向プログラミングに踏み入る　　1

第1章　オブジェクト指向プログラミングの考え方　　3

 1.1　クラスとオブジェクト 5
 1.2　カプセル化 5
 1.3　抽象化 6
 1.4　継承 6
 1.5　ポリモーフィズム 6
 1.6　まとめ 7

第2章　基礎となる構成要素：クラスとオブジェクト　　9

 2.1　クラス 9
 2.2　オブジェクト 9
 2.3　クラス定義の例 12
 2.4　オブジェクトの初期化 26
 2.5　省略可能な引数 28
 2.6　まとめ 30

第3章　継承とは何か　　33

 3.1　継承の種類 33
 3.2　base という特別なキーワード 42
 3.3　まとめ 49

第4章 ポリモーフィズムに馴染む　51

- 4.1　メソッドのオーバーロード　51
- 4.2　提案：よいプログラムの書き方　59
- 4.3　演算子のオーバーロード　60
- 4.4　メソッドのオーバーライド　63
- 4.5　ポリモーフィズムを用いた実験　68
- 4.6　抽象クラス　85
- 4.7　まとめ　94

第5章 インターフェイス：OOPの芸術的側面　95

- 5.1　インターフェイスとは　95
- 5.2　タグ（タギングもしくはマーカー）インターフェイス　105
- 5.3　まとめ　111

第6章 プロパティとインデクサによるカプセル化　113

- 6.1　プロパティの概要　113
- 6.2　コード量を少なく　117
- 6.3　virtual なプロパティ　120
- 6.4　抽象プロパティ　122
- 6.5　インデクサ　124
- 6.6　インターフェイスのインデクサ　130
- 6.7　まとめ　133

第7章 クラス変数を理解する　135

- 7.1　クラス変数　135
- 7.2　静的メソッドについての議論　139
- 7.3　静的コンストラクタについて　142
- 7.4　まとめ　144

第8章 さまざまな比較をしながら C# を解析する　145

- 8.1　暗黙的な型変換と明示的な型変換　145
- 8.2　ボックス化とボックス化解除　146
- 8.3　アップキャストとダウンキャスト　151

  8.4 is と as ･･･ 154
  8.5 キーワード「is」の使用 ･･････････････････････････ 155
  8.6 キーワード「as」の使用 ･･････････････････････････ 157
  8.7 ref と out ― 値型を値で渡すか、参照で渡すか ･････････ 159
  8.8 パラメータ ref と out ････････････････････････････ 160
  8.9 C#における型の比較 ････････････････････････････ 167
  8.10 まとめ ･･ 176

第 9 章　C#における OOP の原則のまとめ　　　　　　179
  9.1 コンポジションとプログラム ･･････････････････････ 182
  9.2 集約とプログラム ･･････････････････････････････ 185
  9.3 まとめ ･･ 188

第 2 部　高度な考え方を身近なものにする　　　　　　189

第 10 章　デリゲートとイベント　　　　　　　　　　191
  10.1 デリゲートとは ････････････････････････････････ 191
  10.2 正式な定義 ････････････････････････････････････ 192
  10.3 コードの量を減らす ････････････････････････････ 193
  10.4 マルチキャストデリゲートとチェインデリゲート ･････ 196
  10.5 デリゲートの共変性と反変性 ･･････････････････････ 199
  10.6 デリゲートとメソッドのグループ変性における共変性 ････ 200
  10.7 デリゲートの反変性 ････････････････････････････ 201
  10.8 イベント ･･････････････････････････････････････ 202
  10.9 C#で簡単なイベントを実装する手順 ････････････････ 204
  10.10 イベントの引数にデータを渡す ････････････････････ 206
  10.11 イベントアクセサ ･･････････････････････････････ 208
  10.12 まとめ ･･ 213

第 11 章　無名関数で柔軟性を実現する　　　　　　　215
  11.1 無名メソッドとラムダ関数 ･･･････････････････････ 215
  11.2 Func デリゲート、Action デリゲート、Predicate デリゲート ･･･ 218
  11.3 まとめ ･･ 221

第12章 ジェネリック　223

- 12.1 ジェネリックと従来のプログラムとを比較する・・・・・・・223
- 12.2 特別なキーワード「default」・・・・・・・230
- 12.3 代入・・・・・・・231
- 12.4 ジェネリックの制約・・・・・・・233
- 12.5 共変性と反変性・・・・・・・236
- 12.6 ジェネリックインターフェイスで共変性を実現・・・・・・・239
- 12.7 ジェネリックデリゲートで反変性を実現・・・・・・・241
- 12.8 まとめ・・・・・・・242

第13章 例外処理　243

- 13.1 例外処理を考える・・・・・・・243
- 13.2 独自の例外を投げる・・・・・・・259
- 13.3 まとめ・・・・・・・261

第14章 メモリの解放　263

- 14.1 ガベージコレクタの動作・・・・・・・264
- 14.2 ガベージコレクションの3つのフェーズ・・・・・・・264
- 14.3 ガベージコレクタが呼び出される3つのケース・・・・・・・264
- 14.4 メモリリークの解析・・・・・・・271
- 14.5 まとめ・・・・・・・284

第3部　現実世界でのヒーローになる　285

第15章 デザインパターン入門　287

- 15.1 デザインパターンとは・・・・・・・287
- 15.2 キーポイント・・・・・・・288
- 15.3 シングルトンパターン・・・・・・・290
- 15.4 アダプターパターン・・・・・・・296
- 15.5 ビジターパターン・・・・・・・305
- 15.6 まとめ・・・・・・・308

第16章 これから歩む道　309

付録A　本文から漏れた話題など　　311

- A.1　基本 311
- A.2　C#のセオリー 311
- A.3　選択ステートメント 316
- A.4　繰り返しステートメント 321
- A.5　ジャンプステートメント 327
- A.6　その他 330
- A.7　文字列 331
- A.8　文字列を使ったコード例 332
- A.9　配列 340
- A.10　列挙体 348
- A.11　構造体 356

付録B　参考文献　　363

索　引 365

第1部

オブジェクト指向プログラミングに踏み入る

第1部では、主に、次の事項を学びます。

- オブジェクト指向プログラミングとは何か
- なぜオブジェクト指向プログラミングが必要か
- C#の中心的な構成要素で、オブジェクト指向プログラミングの基本的な考え方を、どのように網羅できるか
- 魅力的で効率的なC#アプリケーションを作るには？

第1章
オブジェクト指向プログラミングの考え方

　オブジェクト指向プログラミング（OOP）の世界へようこそ。読者のみなさんは「必要は発明の母」という格言を知っていることでしょう。この格言は、ここでも通用します。なぜオブジェクト指向プログラミングというプログラミング手法が導入されたのか、その考え方が、どのように実際のプログラミングを容易にするのか、という基本を押さえておけば、学習の道は楽しくなり、さまざまな方向に学習を発展させて行けることでしょう。そこで本書では、いくつかの共通の問題を確認し、それからオブジェクト指向プログラミングの概要を説明します。

　ここで、以下の2点を注意事項として挙げておきましょう。

- パッと見て理解できないからといって失望しないでください。面倒に見える箇所もありますが、じきに簡単に思えるようになってきます。
- OOPには批判も少なくありませんが、人は新しいものにケチを付ける性質があります。OOPの考えに納得がいかなくても、まず受け入れて、使ってみてください。その上で、OOPが良いか悪いかを自分で判断してください。

　では、学びの旅の始まりです。

　コンピュータプログラミングは、バイナリコードで始まりました。プログラムの読み書きには機械的なスイッチが必要で、当時のプログラマの仕事は、大変なものでした。のちに、いくつかの高水準プログラミング言語が開発され、プログラマ生活もずっと楽になったはずです。彼らは簡単な英語のような指示を書き、問題解決を果たすことを始めました。コンピュータは命令をバイナリ言語でしか理解できないため、コンパイラがこれらの命令をバイナリに翻訳しました。そう、私たちは、こうした高水準言語を使った開発で、幸せになったのです。

　そうこうしているうちに、コンピュータの容量と機能が大きく進歩して行きました。当然の結果として、私たちはもっと広い視野で、より複雑な考え方をコンピュータプログラミングで実現しようという試みを始めるようになりました。しかし残念ながら、当時、利用可能なプログラミング言語のいずれも、そうした考え方を実際に表現できるほど成熟しておらず、以下の問題に直面するこ

とになりました。

- 同じコードを何度も書かないで済ませられるよう、コードを再利用したい。
- 共有環境ではグローバル変数の使用が混乱を招く恐れがある。
- goto キーワードなどを使ったジャンプが多すぎるとき、デバッグはどうしたら良いか。
- 新しいプログラマとしてチームに加わったが、それまでのプログラム全体の構造を把握するのはとても無理と感じたとき、どうすれば救われるか。
- 大きなコードベースを効率的に保守していきたい。

　これらの問題を克服するために、プログラミング専門家は、大きな問題をより小さな塊（チャンク）に分割するという考えを思いつきました。この背後にあるアイデアは、とても単純でした。「小さなチャンクにある小さな問題を1つ1つ解決していけば、結局その大きな問題は解決する」というものです。こうして大きな問題は小さな部分に分割され、関数（もしくはプロシージャやサブルーチン）という概念が具現化しました。こうしたそれぞれの関数は、1つの小さな問題範囲の解決を図るものです。そして全体では、関数の管理、そして、関数同士を相互作用させることが重要な論点となりました。この流れの中で、構造化プログラミングの考え方が具現化しました。小さな関数は管理しやすく、デバッグしやすいため、構造化プログラミングは高い人気を得るようになりました。また、グローバル変数は使わない方向になり、多くが関数のローカル変数に置き換えられました。

　構造化プログラミングは、ほぼ20年にわたって、人気を保っていました。この間、ハードウェアの容量が大幅に増加し、その明らかな効果として、人々は、より複雑なタスクを達成したいと考えました。そうしたなか、徐々に、構造化プログラミングの欠点と限界が目立ってきました。たとえば、以下のような問題です。

- アプリケーション内の複数の関数で使っている、あるデータ型を変更する場合、ソフトウェア全体のすべての関数から、そのデータ型を探して変更しなければならない。
- 構造化プログラミングの主要な構成要素である「データと関数」だけでは、現実世界のすべてのシナリオをモデル化することはできない。現実世界における結果は、次の2つに着目しなければならない。
    - 目的：なぜこの結果を必要とするのか。
    - 動作：この結果は、何を楽にするのか。

　そこで、オブジェクトという考え方が登場したのです。

> **覚えておこう**
> 構造化プログラミングとオブジェクト指向プログラミングの基本的な違いを要約すると以下の通りです。
> 「データ操作ではなく、データそのものに注目する」。

オブジェクト指向プログラミングの中核には、いくつかの原則があります。本書では、全体を通してそれを詳細に説明していきます。まずは、それぞれを簡単に紹介しましょう。

1.1　クラスとオブジェクト

クラスとオブジェクトは OOP の中核です。クラスとは、オブジェクトの青写真またはテンプレートです。オブジェクトはクラスのインスタンスです。簡単な言葉で説明すると、構造化プログラミングでは、解決すべき問題を関数に分割したり、関数ごとにまとめたりしますが、OOP では、同じ問題をオブジェクトに分割します。コンピュータプログラミングにおいて、すでに int、double、float などのデータ型はすでにお馴染みでしょう。これらは、組み込みデータ型やプリミティブデータ型と呼ばれます。名前の由来は、「対応するコンピュータ言語ですでに定義されている」という意味です。しかし、独自のデータ型（Student など）を作成する必要がある場合は、Student クラスを作成します。整数型の変数を作成するときには、はじめに int を参照するのと同様に、Student オブジェクト（例：John）を作成するには、先に Student クラスを参照します。同様に、Ronaldo は Footballer クラス、Hari は Employee クラス、みなさんの愛車は Vehicle クラスのオブジェクト、などです。

1.2　カプセル化

カプセル化の目的は、以下の 2 つのうち、どちらか（あるいは両方）です。

- オブジェクトの構成要素に直接アクセスできないように制限を加える。
- データと、そのデータに作用するメソッドとを結び付ける（これが、カプセルを形成するということです）。

一部の OOP 言語には、デフォルトでは、情報が隠せるように設計されていません。そのため、あとから「情報の隠蔽」という用語で呼ばれる考え方が登場しました。あとで、データのカプセル化がクラスの重要な特徴の 1 つであることを学びます。このデータは外部からは見えず、クラス内で定義されたメソッドのみを介してアクセスできるというのが理想です。したがって、これらのメソッドは、オブジェクトのデータと外部（つまり、プログラム）の間のインターフェイスと考えることができます。C#でカプセル化するには、アクセス指定子（または修飾子）とプロパティを適切に使います。

1.3 抽象化

抽象化の重要な目的は、基本事項のみを表示し、実装の背景にある詳細を隠すことです。抽象化はカプセル化にも強く関連していますが、その違いは、日常にありがちな行動をシナリオに置き換えて、容易に説明できます。リモコンのボタンを押してテレビをオンにするとき、テレビの内部回路がどうなっているかとか、リモコンがどうやってテレビの電源を入れたかなど、私たちは気にしません。リモコンのそれぞれのボタンには異なる機能がありますが、正常に機能する限り、私たちは満足するでしょう。これは、ユーザーが、リモコンやテレビの中にカプセル化された複雑な実装の詳細から分離されたということです。リモコンで実行できる一般的な操作も、リモコンから抽象化されたものとして考えることができます。

1.4 継承

再利用性について語ろうとすると、ほぼ必ず継承についても語ることになるでしょう。継承とは、あるクラスオブジェクトが別のクラスオブジェクトのプロパティを取得するプロセスです。以下の例を考えてみましょう。Bus は、Vehicle（車両）の一種であると言えます。なぜなら、輸送の目的で使われる車両の基本基準を満たすからです。同様に、Train は Vehicle の別の種です。同じように Good（貨物列車）と Train（旅客列車）は違うものですが、最終的に両方とも列車の基本基準を満たしているため、両方が Train カテゴリ（またはクラス）から継承していると言えるでしょう。階層的構造とは要するに、継承の考え方をもとに成立していると言えます。

プログラミングの世界では、継承は、既存のクラス（C#では基本クラスまたは親クラスと呼ばれます）から新しい子クラスを作成します。この子クラスは、その階層チェインの1つ上に配置されます。子クラスに対しては、基本クラスに新しい機能（メソッド）を追加したり、変更して組み入れたり（オーバーライド）できます。重要なのは、こうした変更をしても、核となる構造が影響を受けないということです。言い換えれば、Vehicle クラスから Bus クラスを引き出し、Bus クラスの機能を追加・変更する場合、それらの変更が Vehicle クラスで記述された元の機能を変更することになってはなりません。

継承の主要な利点は、多くのコードを重複することなく利用できるということです。

1.5 ポリモーフィズム

ポリモーフィズム（多態性）とは、一般的に1つの名前で多くの形がある、ということに関連します。飼い犬の行動を考えてください。怪しい人物を見ると怒って荒々しく吠えますが、主人を見たときには吠え方も違えば動作も違います。

コーディングの世界で、Addition（加算）という名前のとても一般的なメソッドを考えて見ましょう。2つの整数を加算するのであれば整数の合計が得られますし、2つの文字列の加算ならば、連結文字列を得ることになるでしょう。

ポリモーフィズムには、2種類あります。

コンパイル時ポリモーフィズム
コンパイラは、コンパイルしつつ、どのような状況でどのメソッドを呼び出すかをあらかじめ決定できます。これは、静的バインディングまたは初期バインディングとも呼ばれます。

実行時ポリモーフィズム
実際のメソッド呼び出しの解決（どのメソッドを呼び出すかという特定）を、実行時に行います。コンパイル時には、プログラムが起動したとき、どのメソッドが呼び出されるかを予測することはできません（入力に応じて異なる動作をするようにプログラムが書かれている場合など）。とても単純なユースケースを考えてみましょう。プログラムの最初の行に乱数を生成する処理が書かれていて、そこで生成された番号が偶数であれば、`Method1()`メソッドを呼び出して「Hello」と出力するものとします。そうでないときも、同名のメソッドを呼び出しますが、そのメソッドでは「Hi」と出力されるものとします。この場合、プログラムを実行してみないと、どちらのメソッドが呼び出されるかはわかりません。つまり、コンパイラはコンパイル時点では呼び出しを解決できないので、プログラムが実行される前に「Hello」か「Hi」が表示されるかどうかはわかりません。これを動的バインディングまたは遅延バインディングと呼びます。

1.6　まとめ

本章では、以下の事項を解説しました。

- オブジェクト指向プログラミングの紹介
- なぜオブジェクト指向プログラミングが発展したのか
- オブジェクト指向プログラミングと構造化プログラミングの違い
- オブジェクト指向プログラミングの中核となる特徴

第2章 基礎となる構成要素：クラスとオブジェクト

2.1 クラス

クラスは青写真またはテンプレートです。そのオブジェクトの振る舞いを記述します。オブジェクトは、これに基づいて構築またはインスタンス化されます。

2.2 オブジェクト

オブジェクトはクラスのインスタンスです。

オブジェクト指向プログラミングは、クラスとオブジェクトという2つの考え方を基本としています。クラスでは新しいデータ型を作成します。そしてオブジェクトは、データ（フィールド）とメソッドを保持するために使われます。オブジェクトの振る舞いは、こうしたメソッドを通じて公開されます。

サッカーでは、試合に参加するプレイヤーはスキルに応じてさまざまなポジションを与えられますが、スキルに加えて、最低限の競技経験と一般的な運動能力が必要です。ロナウドという人がサッカー選手だと言われたとき、私たちは、たとえロナウドを知らなかったとしても、その人が基本能力とサッカーに特有のスキルを持っていると予想できます。この場合、簡単な表現をすれば、ロナウドは Footballer クラスのオブジェクトです[1]。

それでも、鶏が先か卵が先かのジレンマを感じる人もいるかもしれません。なぜなら、「X さんはロナウドのようにプレーしている」というならば、ロナウドはクラスのような役割をしていることになるからです。しかし、オブジェクト指向の設計では、鶏と卵のどちらが先かを決めてしまい、先にくるほうをアプリケーションのクラスと決めてしまうことで話を簡単にしています。

---

[1] アメリカとそれに影響された国以外では、football またはそれに相当する名前でサッカーを表します。

別の選手、ベッカムを考えてみましょう。ベッカムがサッカー選手であれば、ベッカムもまたサッカーに関する多くの面で優れているはずだと予想できます。試合に参加するのですから、最低限の競技経験も持っていなければなりません。

さて、ロナウドとベッカムの両者が同じ試合に出場しているとします。「ロナウドとベッカムは、ともにサッカー選手だが、試合中の彼らのプレースタイルとパフォーマンスは異なる」と考えるのが自然でしょう。オブジェクト指向プログラミングの世界でも、同じクラスに属するオブジェクトの動作には、それぞれ違いがあります。

どんな分野でも、クラスとオブジェクトの関係を考えることができます。飼っている犬や猫は `Animal` クラス、愛車は `Vehicle` クラス、愛読している小説は `Book` クラスのオブジェクト、などという考えが浮かぶでしょう。

端的に言うと、実際のシナリオでは、それぞれのオブジェクトには、状態と動作という2つの基本的な特性があります。`Footballer` クラスのオブジェクトである `Ronaldo` と `Beckham` は、「競技中」や「競技外」のような状態にあるでしょうし、競技中の状態では、走る、蹴るなどの動作が生じるはずです。

競技外の状態にも、さまざまな動作が生じるでしょう。睡眠、食事、もしくはサッカーに直接関係なくてもリラックスのための読書、映画鑑賞などがあるでしょう。

同様に、家のテレビは、いつでも「オン」または「オフ」のいずれかの状態にあるはずです。オン状態になっている場合だけ、さまざまなチャネルを表示できます。オフ状態では何も表示されません。

オブジェクト指向プログラミングを始めるにあたっては、以下のような質問を考えるのがよいでしょう。

- このオブジェクトが取り得る状態は何か？
- それらの状態で実行できるさまざまな機能（動作）は何か？

こうした質問の答えを整理すれば、プログラミングを進めていけるでしょう。これらの質問が大事なのは、オブジェクト指向プログラムのソフトウェアオブジェクトが同じパターンに従うためです。オブジェクトの状態はフィールド／変数に格納され、その機能／動作はさまざまなメソッド／関数で記述されます。

では、プログラミングに取り掛かりましょう。オブジェクトを作成するには、どのクラスに属するかを最初に決めます。つまり一般にオブジェクトを作成したいときは、最初にクラスを作成します。

例外的な場合がいくつかあります。たとえば、`System.Dynamic` 名前空間の `ExpandoObject` クラスでは、実行時にオブジェクトのメンバを追加や削除できます。しかし今は、クラスとオブジェクトの旅を始めたばかりです。物事をあくまで単純に考えましょう。現時点では、これらの細かい議論は無視します。

> **覚えておこう**
> 一般に、オブジェクトを使うには、先にクラスを定義する。

A という名前のクラスを作成した場合、クラス A のオブジェクト obA は、次の文で作成できます。

```
A obA = new A();
```

上記の行は、以下のように 2 行に分解できます。

```
A obA;          // 1 行目
obA = new A();  // 2 行目
```

1 行目の終わりの時点では、obA は参照です。この時点では、まだメモリは割り当てられていません。しかし新しいオブジェクトが具現化すると、メモリが割り当てられます。

2 行目ではオブジェクトを具現化しています。このとき、クラス名の後に丸括弧が続いているところに注目しましょう。この形は、初期化コードの実行に使われるコンストラクタです。コンストラクタは異なる引数を持つことができます（つまり、コンストラクタは引数の数や種類によって異なります）。

以下の例では、クラス A に 4 つの異なるコンストラクタがあります。

```
class A
{
    A()
    {
        // 何かのコード
    }
    A(int a)
    {
        // 何かのコード
    }
    A(int a, int b)
    {
        // 何かのコード
    }
    A(double a)
    {
        // 何かのコード
    }
}
```

クラスのコンストラクタを明示的に定義しないとき、C# では既定のコンストラクタが使われます。

> **覚えておこう**
> クラスのコンストラクタを明示的に定義しなければ、C#は既定のパブリックコンストラクタを提供します。これは引数をとりません。しかしコンストラクタを1つでも定義したときは、コンパイラは既定のコンストラクタを作成しません。

次のような記述があるときは、引数のないコンストラクタが使われていると考えて間違いありません。

```
A obA = new A();
```

しかし、それがユーザー定義のコンストラクタなのか、C#によって提供された既定のコンストラクタなのかを知るには、クラス本体を調べなければなりません。たとえばクラス定義の中で、次のようなコードがあるかどうかを調べます。

```
class A
{
    A()
    {
        // 何かのコード
    }
    // 残りのコード
}
```

このコードから、ユーザーによって定義された引数のないコンストラクタが使われたと判断できます。この場合C#コンパイラは、既定のコンストラクタを作成しません。

2.3　クラス定義の例

ここまでくれば、クラスはプログラムの基本的な構成要素であるとわかるでしょう。フィールドと呼ばれる変数とメソッドとを、クラス内でカプセル化して、1つのユニットを作成します。このクラスのインスタンスとして作成される、それぞれのオブジェクトには、これらの変数のコピーが含まれます。これらの変数をインスタンス変数と呼びます。なお、フィールドは任意の暗黙のデータ型、異なるクラスオブジェクト、列挙型、構造体、デリゲートなどにすることができます。このことは後述します。また他に、静的変数がありますが、それについては、本書の後半で説明します。

一方メソッドには、コードブロックが含まれています。これらは、特定のアクションを実行する一連のステートメントに過ぎません。インスタンス変数は一般的に、メソッドを通じてアクセスされます。これらの変数とメソッドは総称して、クラスメンバと呼ばれます。

簡単な例（リスト2-1）を考えてみましょう。ClassEx1という名前のクラスを作成し、それに1つの整数フィールドMyIntをカプセル化し、そのフィールドを値25で初期化します。すると、

2.3 クラス定義の例

>
> **覚えておこう**
> C#言語仕様では、クラスにはフィールドとメソッドの他に、定数、イベント、演算子、コンストラクタ、デストラクタ、インデクサ、プロパティ、ネストされた型などの多くのものが含まれます。しかし、ここではわかりやすくするために、最も一般的なメソッドやフィールドから始めました。本書後半の各章では、これらも取り上げます。
> フィールドとメソッドとでは、用いる修飾子が、次のように異なります。
>
> - フィールドの修飾子 —— static、public、private、protected、internal、new、unsafe、read-only、volatile
> - メソッドの修飾子 —— static、public、private、protected、internal、new、virtual abstract override、async
>
> これらのほとんどは、以後の各章で説明します。

このクラスから作成するオブジェクトには、常に MyInt という名前の整数があり、対応する値は 25 になります。

確認できるようにするため、ClassEx1 クラスの obA と obB という 2 つのオブジェクトを生成しました。そして変数 MyInt の値をオブジェクト内で確認します。どちらの場合も、値 25 が得られることがわかります。

リスト2-1：2 つのオブジェクトを作成する

```csharp
using System;

namespace ClassEx1
{
    class ClassEx1
    {
        // フィールドの初期化は必須ではない
        public int MyInt = 25;
        // public int MyInt;
    }
    class Program
    {
        static void Main(string[] args)
        {
            Console.WriteLine("*** 2つのオブジェクトを作成するデモ ***");
            ClassEx1 obA = new ClassEx1();
            ClassEx1 obB = new ClassEx1();
            Console.WriteLine("obA.i ={0}", obA.MyInt);
            Console.WriteLine("obB.i ={0}", obB.MyInt);
            Console.ReadKey();
        }
    }
}
```

```
*** 2つのオブジェクトを作成するデモ ***
obA.i =25
obB.i =25
```

補足

- このような MyInt の初期化は必須ではありませんが、今は学び始めたばかりですから、簡単な例から始めていきましょう。フィールドの初期化はオプションです。
- フィールドの初期値を指定しないと、既定の値になります。これについては、あとで手短に確認します。
- 上記の例でフィールドを初期化しない場合、クラスの定義は次のようになります。

```
class ClassEx1
{
    // フィールドの初期化は必須ではない
    // public int MyInt = 25;
    public int MyInt;
}
```

この場合でも、オブジェクトをインスタンス化すれば、次のように、目的の値を設定できます。

```
ClassEx1 obA = new ClassEx1();
obA.MyInt = 25; // obA の MyInt に 25 を代入
```

Java に慣れている人にとっては、コンソールに出力する際、次のような文字列整形形式のほうがわかりやすいかも知れません。C#では、このような書き方もできます。

```
Console.WriteLine("obA.i =" + obA.MyInt);
Console.WriteLine("obB.i =" + obB.MyInt);
```

先生、コンストラクタについてもっと教えてください。

押さえておくキーポイントを挙げましょう。

- コンストラクタはオブジェクトを初期化するためのものです。
- クラス名と対応するコンストラクタの名前は同一にしなければなりません。
- 戻り値の型はありません。
- コンストラクタには2種類あります。1つは明示的なパラメータなしのコンストラクタであり、引数をとらないコンストラクタや既定のコンストラクタとも呼ばれます。もう1つは、引数を1つ以上とるコンストラクタで、パラメータ化されたコンストラクタと呼ばれます。C#では、明示的なパラメータなしのコンストラクタがプログラム中で独自に作成されたのか、C#コンパイラで作成されたのかは関係なく、いずれの場合も、既定のコンストラクタと総称されます。

—— そして

  コンストラクタの区別には、静的コンストラクタと、インスタンスコンストラクタとも呼ばれる非静的コンストラクタというのもあります。この章では、インスタンスコンストラクタに触れてもらいました。インスタンスコンストラクタは、クラスのインスタンスであるオブジェクトの初期化に使いますが、静的コンストラクタは、最初に登場するときに、クラス自体を初期化するために使います。「静的」については、別のところで説明することにします。
- クラス内のすべての変数の初期化などには、コンストラクタを使うのが一般的です。

コンストラクタに戻り値の型がないということは、戻り値がvoid型であるということですか？

いいえ。それを言うなら、void型も型の一種ですから、戻り値の型が「ある」ことになります。そうではなくて、すべてのコンストラクタの型は、暗黙的に、そのクラス自身の型なのです。

ユーザーが明示的に定義したパラメータなしのコンストラクタと、C#が提供する既定のコンストラクタは、どちらも同じように見えます。区別しなければならないのでしょうか？

C#では、明示的に定義したパラメータなしのコンストラクタか、それともC#コンパイラが生成したものかは関係ありません。どちらの場合も、既定のコンストラクタと呼ばれます。しかしどちらでもよいわけではありません。覚えておくべきことは、ユーザー側では、柔軟なコンストラクタの定義ができるということです。必要なロジックや追加の制御事項を定義しておけば、オブジェクトの作成時に、それらが適用されます。
リスト2-2と、その出力を検討してみましょう。

リスト2-2：ユーザー定義と既定のコンストラクタを比較する

```
using System;

namespace DefaultConstructorCaseStudy
{
    class DefConsDemo
    {
        public int myInt;
        public float myFloat;
        public double myDouble;
        public DefConsDemo()
        {
            Console.WriteLine("意図的に初期化しています");
            myInt = 10;
            myFloat = 0.123456F;
            myDouble = 9.8765432;
        }
    }
    class Program
    {
        static void Main(string[] args)
        {
            Console.WriteLine("***ユーザー定義と C#既定のコンストラクタの比較***\n");
            DefConsDemo ObDef = new DefConsDemo();
            Console.WriteLine("myInt={0}", ObDef.myInt);
            Console.WriteLine("myFloat={0}", ObDef.myFloat.ToString("0.0####"));
            Console.WriteLine("myDouble={0}", ObDef.myDouble);
            Console.Read();
        }
    }
}
```

```
***ユーザー定義と C#既定のコンストラクタの比較***

意図的に初期化しています
myInt = 10
myFloat = 0.123456
myDouble = 9.8765432
```

コード解析

変数に値を設定する前に、「意図的に初期化しています」という行を出力するようにしています。

では、明示的なパラメータなしのコンストラクタを定義せず、C#の既定のコンストラクタを使うと出力はどうなるか、次のセクションで確かめましょう。

補足

リスト 2-2 のコンストラクタ定義をコメントアウトもしくは削除すると、次の出力が得られま

す。この結果から、それぞれの変数は、そのデータ型に対応する既定値で初期化されていることがわかります。

```
***ユーザー定義と C#既定のコンストラクタの比較***

myInt = 0
myFloat = 0.0
myDouble = 0
```

もう1つ重要な点があります。それは、ユーザー定義コンストラクタには独自のアクセス修飾子を使うことができるということです。明示的なパラメータなしのコンストラクタを定義すれば、public 以外にもできます。

この問題が C#言語仕様において、どのように定められているのかを調べていきましょう。仕様では、以下のようになっています。新しい用語が出てきますが、今は気にしないでください。

> クラスの定義の中で、インスタンスコンストラクタが宣言されていなければ、既定のインスタンスコンストラクタが提供されます。既定のインスタンスコンストラクタは、直接、基底クラスの明示的なパラメータなしのコンストラクタを呼び出します。クラスが抽象クラスであれば、既定コンストラクタのアクセス修飾子は protected、そうでなければ、public です。したがって既定のコンストラクタは、常に次の形式になります。
> 　　protected C(): base() {}
> もしくは
> 　　public C(): base() {}
> C はクラスの名前です。オーバーロード解決で基本クラスのコンストラクタ初期化子の一意の最適な候補が判別できない場合、コンパイル時にエラーが発生します。

アクセス修飾子、オーバーロード、基本クラスなどの用語は、これから学んでいくので気にしないでください。学んでから、この部分を読み返してください。

もっと簡単に言うと、

```
class A
{
    int myInt;
}
```

という宣言は、

```
class A
{
    int myInt;
    public A():base()
    { }
}
```

というコードと等価です。

C#で提供される既定のコンストラクタでは、何らかの既定値でインスタンス変数が初期化されることがわかりました。他のデータ型の既定値は何ですか？

リファレンスマニュアルにある、表2-1を見てください。

表2-1：データ型とその既定値

データ型	既定値
sbyte、byte、short、ushort、int、uint、long、ulong	0
char	'\x0000'
float	0.0f
double	0.0d
decimal	0.0m
bool	false
struct	値型のときは、それぞれの既定。参照型のときは `null`[2]
enum E	0（型 E に変換される）

こうした変数の初期化は何かのメソッドでもできると思いますが、コンストラクタでないとダメなんでしょうか？

そういう方針で行くのであれば、初期化のためのメソッドを明示的に呼び出す必要があります。基本的なプログラミング言語では、コンストラクタ以外のメソッド呼び出しが自動で行われることはありません。コンストラクタでは、オブジェクトを作成するたびに、自動初期化を実行しています。

フィールドの初期化とコンストラクタによる初期化では、どちらが先に実行されますか？

フィールドの初期化が先です。それぞれのフィールドの初期化プロセスは、宣言された順序に従います。

---

[2] 値型と参照型については、本書の後半で詳しく説明します。

問題

どのような出力になるでしょうか？

```csharp
using System;
namespace ConsEx2
{
    class ConsEx2
    {
        int i;
        public ConsEx2(int i)
        {
            this.i = i;
        }
    }
    class Program
    {
        static void Main(string[] args)
        {
            Console.WriteLine("***コンストラクタを使った実験***");
            ConsEx2 ob2 = new ConsEx2();
        }
    }
}
```

解答

コンパイルエラー：'ConsEx2.ConsEx2(int)' の必要な仮パラメーター 'i' に対応する特定の引数がありません。

解説

以下のやりとりを見てください。問題のコード中にあるキーワード「this」についても、このあとすぐ説明します。

この場合、C#が既定のコンストラクタを用意してくれているはずじゃないですか？　なぜコンパイラは「必要な仮パラメーター'i' に対応する特定の引数がありません」と言ってるんですか？

だから言ったじゃないですか。C#で引数がないコンストラクタが既定で作られるのは、ユーザーがコンストラクタを1つも定義していないときだけです。この例では、すでに引数をとるコンストラクタが定義されています。ですから、コンパイラは引数なしのコンストラクタを既定で提供しないんです。

このコンパイルエラーを出さないようにするには、以下の方法があります。

- 以下のように、明示的なパラメータなしのコンストラクタを自分で定義する。
  ```csharp
  public ConsEx2() { }
  ```

- 自分で定義したコンストラクタ（いまの状態では宣言しただけで使っていない）をプログラムから削除する。
- Main() メソッドのほうを変更して、自分で定義したコンストラクタが必要とする整数型の引数値を与える。

```
ConsEx2 ob2 = new ConsEx2(25);
```

このクラスは独自のデータ型であると言えるんですか？

言えます。

参照とは何か、詳しく教えてください。

コードに ClassA obA = new ClassA() と書くとき、ClassA のインスタンスがメモリ内に生成されます。次に、このインスタンスが「参照」と呼ばれる自分自身の識別子を作成し、その結果を obA 変数の中に格納します。このように、メモリ内のオブジェクトは、「参照」と呼ばれる識別子によって参照されると言えます。

あとで、メモリ管理について学ぶとわかりますが、C#では、「値型」と「参照型」という2種類のデータ型が使われます。値型はスタックに格納され、参照型はヒープに格納されます。オブジェクトは参照型なので、ヒープに格納されます。しかし、間違えやすいのは、参照自体はスタックに格納されていることです。

たとえば、以下のように書くとします。

```
ClassA obA = new Class A();
```

これは、図2-1のように考えてください。

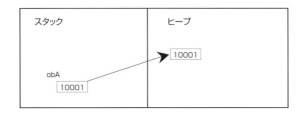

図2-1：スタックとヒープの考え方

ここでは、オブジェクトがアドレス 10001 のヒープにあると仮定しています。このとき obA は、スタック内でオブジェクト本体への参照を保持しています。

なぜスタックとヒープがあるんですか？

いろいろとあるのですが、簡単に言うと、スタックにある参照変数はスコープ外になると取り除かれますが、ヒープ上にある実際のデータはプログラムが終了するかガベージコレクタがそのメモリをクリアするまで残るからです。データの性質によって、その有効期間を管理できるのです。

では、参照は基本的にアドレスを指していることになりますね？

そうです。

とすると、参照は C/C++のポインタと同じですか？

参照は、特殊なポインタであるように見えるかも知れません。しかし参照とポインタには、決定的な違いがあるので注意してください。ポインタは任意のアドレスを指すことができます。これはメモリの番号スロットに基づいています。ですからポインタを使う際には、無効なアドレスを指して、実行時に望ましくない結果が発生する恐れがあります。しかし参照型は常に、管理されたヒープ内にある有効なアドレスもしくは null を指します。

　あとで、C#の主要な考え方の 1 つであるガベージコレクションの仕組みを学びます。これは、メモリを再利用するためのものです。ガベージコレクタは、ポインタを認識しません。C#では、ポインタは参照を指すことを禁じられています。また、構造体（C#では struct と呼ばれる）に参照が含まれている場合、ポインタ型が、その構造体を指すことも禁じられています。これらについてはあとで学びます。

　簡潔に言うと、C#では、ポインタ型は「安全でない」という意味合いでのみ使われると覚えておいてください。この「安全でない」という意味合いについては、本書の後半で説明します。

参照変数が null を指しているかどうか、知る方法はありますか？

以下の簡単な検査法が使えるでしょう。前のプログラムの段階で参照について学んでいれば、以下の行を追加できたはずです。

```
……
ConsEx2 ob2 = new ConsEx2(25);
if (ob2 == null)
{
    Console.WriteLine("ob2 は null");
}
else
{
    Console.WriteLine("ob2 は null ではない");
}
……
```

複数の変数がメモリ内の同じオブジェクトを参照できるのですか？

できます。以下のような宣言は、完全に正しい構文です。

```
ConsEx2 ob2 = new ConsEx2(25);
ConsEx2 ob1 = ob2;
```

　リスト2-3では、同じクラスの2つのオブジェクトを作成する際、インスタンス変数（i）を異なる値で初期化します。この処理のために、1つの整数の引数をとるコンストラクタを用いています。

リスト2-3：オブジェクト作成時に異なる値で初期化

```
using System;

namespace ClassEx2
{
    class ClassA
    {
        public int i;
        public ClassA(int i)
        {
            this.i = i;
        }
    }

    class Program
    {
        static void Main(string[] args)
        {
            Console.WriteLine("***2 つのオブジェクトを作成するデモ ***");
            ClassA obA = new ClassA(10);
            ClassA obB = new ClassA(20);
```

```
            Console.WriteLine("obA.i =" + obA.i);
            Console.WriteLine("obB.i =" + obB.i);
            Console.ReadKey();
        }
    }
}
```

```
*** 2つのオブジェクトを作成するデモ ***
obA.i =10
obB.i =20
```

解説

キーワード「this」の目的は、なんですか？

よい質問です。現在のオブジェクトを参照したいときがありますね。そこで使うのが、キーワード「this」です。「this」キーワードの代わりに、次のように記述しても、同じ結果が得られます。

```
class ClassA
{
    int i; // インスタンス変数
    ClassA(int myInteger) // myInteger は、ここではローカル変数
    {
        i = myInteger;
    }
}
```

a = 25; のようなコードはお馴染みですね。ここでは変数 a に 25 を割り当てています。しかし、25 = a; のようなコードは見たことがありますか？　まず、ないでしょう。コンパイラから問題が報告されるはずです。

前の例では、myInteger はローカル変数です。ローカル変数とは、メソッド、ブロック、もしくはコンストラクタの内部にある変数のことです。i はインスタンス変数で、クラス内であるけれども、メソッド、ブロック、コンストラクタの外で宣言されたものです。

myInteger の代わりに、i を使う場合は、コンパイラに割り当ての方向を伝える必要があります。「どの値をどこに割り当てるか」で混乱があってはなりません。ここで私たちの意図は、ローカル変数の値をインスタンス変数に代入することであり、コンパイラはそれを明確に理解する必要があります。this.i = i; と書くと、コンパイラは、インスタンス変数 i をローカル変数 i の値で初期化すべきことを明確に理解します。

このシナリオは、別の観点からも説明できます。誤って、前のシナリオで i = i のような文を書いたとしましょう。するとコンパイラの観点から混乱が生じるでしょう。同じ名前のローカル変数を 2 つ扱うことになるからです。そんなつもりはなかったとしても、左項はフィールド、右項はメソッドの引数を意味したことになるのです。

「this.i = i;」の部分を「i = i;」に変更したら、以下のようにして、ClassA のオブジェクト obA を生成し、obA.i の値を出力してみてください。

```
ClassA obA = new ClassA(20);
Console.WriteLine("obA.i =" + obA.i);
```

出力値は 0 になるでしょう。これは整数の既定値です。インスタンス変数に意図した値 20 が入っていません。Visual Studio Community Edition IDE では、この場合、「同じ変数に割り当てられました。他の変数に割り当てますか?」という警告が表示されます(図 2-2)。

> **覚えておこう**
> フィールドと同じ名前のメソッド引数は、メソッド本体のフィールド全体を隠します。このようなシナリオでは、キーワード「this」を使うことで、パラメータであるのかフィールドであるのかを識別できます。

図2-2:警告が表示される(CS1717)

リスト 2-4 では、2 つの異なるコンストラクタを使います。ユーザー定義の明示的なパラメータなしのコンストラクタは、インスタンス変数 i を、常に値 5 で初期化します。パラメータ化されたコンストラクタは、指定された整数値でインスタンス変数を初期化します。

リスト2-4:2 つの異なるコンストラクタを使う

```
using System;
class ClassA
{
    public int i;
    public ClassA()
```

```csharp
        {
            this.i = 5;
        }
        public ClassA(int i)
        {
            this.i = i;
        }
    }
    class ClassEx4
    {
        static void Main(string[] args)
        {
            Console.WriteLine("*** 2つの異なるコンストラクタを持つ単純なクラスのデモ ***");
            ClassA obA = new ClassA();
            ClassA obB = new ClassA(75);
            Console.WriteLine("obA.i =" + obA.i);
            Console.WriteLine("obB.i =" + obB.i);
            Console.ReadKey();
        }
    }
```

```
*** 2つの異なるコンストラクタを持つ単純なクラスのデモ ***
obA.i =5
obB.i =75
```

補足

- 先の例では、同じコンストラクタを使って、オブジェクトごとに異なる値で初期化しました。この例では、オブジェクトごとに異なる値で初期化するために、複数のコンストラクタを使います。
- Java では、`this.i = 5` の代わりに `this(5)` と書けます。しかし C# では、このようなのコードの書き方は許可されておらず、図 2-3 のように「メソッド名が必要です」というコンパイルエラーが発生します。

図2-3：書式が間違っている（CS0149）

クラスは変数とメソッドの両方を持つことができると述べました。それでは、整数を返すメソッ

ドを持つクラスを作成しましょう（リスト 2-5）。このメソッドは 2 つの整数入力を受け付け、それらの整数の合計を返します。

リスト2-5：整数を返すメソッド

```csharp
using System;

namespace InstanceMethodDemo
{
    class Ex5
    {
        public int Sum(int x, int y)
        {
            return x + y;
        }
    }

    class Program
    {
        static void Main(string[] args)
        {
            Console.WriteLine("***整数値を返すメソッドを 1 つ持つ簡単なクラス ***\n\n");
            Ex5 ob = new Ex5();
            int result = ob.Sum(57,63);
            Console.WriteLine("57 と 63 の和は : " + result);
            Console.ReadKey();

        }
    }
}
```

```
*** 整数値を返すメソッドを 1 つ持つ簡単なクラス ***
57 と 63 の和は : 120
```

2.4　オブジェクトの初期化

では、オブジェクト生成に関する 2 つの異なるテクニックを学びましょう。必要に応じて使い分けます。まずは、リスト 2-6 をよく見てください。それから、出力と解説を示します。

リスト2-6：オブジェクトを初期化する 2 つのテクニック

```csharp
using System;

namespace ObjectInitializerEx1
{
    class Employee
    {
        public string Name;
```

```csharp
        public int Id;
        public double Salary;
        // 明示的なパラメータなしのコンストラクタ
        public Employee() { }
        // 引数を 1 つ取るコンストラクタ
        public Employee(string name) { this.Name = name; }
    }
    class Program
    {
        static void Main(string[] args)
        {
            Console.WriteLine("*** オブジェクトの初期化サンプル 1 ***");

            // その 1  オブジェクトを初期値を与えずに初期化する
            // 明示的なパラメータなしのコンストラクタを用いる
            Employee emp1 = new Employee();
            emp1.Name = "Amit";
            emp1.Id = 1;
            emp1.Salary = 10000.23;
            // 引数を 1 つとるコンストラクタを用いる
            Employee emp2 = new Employee("Sumit");
            emp2.Id = 2;
            emp2.Salary = 20000.32;


            // その 2  オブジェクトに初期値を与えて初期化する
            // 明示的なパラメータなしのコンストラクタを用いる
            Employee emp3 = new Employee { Name = "Bob", Id = 3, Salary = 15000.53 };
            // 引数を 1 つ取るコンストラクタを用いる
            Employee emp4 = new Employee("Robin") { Id=4,Salary = 25000.35 };

            Console.WriteLine("従業員の詳細:");
            Console.WriteLine("Name ={0} Id={1} Salary={2}",
                              emp1.Name, emp1.Id,emp1.Salary);
            Console.WriteLine("Name ={0} Id={1} Salary={2}",
                              emp2.Name, emp2.Id,emp2.Salary);
            Console.WriteLine("Name ={0} Id={1} Salary={2}",
                              emp3.Name, emp3.Id, emp3.Salary);
            Console.WriteLine("Name ={0} Id={1} Salary={2}",
                              emp4.Name, emp4.Id, emp4.Salary);
            Console.ReadKey();
        }
    }
}
```

```
*** オブジェクトの初期化サンプル 1 ***
従業員の詳細:
Name =Amit Id=1 Salary=10000.23
Name =Sumit Id=2 Salary=20000.32
Name =Bob Id=3 Salary=15000.53
Name =Robin Id=4 Salary=25000.35
```

コード解析

図 2-4 の四角で囲んだ箇所に注目してください。

```
Console.WriteLine("*** オブジェクトの初期化サンプル1 ***");
// その1 オブジェクトを初期値を与えずに初期化する
// 明示的なパラメータなしのコンストラクタを用いる
Employee emp1 = new Employee();
emp1.Name = "Amit";
emp1.Id = 1;
emp1.Salary = 10000.23;
// 引数を1つとるコンストラクタを用いる
Employee emp2 = new Employee("Sumit");
emp2.Id = 2;
emp2.Salary = 20000.32;
// その2 オブジェクトに初期値を与えて初期化する
// 明示的なパラメータなしのコンストラクタを用いる
Employee emp3 = new Employee { Name = "Bob", Id = 3, Salary = 15000.53 };
// 引数を1つ取るコンストラクタを用いる
Employee emp4 = new Employee("Robin") { Id = 4, Salary = 25000.35 };
Console.WriteLine("従業員の詳細:");
Console.WriteLine("Name ={0} Id={1} Salary={2}", emp1.Name, emp1.Id, emp1.Salary);
Console.WriteLine("Name ={0} Id={1} Salary={2}", emp2.Name, emp2.Id, emp2.Salary);
Console.WriteLine("Name ={0} Id={1} Salary={2}", emp3.Name, emp3.Id, emp3.Salary);
Console.WriteLine("Name ={0} Id={1} Salary={2}", emp4.Name, emp4.Id, emp4.Salary);
Console.ReadKey();
```

図2-4：オブジェクトに初期値を与え、引数を 1 つ取るコンストラクタを使用

　この例で「その2」と書かれている部分では、オブジェクトに初期値を与える「イニシャライザ」という概念を導入しました。その上の「その1」の部分では、オブジェクト（emp1 および emp2）を生成するために、その下の「その2」の部分と比較して、より多くの行をコーディングしなければならないことがわかります。「その2」では、それぞれのオブジェクト（emp3 および emp4）をインスタンス化するには、1 行のコードで十分です。ここでは、さまざまなタイプのコンストラクタを使ってみました。どんな場合でも、オブジェクトのイニシャライザがインスタンス化プロセスを単純化することは明らかです。これは C# 3.0 で導入された考え方です。

2.5　省略可能な引数

　リスト 2-7 とその出力を見てください。

リスト2-7：省略可能な引数

```
using System;

namespace OptionalParameterEx1
{
    class Employee
    {
        public string Name;
        public int Id;
        public double Salary;
        public Employee(string name = "Anonymous", int id = 0, double salary = 0.01)
        {
            this.Name = name;
            this.Id = id;
```

```csharp
            this.Salary = salary;
        }
    }
    class Program
    {
        static void Main(string[] args)
        {
            Console.WriteLine("*** 省略可能な引数の例 ***");

            Employee emp1 = new Employee("Amit", 1, 10000.23);
            Employee emp2 = new Employee("Sumit", 2);
            Employee emp3 = new Employee("Bob");
            Employee emp4 = new Employee();

            Console.WriteLine("従業員の詳細:");
            Console.WriteLine("Name ={0} Id={1} Salary={2}",
                              emp1.Name, emp1.Id, emp1.Salary);

            Console.WriteLine("Name ={0} Id={1} Salary={2}",
                              emp2.Name, emp2.Id, emp2.Salary);
            Console.WriteLine("Name ={0} Id={1} Salary={2}",
                              emp3.Name, emp3.Id, emp3.Salary);
            Console.WriteLine("Name ={0} Id={1} Salary={2}",
                              emp4.Name, emp4.Id, emp4.Salary);
            Console.ReadKey();
        }
    }
}
```

```
*** 省略可能な引数の例 ***
従業員の詳細:
Name =Amit Id=1 Salary=10000.23
Name =Sumit Id=2 Salary=0.01
Name =Bob Id=0 Salary=0.01
Name =Anonymous Id=0 Salary=0.01
```

コード解析

　ここでは、コンストラクタにおいて省略可能な引数を使いました。このコンストラクタは 3 つの引数をとります。それぞれ、従業員の名前、従業員の ID、従業員の給与です。しかし、渡す引数が 3 つより少なくても、コンパイラはまったく文句を言いません。なぜなら、アプリケーションでは、省略可能な引数のリストに、すでに設定されている既定値が選択されているからです。出力の最後の行から、従業員オブジェクトの既定値は、従業員の名前が Anonymous、ID が 0、給与が 0.01 であることがわかります。

　たとえば、ノート PC やプリンタのことを考えてみてください。ノート PC の部品が故障したときやプリントカートリッジのインクがなくなったときは、それらの部品を交換するだけです。ノート PC やプリンタを丸ごと交換する必要はありません。現実世界の他の品物も、同じ考えで行ける

OOPでは、コードがいつもオブジェクトの内部に収められていることがわかりました。現実世界において、こうした設計をするメリットは何ですか？

多くの利点があります。現実世界で考えてみましょう。

でしょう。
　逆に、同じ部品を他の類似のモデルのノートPCやプリンタで再利用することもできます。
　このとき、これらの機能がどのように実装されているかを気にする必要はありません。それぞれの部品がうまく機能し、私たちの要求に応えていれば、それで満足です。
　オブジェクト指向プログラミングにおいて、オブジェクトは同じ役割を果たします。オブジェクトは再利用でき、プラグインできます。同時に、実装の詳細を隠します。たとえば、リスト2-5では、外部ユーザーが2つの整数引数（57と63）を指定してSum()メソッドを呼び出したとき、それらの整数の合計を取得することしかわかりません。外部のユーザーは、このメソッドの内部の仕組みをまったく気にしません。つまり私たちは、外部からこの情報を隠すことで、ある程度のセキュリティを確保できます。
　最後に、別のコーディングの観点から、別のシナリオを考えましょう。従業員情報を、はじめから1つずつプログラムの中に書き込んでおく場合です。以下のようにコーディングをはじめたら、どうなるでしょうか？

```
string empName= "emp1Name";
string deptName= "Comp.Sc.";
int empSalary= "10000";
```

この場合、2番目の従業員は、下記のように記述することなります。

```
string empName2= "emp2Name";
string deptName2= "Electrical";
int empSalary2= "20000";
```

残りについても他も同様です。
　しかしこんなことを本当に続けて行けそうですか？　無理でしょう。ですからEmployeeクラスを作成し、このように処理することが推奨されるのです。

```
Employee emp1, emp2;
```

このほうが、簡潔で読みやすいので、より良い手法であることは間違いありません。

ここまでコンストラクタを学んで来ましたが、デストラクタはやらないんですか？

デストラクタは、ガベージコレクションと一緒に、第 14 章の「メモリの解放」でやりますよ。

2.6 まとめ

この章では、以下の話題を解説し、また考えてもらいました。

- クラス、オブジェクト、参照とは何か
- オブジェクトと参照との違い
- ポインタと参照との違い
- ローカル変数とインスタンス変数との違い
- さまざまな種類のコンストラクタと、その使い方
- ユーザー定義の明示的なパラメータなしのコンストラクタと C#の既定のコンストラクタ
- キーワード「this」
- オブジェクトのイニシャライザとは何か
- 省略可能な引数とは何か
- 現実世界のプログラミングで、オブジェクト指向を用いるメリット

第3章
継承とは何か

継承の主な目的は、再利用性を促進し、コードの冗長性を排除することです。基本的な考えは、子クラスがその親クラスの特徴／特性を引き継げることです。プログラミングの面からは、子クラスはその親／基本クラスから「派生している」と言います。すなわち親クラスは、クラス階層の上位に配置されます。

3.1 継承の種類

継承の種類は、ほぼ次の4つに分かれます。

- 単純な継承：1つの基本クラスから1つの子クラスを派生
- 階層継承：1つの基本クラスから複数の子クラスを派生
- 多階層継承：子クラスがさらに子クラスを持つ
- 多重継承：子クラスが複数の親クラスを持つ

覚えておこう
C#はクラスの多重継承を許可しません。すなわち子クラスは、複数の親クラスから派生することはできません。そのようにしたいときは、インターフェイスを使います。
ハイブリッド継承として知られる別の種類の継承もあります。これは2種類以上の継承の組み合わせです。

説明図　　継承の種類とコード例

単純継承

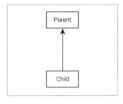

```
#region 単純継承
class Parent
{
// 何かのコード
}
class Child : Parent
{
// 何かのコード
}
#endregion
```

階層継承

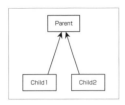

```
#region 階層継承
class Parent
{
// 何かのコード
}
class Child1 : Parent
{
// 何かのコード
}
class Child2 : Parent
{
// 何かのコード
}
#endregion
```

多階層継承

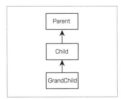

```
#region 多階層継承
class Parent
{
// 何かのコード
}
class Child : Parent
{
// 何かのコード
}
class GrandChild : Child
{
// 何かのコード
}
#endregion
```

多重継承

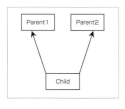

クラスの多重継承は、C#では許可されません。インターフェイスを使います。あとで学習しますが、インターフェイスの例を以下に示します。

```
#region 多重継承
interface IInter1
{
// 何かのコード
}
interface IInter2
{
// 何かのコード
}
class MyClass : IInter1, IInter2
{
// 何かのコード
}
#endregion
```

それでは、継承に関する簡単なプログラムから始めていきましょう。

リスト3-1：継承のサンプル

```
using System;

namespace InheritanceEx1
{
    class ParentClass
    {
        public void ShowParent()
        {
            Console.WriteLine("親クラスの内容");
        }
    }
    class ChildClass :ParentClass
    {
    }
    class Program
    {
        static void Main(string[] args)
        {
            Console.WriteLine("*** 継承のテスト ***\n\n");
            ChildClass child1 = new ChildClass();
            // ChildClass オブジェクトを通じて ShowParent() を呼び出す
            child1.ShowParent();
            Console.ReadKey();
        }
    }
}
```

```
*** 継承のテスト ***
親クラスの内容
```

補足

　このコードでは、ShowParent() メソッドを、子クラスオブジェクトから呼び出すように書いています。

>
> **覚えておこう**
> ・　C#では、Object というクラスが.NET Framework におけるすべてのクラスのルートです。System.Object は、型階層の最終的な基本クラスです。
> ・　インスタンスコンストラクタ、静的コンストラクタ、デストラクタ以外のメンバは、メンバのアクセス指定子に関係なく、すべて継承されます。ただし、メンバにアクセス制限がある場合は、継承されたいかなるメンバも、子クラス、派生クラスからはアクセスできません。
> ・　子クラスでは新しいメンバを追加できますが、親クラスで定義されたメンバを削除することはできません。人は自分自身の名を新しく選ぶことはできますが、親の姓を勝手に変更はできませんね。それと同じです。
> ・　継承関係は階層に沿って引き継がれます。クラス C がクラス A から派生したクラス B を継承する場合、クラス C はクラス B とクラス A のすべてのメンバを含みます。

親クラスの private なメンバも継承されるということですね？

そうです。

では、どうやって private なメンバが継承されていることを確認できますか？

リスト 3-2 のコードとその出力（図 3-1）を見てください。

リスト3-2：private なメンバの継承

```csharp
using System;

namespace InheritanceWithPrivateMemberTest
{
    class A
    {
        private int a;
    }
    class B : A { }

    class Program
    {
        static void Main(string[] args)
        {
            B obB = new B();
            A obA = new A();
            // これは a も継承されている証拠を示すものです。エラーメッセージを見てください
            Console.WriteLine(obB.a);
            // 「A.a はアクセスできない保護レベル」というメッセージが出る
            Console.WriteLine(obB.b);
            // 「B に b の定義が含まれておらず…」というメッセージが出る
            Console.WriteLine(obA.b);
            // 「A に b の定義が含まれておらず…」というメッセージが出る
        }
    }
}
```

図3-1：リスト 3-2 のコンパイル結果（CS0122、CS1061）

コード解析

上図のように、CS0122 と CS1061 という 2 種類のエラーが発生しました。

- CS0122：「'A.a' はアクセスできない保護レベルになっています」とは、クラス A の private なメンバ a が子クラス B に継承されていることを示します。

- CS1061：このクラス階層には存在しない別のフィールドをあえて使って、出力がどうなるかを確認しました。このコードでは、AにもBにもフィールドbを定義していません。クラスAやクラスBのオブジェクトでフィールドbを使ったときは、上記とは異なる、このCS1061のエラーが発生しています。したがって、フィールドaがクラスBに存在しなければ、上記のCS0122ではなく、このCS1061のエラーが発生するはずです。

C#で、クラスの多重継承を許可しないのはなぜですか？

主な理由は、曖昧さを避けるためです。多重継承が混乱を招くことは珍しくありません。

たとえば、親クラスにShow()という名前のメソッドがあるとします。親クラスには複数の子があって、それぞれChild1とChild2としましょう。それぞれ目的に合わせてメソッドを再定義（プログラミング用語ではオーバーライド）します。リスト3-3に示すコードを見てください。

リスト3-3：メソッドの再定義（オーバーライド）

```
class Parent
{
    public void Show()
    {
        Console.WriteLine("私は Parent クラスにいます");
    }
}
class Child1 : Parent
{
    public void Show()
    {
        Console.WriteLine("私は Child-1 クラスにいます");
    }
}
class Child2 : Parent
{
    public void Show()
    {
        Console.WriteLine("私は Child-2 クラスにいます");
    }
}
```

Grandchildという別のクラスがChild1とChild2の両方から派生したとしましょう。ただし、Show()メソッドはオーバーライドされていません。

このときChild1とChild2のどちらからShow()を継承／呼び出しているのか、問題が曖昧になります。このような曖昧さを避けるために、C#はクラスを介した多重継承はできないようにして

います。これは、菱形継承問題（ダイヤモンド問題）として知られています（図 3-2）。

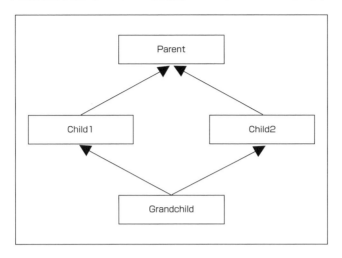

図3-2：菱形継承問題（ダイヤモンド問題）

C#で、次のようなコードを書くと、図 3-3 のエラーが発生します。

```
class GrandChild : Child1, Child2    // 菱形継承問題によってエラーとなる
{
    public void Show()
    {
        Console.WriteLine("私は Child-2 クラスにいます");
    }
}
```

CS1721　クラス 'GrandChild' は複数の基底クラス ('Child1' と 'Child2') を持つことができません。

図3-3：菱形継承問題によるコンパイルエラー（CS1721）

それでは、プログラミング言語では多重継承はできないんですね？

できるものもあります。その言語仕様の策定者の判断です。たとえば C++では、多重継承の考えを良しとしています。

なぜ C++では多重継承をできるようにしたんですか？ 菱形継承問題が起きたら、C++でも困るでしょう。

これは私見ですが、C++の策定者は、おそらく言語を多機能にしておくため、多重継承の可能性も残したかったのだと思います。間違いを起こさないようにするのはコードを書く人の責任ということになります。
一方、C#の設計者は、機能が多すぎることによる望ましくない結果を避けたいと考えていました。彼らは単に、言語を単純にし、エラーを起こしにくいものにしたいと考えました。

では、私からの質問です。C#には、ハイブリッド継承はあるでしょうか？
よく考えて答えてくださいね。

ハイブリッド継承は、2種類以上の継承の組み合わせです。ですから、クラスの多重継承が発生する組み合わせで継承しない限り、答えは「あり」です。しかし、どんな継承方式であっても、クラスの多重継承が発生するようであれば、C#コンパイラが黙ってはいません。

次の質問です。親クラスと子クラスがあるとして、どちらのクラスのコンストラクタが先に呼び出されるのでしょうか？

コンストラクタの呼び出しは、親クラスから子クラスへの経路をたどります。これは覚えておくべき事項です。リスト3-4に挙げた簡単な例で確認しましょう。

親クラス Parent、子クラス Child、孫クラス GrandChild があるとします。名前が示すように、Child クラスは Parent クラスから派生し、GrandChild は Child クラスから派生します。ここで孫クラスのオブジェクトを生成します。このときコンストラクタが、派生順に呼び出されることに注目してください。

リスト3-4：コンストラクタの呼び出し経路

```
using System;

namespace ConstructorCallSequenceTest
{
    class Parent
    {
        public Parent()
        {
            Console.WriteLine("私は Parent のコンストラクタにいます。");
        }
    }
```

```
    class Child : Parent
    {
        public Child()
        {
            Console.WriteLine("私は Child のコンストラクタにいます。");
        }
    }
    class GrandChild : Child
    {
        public GrandChild()
        {
            Console.WriteLine("私は GrandChild のコンストラクタにいます。");
        }
    }

    class Program
    {
        static void Main(string[] args)
        {
            Console.WriteLine("*** コンストラクタの呼び出す順序をテスト ***\n\n");
            GrandChild grandChild = new GrandChild();
            Console.ReadKey();
        }
    }
}
```

```
*** コンストラクタの呼び出す順序をテスト ***

私は Parent のコンストラクタにいます。
私は Child のコンストラクタにいます。
私は GrandChild のコンストラクタにいます。
```

解説

継承階層で、どちらを親クラス、どちらを子クラスにすればよいか悩むときがあるんですが、判断する方法はありますか？

簡単な例を挙げたじゃないですか。サッカー選手は運動選手ですし、バスは乗り物ですが、それらの逆は必ずしも真ならずです。このように「A は B です」と言えるかどうかで、誰が親になるべきかを判断できるでしょう。この例では、「運動選手」が親クラス、「サッカー選手」が子クラスです。
この「A は B です」という確認は、あるクラスを同じ継承階層に配置できるかどうかをあらかじめ判断するときにも使います。

3.2　baseという特別なキーワード

　C#には、baseという特別なキーワードがあります。このキーワードを用いると、親クラスのメンバに効率的にアクセスできます。親クラスはベースクラスともいうので、この語が使われています。子クラスがその直接の親を参照するときに、baseキーワードを使います。

　2つの簡単な例を通じて、baseキーワードのさまざまな使い方を見ていきましょう（リスト3-5）。

リスト3-5：baseの使い方

```
using System;

namespace UseOfbaseKeywordEx1
{
    class Parent
    {
        private int a;
        private int b;
        public Parent(int a, int b)
        {
            Console.WriteLine("私は Parent のコンストラクタにいます。");
            Console.WriteLine("インスタンス変数 a と b の値を設定");
            this.a = a;
            this.b = b;
            Console.WriteLine("a={0}", this.a);
            Console.WriteLine("b={0}", this.b);
        }
    }

    class Child : Parent
    {
        private int c;
        public Child(int a, int b,int c):base(a,b)
        {
            Console.WriteLine("私は Child のコンストラクタにいます。");
            Console.WriteLine("インスタンス変数 c の値を設定");
            this.c = c;
            Console.WriteLine("c={0}", this.c);
        }
    }

    class Program
    {
        static void Main(string[] args)
        {
            Console.WriteLine("*** base キーワードの使い方の確認例　その 1 ***\n\n");
            Child obChild = new Child(1, 2, 3);
            // Console.WriteLine("a in ObB2={0}", obChild.a);
            // a は private なので Child.a にはアクセスできない
            Console.ReadKey();
        }
    }
}
```

```
*** base キーワードの使い方の確認例　その 1 ***

私は Parent のコンストラクタにいます。
インスタンス変数 a と b の値を設定
a=1
b=2
私は Child のコンストラクタにいます。
インスタンス変数 c の値を設定
c=3
```

コード解析

　なぜキーワード base を使うのか、説明が必要でしょう。base を使わないのであれば、次のようなコードを書かなければなりません。

```
public Child(int a, int b, int c)
{
    this.a = a;
    this.b = b;
    this.c = c;
}
```

　この書き方には、大きな問題が 2 つあります。1 つはインスタンス変数 a と b を初期化するために、同じようなコードを繰り返し書かなければならないこと、もう 1 つは、a と b の保護レベルが両方とも private であるためアクセスできず、コンパイルエラーが発生することです。そこでリスト 3-5 では、base キーワードを使って、この 2 つの問題を効率的に解決しました。base という語は、子クラスのコンストラクタの宣言の後に書いています。親クラスのコンストラクタは子クラスコンストラクタより前に呼び出されます。これで私たちの本当に望むことが達成されます。

覚えておこう
すでにオブジェクトの初期化時には、コンストラクタが親クラスから子クラスの順で実行されていくことを学びました。しかしフィールドの初期化は、逆に子から親の順となります（これは親クラスのコンストラクタ呼び出しの引数についても同様です）[1]。
C#では、あるインスタンスフィールドを使って、別のインスタンスフィールドを初期化する作業を、メソッド本体の外側で行うことはできません。

---

[1]　この問題については、MSDN の以下のドキュメントが参考になるはずです。
https://blogs.msdn.microsoft.com/ericlippert/2008/02/15/why-do-initializers-run-in-the-opposite-order-as-?constructors-part-one/
https://blogs.msdn.microsoft.com/ericlippert/2008/02/18/why-do-initializers-run-in-the-opposite-order-as-?constructors-part-two/

問題

次のコードの出力は、どうなるでしょうか？

```csharp
using System;

namespace FieldInitializationOrderEx1
{
    class A
    {
        int x = 10;
        int y = x + 2; //エラー
    }
    class Program
    {
        static void Main(string[] args)
        {
            Console.WriteLine("***C#のフィールド初期化順序を解析する ***");
            int x = 10;
            int y = x + 2; // OK
            Console.WriteLine("x={0}", x);
            Console.WriteLine("y={0}", y);
            Console.ReadKey();
        }
    }
}
```

解答

> ❌ CS0236　フィールド初期化子は、静的でないフィールド、メソッド、またはプロパティ 'A.x' を参照できません

図3-4：表示されるコンパイルエラー（CS0236）

コード解析

この制限は、C#の策定者によって実装されたものです。

C#の策定者が、エラー CS0236 に関連する、この制限を設けた理由は何ですか？

この問題は、多くの議論を呼ぶところです。

　上記の例で、`y = x + 2;` という文は、`y = this.x + 2`と同じです。「`this`」は現在のオブジェクトを意味します。したがって、`this.x`のように呼び出したい場合は、最初に現在のオブジェクトを完成させておかなければなりません。しかし現在のオブジェクトは、この時点ではまだ完成し

ていないかもしれません。

たとえば、x がフィールドでなくまだ作成されていないプロパティ（このあとすぐに学びます）であったり、x が他のインスタンスの一部であったりする場合です。また、このような初期化を処理するためにコンストラクタがあるということも忘れないでください。そもそも上記の制限がなければ、コンストラクタも必要なくなります。

では、リスト3-6 に挙げたコードで、base キーワードの他の使い方を見ていきましょう。この例では、派生クラスのメソッドから base キーワードを通して、親クラスのメソッド（ParentMethod()）を呼び出します。

リスト3-6：base を通して派生クラスから親クラスのメソッドを呼び出す

```
using System;

namespace UseOfbaseKeywordEx2
{
    class Parent
    {
        public void ParentMethod()
        {
            Console.WriteLine("私は Parent のコンストラクタにいます。");
        }
    }
    class Child : Parent
    {
        public void childMethod()
        {
                Console.WriteLine("私は Child のコンストラクタにいます。");
                Console.WriteLine("今、Parent のメソッドを呼び出しています。");
                base.ParentMethod();
        }
    }

    class Program
    {
        static void Main(string[] args)
        {
            Console.WriteLine("*** base キーワードの使い方の確認例　その 2 ***\n");
            Child obChild = new Child();
            obChild.childMethod();
            Console.ReadKey();
        }
    }
}
```

```
*** base キーワードの使い方の確認例　その 2 ***

私は Child のコンストラクタにいます。
今、Parent のメソッドを呼び出しています。
私は Parent のコンストラクタにいます。
```

覚えておこう

基本クラスへのアクセスはコンストラクタ内部、インスタンスメソッド内部、またはインスタンスプロパティへのアクセス時にのみ許可されます。これは言語仕様です。

静的メソッドの中で、base キーワードを用いた処理はできません。

C# の base キーワードは、C++ の base とほとんど同じで、むしろこれが由来です。Java の super にも似ていますが、Java では、super を文の最初に記述しなければならないという制限があります。Oracle の Java ドキュメントでは、スーパークラスのコンストラクタの呼び出しは、サブクラスコンストラクタの最初の行にしなければならないという旨が記されています。

親クラスとその子クラスの両方に同名のメソッドがあるとします。子クラスオブジェクトを作成して、その名前のメソッドを呼び出すとき、呼び出されるのはどちらですか。

それはまさしくメソッドオーバーライドの考え方じゃないですか。それについては、ポリモーフィズム（多態性）の章（第 4 章）で詳しくやりましょう。しかし、今はその質問の答えを得るため、リスト 3-7 のプログラムと出力を考えます。

リスト3-7：親と子のどちらのメソッドが呼び出されるか

```
using System;

namespace UseOfbaseKeywordEx3
{
    class Parent
    {
        public void ShowMe()
        {
            Console.WriteLine("私は Parent のコンストラクタにいます。");
        }
    }

    class Child : Parent
    {
        public void ShowMe()
        {
            Console.WriteLine("私は Child のコンストラクタにいます。");
            //base.ParentMethod();
        }
    }

    class Program
    {
        static void Main(string[] args)
        {
            Console.WriteLine("*** base キーワードの使い方の確認例　その 3 ***\n\n");
            Child obChild = new Child();
            obChild.ShowMe();
```

```
            Console.ReadKey();
        }
    }
}
```

```
*** base キーワードの使い方の確認例　その 3 ***
私は Child のコンストラクタにいます。
```

コード解析

　この場合、プログラムはコンパイルされ、実行もできますが、警告も出て、「子クラスのメソッドが継承元の親クラスのメソッドを非表示にする」というメッセージが表示されることに注意してください（図 3-5）。

▷　⚠ CS0108 　'Child.ShowMe()' は継承されたメンバー 'Parent.ShowMe()' を非表示にします。非表示にする場合は、キーワード new を使用してください。

図3-5：表示される警告（CS0108）

　この警告からわかるように、Parent クラスのメソッドを呼び出したい場合は、Child クラスのメソッド内で、次のコード（図 3-6）を使えばよいのです。

```
class Child : Parent
{
    public void ShowMe()
    {
        Console.WriteLine("私はChildのコンストラクタにいます。");
        base.ShowMe();
    }
}
```

図3-6：警告に対処したコード

　base キーワードは、以下のいずれかの場面で使えます。

- 親クラスで定義されていて、子クラスでは定義されていないメソッドを子クラスから呼び出す。もしくは、子クラスで、そのメソッドがオーバーライドされているが、あえて親クラスで定義されたものを呼び出す。
- 子クラスのインスタンスを作成するときに、どの基本クラスのコンストラクタなのかを特定する（リスト 3-5 を参照）。

子クラスはその親クラスのメソッドを使えるんですね。逆に親クラスがその子クラスのメソッドを使う方法はありますか？

ありません。親クラスはその子クラスの前に完成しているので、子クラスのメソッドの情報を持っていません。親クラスは、自分の子クラスが使えるコントラクト（条件をコードで記述するもの）やメソッドを宣言するだけです。子クラスの戻り値についても関知しません。
「A は B である」に当てはめる確認が、一方向であることに気付きませんでしたか。たとえば、サッカー選手は必ず運動選手ですが、その逆は必ずしも真実ではありません。これが、後方継承はないという意味です。

ということは、親クラスのメソッドを使ったり、親クラスに何か追加したりしたいときは、いつでも、base キーワードを使えばいいんですか？

そうです。

OOP では、継承は動作を再利用するのに役立ちますね。他にも同じ目的で使える方法はありますか？

あります。継承の考え方は、さまざまな場所で使われていますが、いつもそれが最善の解決策になるとは限りません。理解を深めるためには、デザインパターンを学ぶ必要があります。しかし、他の方法としてすぐに思いつくのは、後で説明するコンポジションという手法です。

ユーザーがすでに自分のアプリケーション用のメソッドを持っている場合は、常にそれを継承という形で再利用して重複の手間を省くのが良いのでしょうか？

いやいやダメです。継承という考え方を、闇雲に適用するわけには行きません。アプリケーション次第です。たとえば、誰かが Car クラスの詳細を記述するための Show() メソッドを作っているとしましょう。そのときこちらが Animal というクラスを作成し、動物の詳細を記述するメソッドを作っていて、そのメソッド名として Show() という名前がふさわしいという考えになったとします。仮に、今の質問の通りだとすると、Car というクラスにすでにある Show() メソッドを、Animal クラスで再利用する必要があるということになりますね。その記述は、次のようになります。
    Class Animal: Car... .
さて、これは良いデザインでしょうか？　車と動物の間に関係があるとは言えません。したがって、これらを同じ継承階層に関連付けるべきではありません。

コンストラクタやデストラクタは継承できますか？

この章のはじめに言ったじゃないですか。静的であろうがなかろうがコンストラクタとデストラクタは継承できません。

3.3 まとめ

この章では、以下の話題を扱いました。

- 継承の考え方
- 継承の種類
- C#で多重継承させない理由
- C#で使えるハイブリッド継承の種類
- base キーワードのさまざまな使い方
- C#の base キーワードと Java の super キーワードの簡単な比較
- 継承階層を縦断するコンストラクタ呼び出しの順序
- 子クラスが親クラスのメソッドと同じ名前のメソッドを持っているとき、親クラスのメソッドのほうを呼び出すにはどうすればよいか
- クラス間でどのように継承階層を築くか
- 継承を用いる場合と、そうでない場合
- などなど

第4章 ポリモーフィズムに馴染む

本書の最初で、ポリモーフィズム（多態性）について説明したことを思い出してみましょう。ポリモーフィズムとは、そもそも、さまざまな形式が同じ1つの名前に関連付けられていることです。たとえば、加算の演算子が2つの整数の間に置かれていれば、整数の合計を取得すると理解しますね。しかし同じ演算子でも2つの文字列の間に置かれていれば、連結文字列を取得すると見当が付くでしょう。ポリモーフィズムについては、コンパイル時ポリモーフィズムと実行時ポリモーフィズムの2種類があるとも述べました。ここでは、コンパイル時ポリモーフィズムから説明を始めます。コンパイル時ポリモーフィズムでは、コンパイラは、必要な情報（たとえば、メソッドの引数）をすべて持っているので、コンパイル時にそれぞれのオブジェクトに適切なメソッドをバインドできます。そのため、一度プログラムがコンパイルされれば、どのメソッドを呼び出さなければならないかを早いうちに決定できます。これが静的バインディングまたは早期バインディングとも呼ばれるゆえんです。

C#では、メソッドや演算子のオーバーロードによって、コンパイル時ポリモーフィズムを実現します。

覚えておこう
C#におけるコンパイル時ポリモーフィズムの実現には、メソッドや演算子のオーバーロードが役立ちます。

4.1 メソッドのオーバーロード

サンプルプログラムから始めましょう。リスト4-1で得られる出力を考えてみましょう。あるパターンがあることに気付きましたか。

リスト4-1：メソッドのオーバーロード

```csharp
using System;

namespace OverloadingEx1
{
    class OverloadEx1
    {
        public int Add(int x, int y)
        {
            return x + y;
        }
        public double Add(double x, double y)
        {
            return x + y;
        }
        public string Add(String s1, String s2)
        {
            return string.Concat(s1, s2);
        }
    }
    class Program
    {
        static void Main(string[] args)
        {
            Console.WriteLine("*** メソッドのオーバーロードという考え方 ***\n");
            OverloadEx1 ob = new OverloadEx1();
            Console.WriteLine("2+3={0}", ob.Add(2, 3));
            Console.WriteLine("20.5+30.7={0}", ob.Add(20.5, 30.7));
            Console.WriteLine("Amit + Bose ={0}", ob.Add("Amit","Bose"));
            Console.ReadKey();
        }
    }
}
```

```
*** メソッドのオーバーロードという考え方 ***

2+3=5
20.5+30.7=51.2
Amit + Bose =AmitBose
```

コード解析

わかりました。すべてのメソッドに同じ名前「**Add**」が付いていますが、それらのメソッド本体では違うことをしているようです。

ちゃんと見ていますね。このようなコーディングがメソッドオーバーロードです。さらにメソッド名は同じでも、メソッドシグネチャが異なることにも注意してください。

メソッドシグネチャとは何ですか？

観念的に言えば、シグネチャとは、メソッド名とパラメータの型、もしくは、パラメータの数を示す書き方です。C#コンパイラは、名前は同じでもパラメータのリストが違えば、それらのメソッドを区別できます。たとえば、C#コンパイラにおいて、`double Add(double x, double y)`は、`int Add(int x, int y)`とは異なるものとして扱われます。

問題

リスト 4–2 はコードの一部で、メソッドのオーバーロードの例です。これは正しいでしょうか？

リスト4–2：正しいメソッドのオーバーロード例？

```
class OverloadEx1
{
    public int Add(int x, int y)
    {
        return x + y;
    }
    public double Add(int x, int y, int z)
    {
        return x + y + z;
    }
}
```

解答

正しい。

問題

それではリスト 4–3 は、メソッドのオーバーロードの例として正しいでしょうか？

リスト4–3：正しいメソッドのオーバーロード例？

```
class OverloadEx1
{
    public int Add(int x, int y)
    {
        return x + y;
    }
    public double Add(int x, int y)
    {
        return x + y;
    }
}
```

解答

正しくありません。コンパイラは、「戻り値の型」でメソッドを区別することはありません。戻り型は、メソッドシグネチャの一部とはみなされないので覚えておいてください。

> ❌ CS0101　名前空間 'OverloadingEx1' は既に 'OverloadEx1' の定義を含んでいます。

図4-1：リスト4-3のコンパイル結果（CS0101）

コンストラクタのオーバーロードもできますか？

もちろんです。コンストラクタのオーバーロードでも同じようなプログラムが書けます。リスト4-4を見てください。

リスト4-4：コンストラクタのオーバーロード

```
using System;

namespace ConstructorOverloadingEx1
{
    class ConsOverloadEx
    {
        public ConsOverloadEx()
        {
            Console.WriteLine("引数なしのコンストラクタ");
        }
        public ConsOverloadEx(int a)
        {
            Console.WriteLine("1つの整数の引数をとるコンストラクタ 引数 {0}", a);
        }
        public ConsOverloadEx(int a, double b)
        {
            Console.WriteLine("1個の整数型の引数{0}と、1個のdouble型の引数{1}を" +
                    "コンストラクタに渡しました", a,b);
        }
    }

    class Program
    {
        static void Main(string[] args)
        {
            Console.WriteLine("*** コンストラクタのオーバーロードのデモ ***\n");
            ConsOverloadEx ob1 = new ConsOverloadEx();
            ConsOverloadEx ob2 = new ConsOverloadEx(25);
            ConsOverloadEx ob3 = new ConsOverloadEx(10,25.5);
            // ConsOverloadEx ob4 = new ConsOverloadEx(37.5); // エラー
            Console.ReadKey();
        }
    }
}
```

```
*** コンストラクタのオーバーロードのデモ ***

引数なしのコンストラクタ
1 つの整数の引数をとるコンストラクタ 引数 25
1 個の整数型の引数 10 と、1 個の double 型の引数 25.5 をコンストラクタに渡しました
```

コード解析

コンストラクタのオーバーロードは、メソッドのオーバーロードにそっくりですが、違いは何ですか？

コンストラクタはクラスのところですでにやりましたよね？ コンストラクタはクラスと同じ名前を持ち、戻り型はありません。ですから、コンストラクタは、クラスと同じ名前で戻り型がない特別な種類のメソッドとみなしていいんです。
とはいえ違いは多いです。コンストラクタの主な役割は、オブジェクトの初期化です。メソッドのように直接呼び出すことはできません。

リスト 4-5 のようなコードは正しいでしょうか。

リスト4-5：正しいコンストラクタのオーバーロード？

```
class ConsOverloadEx
{
    public ConsOverloadEx()
    {
        Console.WriteLine("引数なしのコンストラクタ");
    }
    public void ConsOverloadEx()
    {
        Console.WriteLine("メソッド");
    }
}
```

これは、Java 8 では通りますが、C#のコンパイラでは図 4-2 のエラーが出ます。

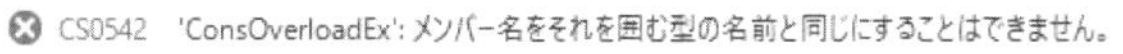

❌ CS0542 'ConsOverloadEx': メンバー名をそれを囲む型の名前と同じにすることはできません。

図4-2：リスト 4-5 のコンパイル結果（CS0542）

Main() メソッドもオーバーロードできますか？

できます。リスト 4-6 を見てください。

リスト4-6：Main のオーバーロード

```
using System;

namespace OverloadingMainEx
{
    class Program
    {
        static void Main(string[] args)
        {
            Console.WriteLine("*** Main() のオーバーロード形のテスト ***");
            Console.WriteLine("私は Main(string[]args) の中にいます");
            Console.WriteLine("オーバーロード形を呼んでいます\n");
            Main(5);
            // Console.WriteLine("*** メソッドオーバーロードの考え方 ***\n\n");
            Console.ReadKey();
        }
        static void Main(int a)
        {
            Console.WriteLine("私は Main(int a) の中にいます");
        }
    }
}
```

```
*** Main() のオーバーロード形のテスト ***
私は Main(string[]args) の中にいます
オーバーロード形を呼んでいます

私は Main(int a) の中にいます
```

コード解析

　このコードは、コンパイルや実行はできますが、コンパイラは、図 4-3 のような警告を出すでしょう。

> ⚠ CS0028 'Program.Main(int)' で間違った認証が使われています。エントリ ポイントとして使用することはできません。

図4-3：コンパイラからの警告（CS0028）

4.1 メソッドのオーバーロード

それでは、図 4-4 のように Main メソッドをもう 1 つ追加すると、プログラムでコンパイルエラーが発生するのはなぜでしょうか。

```
namespace OverloadingMainEx
{
    class Program
    {
        static void Main(string[] args)
        {
            Console.WriteLine("*** Main()のオーバーロード形のテスト ***");
            Console.WriteLine("私はMain(string[]args)の中にいます");
            Console.WriteLine("オーバーロード型を呼んでいます\n");
            Main(5);
            //Console.WriteLine("*** メソッドオーバーロードの考え方 ***\n\n");
            Console.ReadKey();
        }
        static void Main(int a)
        {
            Console.WriteLine("私はMain(int a)の中にいます");
        }
        static void Main()
        {
            Console.WriteLine("私はMain()の中にいます");
            Console.ReadKey();
        }
    }
}
```

図4-4：Main メソッドの追加

> ❌ CS0017 プログラムで複数のエントリポイントが定義されています。エントリポイントを含む型を指定するには、/main でコンパイルしてください。

図4-5：追加した結果（CS0017）

仕様では、プログラムのエントリポイントには、`Main(string [] args)` メソッドまたは `Main()` メソッドが使えます。ここではその両方が存在します。そのためコンパイラは、どちらをエントリポイントとして使うかを判断できないのです。ですからコンパイラが提案しているように、エントリポイントを決定する必要があります。`Main(string [] args)` のほうを削除またはコメントアウトするだけでプログラムは正常にコンパイルされ、プログラムを実行すると、次のような出力が得られます。

私は Main() の中にいます

問題

リスト 4-7 のような、複数の Main() メソッドは許可されているでしょうか？

リスト4-7：複数の Main メソッドを使う

```
using System;

namespace MultipleMainTest
{
    class Program1
    {
        static void Main(string[] args)
        {
            Console.WriteLine("私は Program1.Main(string[] args) の中にいます");
            Console.ReadKey();
        }
    }
    class Program2
    {
        static void Main()
        {
            Console.WriteLine("私は Program2.Main() の中にいます");
            Console.ReadKey();
        }
    }
}
```

図 4-6 のようなエラーが出るでしょう。

> ❌ CS0017 プログラムで複数のエントリ ポイントが定義されています。エントリ ポイントを含む型を指定するには、/main でコンパイルしてください。

図4-6：リスト 4-7 の実行結果（CS0017）

このエラーを回避するには、プロジェクトのプロパティからエントリポイントを設定します（図 4-7 に示すように、ここでは、Program2 の「Main()」を選択しました）。

こうすれば、プログラム実行した時、次の出力が得られるでしょう。

```
私は Program2.Main() の中にいます
```

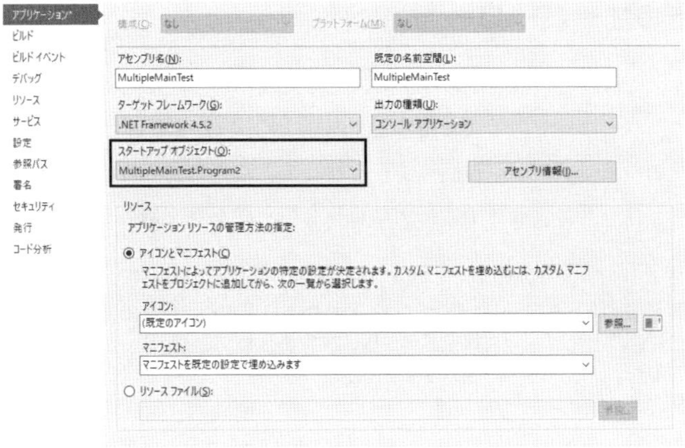

図4-7：エントリポイントの設定

4.2　提案：よいプログラムの書き方

　できることなら、オーバーロードの関係にある、それぞれのメソッドでは、引数の名前と与える順番は一致させるようにしましょう。

```
/* よい書き方 */
public void ShowMe(int a) {..}
public void ShowMe(int a, int b){...}

●ポイント：2行目において、1行目と同じ位置に整数型のaがある


/* よくない書き方 */
public void ShowMe(int a) {..}
public void ShowMe(int x, int b){...}

●ポイント：2行目の最初の引数名がxになっているが、aにしたほうがよい
```

これまで、メソッドのオーバーロードによるコンパイル時のポリモーフィズムを試してみました。では次に、演算子をオーバーロードして、同じようなことをしてみましょう。

4.3 演算子のオーバーロード

それぞれの演算子には固有の機能があります。たとえば「+」は、2つの整数を加算するためのものです。演算子オーバーロードの手法を使うと、同じ「+」を使って2つの文字列を連結できます。つまり、異なる種類のオペランド（被演算子）を使って、よく似た処理を実行します。端的に言うと、演算子オーバーロードは、演算子に特別な意味を持たせたり、機能を追加したりするのに役立ちます。

演算子のオーバーロードが誤用される恐れもありますね。もとの演算子と相反する動作をするように、たとえば、++演算子でデクリメントするようにオーバーロードされたらまずいじゃないですか。そういうことはありませんか。

そうです。注意が必要ですね。デクリメントに++演算子なんて使ったら、プログラミングとして最悪です。そこでC#には、オーバーロード不可の演算子もあります。MSDNが示すガイドラインは、表4-1の通りです。

表4-1：オーバーロードに関するガイドライン

演算子	オーバーロードの制限
+、-、!、~、++、--、true、false	これら単項演算子はオーバーロード可能
+、-、*、/、%、&、|、^、<<、>>	これら二項演算子はオーバーロード可能
==、!=、<、>、<=、>=	これら比較演算子はオーバーロード可能[1]
&&、||	これら条件論理演算子はオーバーロード不可。ただし、「&」と「|」はオーバーロードできるので、それらの評価には使われる
[]	配列のインデックス記述演算子はオーバーロード不可。ただし、インデクサは定義できる
(T)x	キャスト演算子はオーバーロード不可。ただし、新しい変換演算子を定義することは可能（明示的または暗黙的とコンテキスト中）
+=、-=、*=、/=、%=、&=、|=、^=、<<=、>>=	代入演算子はオーバーロード不可。ただし、「+」はオーバーロードできるので、それを用いて「+=;」などの評価は可能
=、.、?:、??、->、=>、f(x)、as、checked、unchecked、default、delegate、is、new、sizeof、typeof	これらの演算子はオーバーロード不可

---

[1] 比較演算子は1組単位でオーバーロードしなければなりません。たとえば「==」をオーバーロードするなら、「!=」もオーバーロードします。逆も同様です。また、「<」と「>」の組、「<=」と「>=」の組についても同様です。

リスト 4–8 を見てみましょう。ここでは、単項演算子「++」を長方形オブジェクト（Rectangle オブジェクト）に適用して、長方形オブジェクトの長さと幅をインクリメントします。

リスト4–8：単項演算子++のオーバーロード

```
using System;
namespace OperatorOverloadingEx
{
    class Rectangle
    {
        public double length, breadth;
        public Rectangle(double length, double breadth)
        {
            this.length = length;
            this.breadth = breadth;
        }
        public double AreaOfRectangle()
        {
            return length * breadth;
        }
        public static Rectangle operator ++ (Rectangle rect)
        {
            rect.length ++;
            rect.breadth++;
            return rect;
        }
    }
    class Program
    {
        static void Main(string[] args)
        {
            Console.WriteLine("*** 演算子のオーバーロードのデモ。" +
                            "++演算子をオーバーロード ***\n");
            Rectangle rect = new Rectangle(5, 7);
            Console.WriteLine("長さは{0}ユニット、幅は{1}ユニット",
                            rect.length,rect.breadth);

            Console.WriteLine("長方形の面積は{0}平方ユニット",
                            rect.AreaOfRectangle());
            rect++;
            Console.WriteLine("修正された長さは{0}ユニット、幅は{1}ユニット",
                            rect.length, rect.breadth);
            Console.WriteLine("新しい長方形の面積は{0}平方ユニット",
                            rect.AreaOfRectangle());

            Console.ReadKey();
        }
    }
}
```

```
*** 演算子のオーバーロードのデモ。++演算子をオーバーロード ***

長さは 5 ユニット、幅は 7 ユニット
長方形の面積は 35 平方ユニット
修正された長さは 6 ユニット、幅は 8 ユニット
新しい長方形の面積は 48 平方ユニット
```

次に、二項演算子「+」のオーバーロードもしてみましょう（リスト4-9）。

リスト4-9：二項演算子＋のオーバーロード

```
using System;
namespace OperatorOverloadingEx2
{
    class ComplexNumber
    {
        public double real,imaganinary;
        public ComplexNumber()
        {
            this.real = 0;
            this.imaganinary = 0;
        }
        public ComplexNumber(double real, double imaginary )
        {
            this.real = real;
            this.imaganinary = imaginary;
        }
        // 二項演算子+をオーバーロード
        public static ComplexNumber operator +(ComplexNumber cnumber1,
                                               ComplexNumber cnumber2)
        {
            ComplexNumber temp = new ComplexNumber();
            temp.real = cnumber1.real + cnumber2.real;
            temp.imaganinary = cnumber1.imaganinary + cnumber2.imaganinary;
            return temp;
        }
    }
    class Program
    {
        static void Main(string[] args)
        {
            Console.WriteLine("*** 演算子のオーバーロードのデモその 2" +
                              "  二項演算子+ ***\n");
            ComplexNumber cNumber1 = new ComplexNumber(2.1, 3.2);
            Console.WriteLine("複素数 1: {0}+{1}i",
                              cNumber1.real, cNumber1.imaganinary);
            ComplexNumber cNumber2 = new ComplexNumber(1.1, 2.1);
            Console.WriteLine("複素数 2: {0}+{1}i",
                              cNumber2.real, cNumber2.imaganinary);
```

```
            // 複素数（ComplexNumber）に+演算子を適用する
            ComplexNumber cNumber3 = cNumber1 + cNumber2;
            Console.WriteLine("+演算子を適用して、{0}+{1}i を得ました",
                            cNumber3.real, cNumber3.imaganinary);
            Console.ReadKey();
        }
    }
}
```

*** 演算子のオーバーロードのデモその2　二項演算子+ ***

複素数1: 2.1+3.2i
複素数2: 1.1+2.1i
+演算子を適用して、3.2+5.3i を得ました

コード解析

演算子のオーバーロードの例では、キーワード「`static`」を使っています。これは意図的でしょうか？

そうです。主な制約をいくつか覚えなければなりません。演算子の関数には、`public` かつ `static` の修飾子を付けなければなりません。そうしないと、図 4-8 に示すエラーに見舞われます。

> ❌ CS0558　ユーザー定義の演算子 'ComplexNumber.operator +(ComplexNumber, ComplexNumber)' は static および public として宣言されなければなりません。

図4-8：修飾子を付けなかったことによるエラー（CS0558）

> **Tips　覚えておこう**
> - 演算子の関数には、`public` かつ `static` の修飾子を付けなければならない。
> - `operator` キーワードの後ろに演算子記号を記述する。
> - 関数のパラメータは被演算子。関数の戻り値の型は式の結果となる型。

4.4　メソッドのオーバーライド

　親クラスの動作を再定義もしくは修正した子クラスを作成するには、メソッドのオーバーライドを検討すべきです。リスト 4-10 のコードとその出力を見てください。コード解析セクションで、その要点を説明します。

第4章 ポリモーフィズムに馴染む

リスト4-10：メソッドのオーバーライド

```csharp
using System;

namespace OverridingEx1
{
    class ParentClass
    {
        public virtual void ShowMe() // メソッド名「私を見せて」
        {
            Console.WriteLine("Parent.ShowMe の中にいます");
        }
        public void DoNotChangeMe() // メソッド名「私を変更しないで」
        {
            Console.WriteLine("Parent.DoNotChangeMe の中にいます");
        }
    }
    class ChildClass :ParentClass
    {

        public override void ShowMe()
        {
            Console.WriteLine("Child.ShowMe の中にいます");
        }
    }

    class Program
    {
        static void Main(string[] args)
        {
            Console.WriteLine("*** メソッドのオーバーロードのデモ ***\n\n");
            ChildClass childOb = new ChildClass();
            childOb.ShowMe(); // 子クラスのメソッドを呼び出す
            childOb.DoNotChangeMe();
            Console.ReadKey();
        }
    }
}
```

```
*** メソッドのオーバーロードのデモ ***


Child.ShowMe の中にいます
Parent.DoNotChangeMe の中にいます
```

コード解析

リスト 4-10 のプログラムでわかることは、次の通りです。

- 名前からわかるように、ChildClass は ParentClass を親とする派生クラスです。

4.4 メソッドのオーバーライド

- 同じシグニチャと戻り値の型を持つ `ShowMe()` というメソッドを、`ParentClass` と `ChildClass` の両方で定義しています。
- `Main()` メソッドで、子クラスオブジェクト `childOb` を作成しています。このオブジェクトを通じて `DoNotChangeMe()` メソッドを呼び出すと、親クラスから継承した通りのメソッドが動作します。不思議なことはありません。
- しかし子クラスオブジェクトの `ShowMe()` メソッドを呼び出すと、`ChildClass` で定義されている `ShowMe()` が呼び出されます。つまり、親メソッドの `ShowMe()` はなかったものにされます（オーバーライドされる）。この動きが、メソッドオーバーライドです。
- 注意すべきことがあります。それは、`ChildClass` の `ShowMe()` メソッドを再定義する方法です。2つの特別なキーワード `virtual` と `override` を使っています。メソッドを子クラスまたは派生クラスで再定義できるようにするには、親クラスでキーワード `virtual` が必要です。そして `override` キーワードは、意図的に親クラスのメソッドを再定義しているという宣言です。
- 上記のプログラムにおいて、親クラス側のメソッドに `virtual` を付けないと、図4-9のコンパイルエラーが発生します。

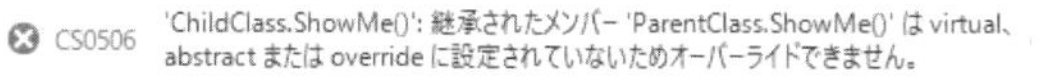

> ❌ CS0506 'ChildClass.ShowMe()': 継承されたメンバー 'ParentClass.ShowMe()' は virtual、abstract または override に設定されていないためオーバーライドできません。

図4-9：親クラス側に virtual を付けなかったことによるエラー（CS0506）

- 親クラス側に `virtual` キーワードを使用して、子クラス側に `override` キーワードを付けないと、次の警告メッセージが表示されます（プログラムは実行可能です）。

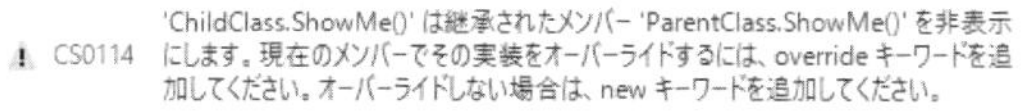

> ⚠ CS0114 'ChildClass.ShowMe()' は継承されたメンバー 'ParentClass.ShowMe()' を非表示にします。現在のメンバーでその実装をオーバーライドするには、override キーワードを追加してください。オーバーライドしない場合は、new キーワードを追加してください。

図4-10：子クラス側に override を付けなかったことによるエラー（CS0114）

- 親クラス側の `virtual` も子クラス側の `override` も、どちらも省略すると、図4-11の警告メッセージが表示されます。

> ⚠ CS0108 'ChildClass.ShowMe()' は継承されたメンバー 'ParentClass.ShowMe()' を非表示にします。非表示にする場合は、キーワード new を使用してください。

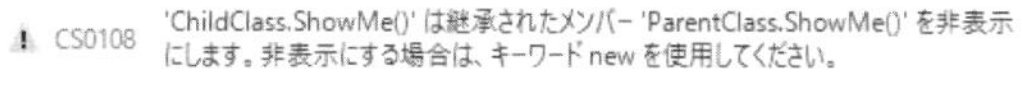

図4-11：virtual も override も省略したことによるエラー（CS0108）

キーワード「new」を用いる意味については、このあとまた説明します。

キーワード virtual の付いたメソッドと override が付いたメソッドでは、戻り値の型、シグニチャ、アクセス指定子は、同じでなければなりません。たとえば上記の例で、子クラスの ShowMe() で、以下のようにアクセス指定子を public から protected に変更したとします。

```
protected override void ShowMe()
{
    Console.WriteLine("Child.ShowMe の中にいます");
}
```

すると、次のコンパイルエラーが出るでしょう。

> ❌ CS0507 'ChildClass.ShowMe()': 'public' の継承メンバー 'ParentClass.ShowMe()' をオーバーライドするときに、アクセス修飾子を変更できません。

図4-12：アクセス指定子が protected だった場合のエラー

メソッドのオーバーロードでは戻り値は関係なかったのに、オーバーライドでは同一にしなければならないんですね？

そうです。繰り返しになりますが、オーバーライドでは親クラスのメソッドには virtual のキーワード、子クラスのメソッドには override のキーワードを付け、両者ではシグネチャと戻り値、そしてアクセス性が一致していなければなりません。

リスト 4-11 では、コンパイルエラーは発生しますか？

リスト4-11：怪しいコード

```
class ParentClass
{
    public virtual int ShowMe(int i)
    {
        Console.WriteLine("私は Parent のクラスの中にいます");
        return i;
    }
}
class ChildClass : ParentClass
{
    public override void ShowMe(int i)
    {
        Console.WriteLine("私は Child のクラスの中にいます");
    }
}
```

発生します。図 4-13 を見てください。

> ❌ CS0508 'ChildClass.ShowMe(int)': オーバーライドされたメンバー 'ParentClass.ShowMe(int)' に対応するために戻り値の型は 'int' でなければなりません。

図4-13：リスト 4-11 が出力するエラー（CS0508）

コンパイラの提案通り、子クラスの該当メソッドの戻り値の型を `int` に変更しましょう。また次のように、メソッドの内容にも、いくつかの変更を加えてみます。

```csharp
public override int ShowMe(int i)
{
    Console.WriteLine("私は Child クラスにいます");
    Console.WriteLine("i を 5 増やします");
    return i + 5; // 戻り値は int でなければならない
}
```

もしくは、次のように書いて、そのまま `void` の戻り値の型を持つメソッドにすることもできます。ただしこの形では、メソッドのオーバーロード形として扱われます。

```csharp
public void ShowMe()
{
    Console.WriteLine("Child.ShowMe() メソッドの中にいます");
}
```

この 2 通り再定義した、それぞれのメソッドは、同じプログラム中で両立できます。両方書いた場合、メソッドのオーバーロードとオーバーライドの両方を実装したことになります。リスト 4-12 を見てください。

リスト4-12：修正バージョン

```csharp
using System;

namespace OverridingEx2
{
    class ParentClass
    {
        public virtual int ShowMe(int i)
        {
            Console.WriteLine("私は Parent クラスの中にいます");
            return i;
        }
    }
```

```csharp
        class ChildClass : ParentClass
        {
            public override int ShowMe(int i)
            {
                Console.WriteLine("私は Child クラスの中にいます");
                Console.WriteLine("i を 5 増やします");
                return i + 5; // 戻り値は int でなければならない
            }
            public void ShowMe()
            {
                Console.WriteLine("Child.ShowMe() メソッドの中にいます");
            }
        }
        class Program
        {
            static void Main(string[] args)
            {
                Console.WriteLine(
                    "*** オーバーロードとオーバーライドを併用するデモ ***\n");
                ChildClass childOb = new ChildClass();
                Console.WriteLine(childOb.ShowMe(5)); //10
                childOb.ShowMe();
                Console.ReadKey();
            }
        }
}
```

```
*** オーバーロードとオーバーライドを併用するデモ ***

私は Child クラスの中にいます
i を 5 増やします
10
Child.ShowMe() メソッドの中にいます
```

　オブジェクト指向プログラマは 3 つの重要な過程を経ると言われています。第 1 段階は、オブジェクト指向ではない条件分岐や繰り返し文などの規則や構造に慣れる期間です。第 2 段階では、クラスとオブジェクトの作成をはじめ、継承を使い始めます。そして最後の第 3 段階では、ポリモーフィズムを用いて遅いバインディングを実現し、プログラムに柔軟性を持たせます。では、C#のプログラムでポリモーフィズムを実装してみましょう。

4.5　ポリモーフィズムを用いた実験

　ポリモーフィズムでは通常、1 つのメソッドが複数の形態／構造を持ちます。よく理解するには、まず中核となる考え方を明確にする必要があります。リスト 4-13 とその出力を見てください。

リスト4-13：ポリモーフィズムの実際

```csharp
using System;

namespace BaseRefToChildObjectEx1
{
    class Vehicle
    {
        public void ShowMe()
        {
            Console.WriteLine("Vehicle.ShowMe の中にいます");
        }
    }
    class Bus : Vehicle
    {
        public void ShowMe()
        {
            Console.WriteLine("Bus.ShowMe の中にいます");
        }
        public void BusSpecificMethod()
        {
            Console.WriteLine("Bus.BusSpecificMethod の中にいます");
        }
    }

    class Program
    {
        static void Main(string[] args)
        {
            Console.WriteLine(
                "***基本クラスが子クラスのオブジェクトを参照するデモ ***\n\n");
            Vehicle obVehicle = new Bus();
            obVehicle.ShowMe(); // Vehicle.ShowMe の中にいる
            // obVehicle.BusSpecificMethod();   // エラー
            // Bus obBus = new Vehicle();       // エラー
            Console.ReadKey();
        }
    }
}
```

```
***基本クラスが子クラスのオブジェクトを参照するデモ ***

Vehicle.ShowMe の中にいます
```

コード解析

このプログラムでは、重要となる次の2行に注目してください。

```
Vehicle obVehicle = new Bus();
obVehicle.ShowMe();
```

ここでは、子クラスである Bus クラスのオブジェクトを親クラス Vehicle の参照で指しており、その ShowMe() メソッドを呼び出しています。この呼び出し方は許されており、コンパイルの問題は発生しません。つまり、基本クラスの参照で派生クラスオブジェクトを指すことができます。

しかし次の 2 行の表記は、どちらも使うことができません。

1. `obVehicle.BusSpecificMethod(); // エラー`
   obBus について明記されているタイプは Bus ではなくて Vehicle なので、obBus で Bus に特有のメソッドを呼び出そうとするとエラーになります。このエラーを避けるには、次のようなダウンキャスト（強制型変換）が必要です。

   `((Bus)obVehicle).BusSpecificMethod();`

2. `Bus obBus = new Vehicle(); // エラー`
   これも同様で、エラーを避けるには、次のようにダウンキャストします。

   `Bus  obBus = (Bus)new Vehicle();`

覚えておこう
親クラスの参照を通じて子クラスのオブジェクトを参照できますが、その逆はできません。オブジェクト参照では、暗黙的に基底クラス参照にアップキャストできますが、子クラス参照には明示的にダウンキャストします。アップキャストとダウンキャストの操作については、第 8 章「さまざまな比較をしながら C# を解析する」で詳しく学びます。

さて、リスト 4-14 のように、キーワード virtual と override を使って、プログラムを少し変更します。親クラス（Vehicle）のメソッドを virtual で、子クラス（Bus）のメソッドを override で修飾しているので注意してください。

リスト4-14：virtual と override を使う

```
using System;

namespace PloymorphismEx1
{
    class Vehicle
    {
        public virtual void ShowMe()
        {
            Console.WriteLine("Vehicle.ShowMe の中にいます");
        }
    }
```

```csharp
    class Bus : Vehicle
    {
        public override void ShowMe()
        {
            Console.WriteLine("Bus.ShowMe の中にいます");
        }
        public void BusSpecificMethod()
        {
            Console.WriteLine("Bus.BusSpecificMethod の中にいます");
        }
    }
class Program
{
    static void Main(string[] args)
    {
        Console.WriteLine("***ポリモーフィズムの例　その 1 ***\n\n");
        Vehicle obVehicle = new Bus();
        obVehicle.ShowMe(); // Bus.ShowMe の中にいる
        // obVehicle.BusSpecificMethod(); // エラー
        // Bus obBus = new Vehicle(); // エラー
        Console.ReadKey();
    }
}
}
```

```
***ポリモーフィズムの例　その 1 ***

Bus.ShowMe の中にいます
```

コード解析

　出力に注目してください。今回は、親クラスのメソッドではなく、子クラスのメソッドが呼び出されます。これは、Vehicle クラスの ShowMe() メソッドを virtual で修飾したためです。こうするとコンパイラは、メソッドを呼び出すための型がはっきり見えなくなり、その呼び出しは、コンパイル時バインディングで解決できなくなります。基本クラス参照を介して子クラスのオブジェクトのメソッドを呼び出すとき、コンパイラは、基本クラスの参照型を使って、正しいオブジェクトのメソッドを呼び出します。この場合、Bus オブジェクトは基本クラス（Vehicle）参照によって参照されているので、コンパイラは Bus クラスの ShowMe() メソッドを選択できます。

　基本クラスのメソッドを virtual としてマークすることは、ポリモーフィズムの実現を意図するものです。そうすることで、子クラスのメソッドを意図的に再定義（オーバーライド）できます。子クラスでは、キーワード override でメソッドを修飾することで、対応する virtual メソッドを明確な意図をもって再定義します。

覚えておこう
・ Java では、すべてのメソッドが既定で virtual ですが、C#では違います。そのため C#では、無意識に上書きが起こらないように、キーワード override で修飾する必要があります。
・ C#では、new キーワードを使ってマークするとオーバーライドしないという意味になります。これについては、後で説明します。

「親クラスの参照を通じて子クラスのオブジェクトを参照できるが、その逆はできない」と言うことですが、なぜこのような設計になっているのでしょうか。

だって、すべてのバスは輸送手段であると言うことができますが、輸送手段には電車、船などがあり、これは絶対にバスではありません。このことに反論する人はいないでしょう。
同様にプログラミング用語では、派生（子）クラスはすべて基本（親）クラス型ですが、その逆は当てはまりません。たとえば、`Rectangle` というクラスがあり、`Shape` という別のクラスから派生しているとします。このとき、すべての `Rectangle` は `Shape` であると言えますが、その逆は成り立ちません。
このように、継承の階層に対して「A は B である」と言ってみてください。この向きは単純そのものです。

以下のコードは、実行時でないと呼び出しが解決されないんでしたね。

```
Vehicle obVehicle = new Bus();
obVehicle.ShowMe();
```

しかし Bus オブジェクトが親クラスの参照を介して指し示されているので、コンパイラは早期バインディング（コンパイル時バインディング）時に `ShowMe()` メソッドを Bus クラスのオブジェクトにバインドできることは明らかです。それなのになぜ、わざわざ処理を遅らせるのでしょうか。

上記のコードではそう見えるかもしれません。しかし、親クラス `Vehicle` を継承する、もう 1 つの子クラス `Taxi` があるとしましょう。とすると、`Bus` と `Taxi` のどちらの `ShowMe()` メソッドを呼び出すかは、実行時の状況に応じて決めなければならなくなります。次のような場合を考えてみましょう。0 から 10 までの乱数を生成し、それが偶数なら `Bus` オブジェクト、奇数なら `Taxi` オブジェクトの `ShowMe()` メソッドを、それぞれ呼び出すようにします。
リスト 4-15 を見てみましょう。

リスト4–15：乱数を使って呼び出すメソッドを決める

```csharp
using System;

namespace PolymorphismEx3
{
    class Vehicle
    {
        public virtual void ShowMe()
        {
            Console.WriteLine("Vehicle.ShowMe の中にいます");
        }
    }
    class Bus : Vehicle
    {
        public override void ShowMe()
        {
            Console.WriteLine("Bus.ShowMe の中にいます");
        }
    }
    class Taxi : Vehicle
    {
        public override void ShowMe()
        {
            Console.WriteLine("Taxi.ShowMe の中にいます");
        }
    }
    class Program
    {
        static void Main(string[] args)
        {
            Console.WriteLine("***ポリモーフィズムの例　その3 ***\n");
            Vehicle obVehicle;
            int count = 0;
            Random r = new Random();
            while( count < 5)
            {
                int tick = r.Next(0, 10);
                if(tick %2 == 0)
                {
                    obVehicle = new Bus();
                }
                else
                {
                    obVehicle = new Taxi();
                }
                obVehicle.ShowMe(); //出力は実行時に決められる
                count++;
            }
            Console.ReadKey();
        }
    }
}
```

```
    １回目試行の例
***ポリモーフィズムの例　その 3 ***

Taxi.ShowMe の中にいます
Taxi.ShowMe の中にいます
Taxi.ShowMe の中にいます
Bus.ShowMe の中にいます
Bus.ShowMe の中にいます

    ２回目試行の例
***ポリモーフィズムの例　その 3 ***

Bus.ShowMe の中にいます
Taxi.ShowMe の中にいます
Taxi.ShowMe の中にいます
Taxi.ShowMe の中にいます
Taxi.ShowMe の中にいます
```

（乱数なので）もちろん、出力はこのようになるとは限りません。他にも、さまざまな結果が出るでしょう。

解説

さあ、このコーディングを見れば、コンパイラが実行時まで決定できない理由と、ポリモーフィズムがどのように実現するかわかったでしょう。

親クラスのメソッドが、その子クラスのメソッドによってオーバーライドされるのが好ましくない場合もあると思います。その制限をかけるにはどうするんですか？

その質問が出ることは多いでしょうね。子クラスによるオーバーライドを防ぐには「`static`」、「`private`」、または「`sealed`」キーワードを使います。ここでは「`sealed`」の使い方についてだけ説明しましょう。

リスト 4-16 を見てください。コンパイルの段階で、継承を防いでいます。

リスト4-16：sealed を使う

```
sealed class ParentClass
{
    public void ShowClassName()
    {
        Console.WriteLine("Parent.ShowClassName の中にいます");
    }
}
class ChildClass : ParentClass // エラー
{
    // 何かのコード
}
```

コンパイル時に、「'ChildClass': シールド型'ParentClass' から派生することはできません」というエラーが発生します（図 4-14）。

❌ CS0509 'ChildClass': シールド型 'ParentClass' から派生することはできません。

図4-14：リスト 4-16 によるエラー

キーワードは、クラスに限らず、メソッドでも使えます。これを深く理解するために、リスト 4-17 を見てください。

リスト4-17：キーワードをメソッドに使う

```
class ParentClass
{
    public virtual void ShowClassName()
    {
        Console.WriteLine("Parent.ShowClassName の中にいます");
    }
}
class ChildClass : ParentClass
{
    sealed public override void ShowClassName()
    {
        Console.WriteLine("ChildClass.ShowClassName の中にいます");
    }
}
class GrandChildClass : ChildClass
{
    public override void ShowClassName()
    {
        Console.WriteLine("GrandChildClass.ShowClassName の中にいます");
    }
}
```

ここでは多段階継承をしました。それぞれのクラス名が示すように、ChildClass が ParentClass から派生し、GrandChildClass が ChildClass から派生しています。しかし ChildClass では、オーバーライドメソッド ShowClassName() に対してキーワード sealed を使いました。そうすることで、派生クラスのいずれでもメソッドをそれ以上オーバーライドできないという指定ができます。

しかし孫というのはヤンチャなものという世の例にならって、GrandChildClass がその親である ChildClass で課した規則にあえて違反させてみました。するとコンパイラはすぐに、親の戒めには従えという諭しをもって、エラーメッセージ（図 4-15）を表示します。

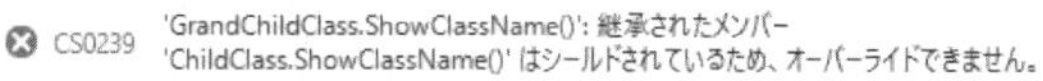

> ⊗ CS0239 'GrandChildClass.ShowClassName()': 継承されたメンバー
> 'ChildClass.ShowClassName()' はシールドされているため、オーバーライドできません。

図4-15：孫クラスに対するエラー（CS0239）

次に、`private` なコンストラクタを考えましょう。クラスに `private` なコンストラクタしか与えないと、子クラスを作成できなくなります。このやり方は、シングルトンデザインパターンを作るときに使えます。シングルトンとは、`new` キーワードを使って、システム内に不要なオブジェクトが作れないようにするデザインパターンです。たとえば、リスト 4-18 では、コンパイルエラーが出るはずです。

リスト4-18：private なコンストラクタ

```
class ParentClass
{
    private ParentClass() { }
    public void ShowClassName()
    {
        Console.WriteLine("Parent.ShowClassName の中にいます");
    }
}
class ChildClass : ParentClass // エラー
{
    // 何かのコード
}
```

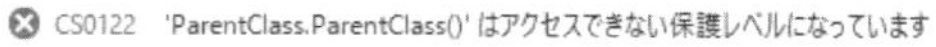

> ⊗ CS0122 'ParentClass.ParentClass()' はアクセスできない保護レベルになっています

図4-16：リスト 4-18 のエラー（CS0122）

問題

次のプログラムの出力がどうなるか、予測してください。コンパイルエラーは発生するでしょうか？

リスト4-19：怪しいコード

```
using System;

namespace QuizOnSealedEx1
{
    class QuizOnSealed
    {
        public virtual void TestMe()
        {
            Console.WriteLine("私は Class-1 にいます");
        }
```

```
    class Class1: QuizOnSealed
    {
        sealed public override void TestMe()
        {
            Console.WriteLine("私は Class-1 にいます");
        }
    }
    class Class2: QuizOnSealed
    {
        public override void TestMe()
        {
            Console.WriteLine("私は Class-2 にいます");
        }
    }

    class Program
    {
        static void Main(string[] args)
        {
            Console.WriteLine("*** キーワード sealed の使い方に関する問題 **\n");
            Class2 obClass2 = new Class2();
            obClass2.TestMe();
            Console.ReadKey();
        }
    }
}
```

解答

プログラムはコンパイルされ、正常に実行されます。

```
*** キーワード sealed の使い方に関する問題 **

私は Class-2 にいます
```

解説

　Class2 は Class1 の直接の子クラスではないため、ここで問題は発生しませんでした。同様に、同じ親クラス QuizOnSealed から派生しているので、TestMe() メソッドをオーバーライドするのも自由です。

覚えておこう

　クラスに sealed を付けると、基本（親）クラスになれません。換言すれば、派生を防ぎます。抽象クラスになれないのはこのためです。MSDN は、実行時に最適化が行われれば、sealed キーワードの付いたクラスメンバの呼び出しは、わずかに早くなると述べています。

キーワード sealed は、メソッドとクラスのどちらにも適用できることがわかりました。ではメンバ変数には適用できるのでしょうか？

できません。そのような目的なら、メンバ変数に対して readonly もしくは const を使います。定数（const）は変数のように宣言できますが、宣言後に変更できないという点が違います。一方、読み取り専用フィールド（readonly）は、フィールドの宣言時でもコンストラクタ中でも値を割り当てられます。定数として変数を宣言するには、宣言の前にキーワード const を追加します。定数は暗黙的に static です。これら 2 つの違いは、第 8 章で説明します。

問題

次のコードはコンパイル可能でしょうか。

```
class A
{
    sealed int a = 5;
}
```

解答

いいえ。C#では許されない書き方です。

> ⊗ CS0106　修飾子 'sealed' がこの項目に対して有効ではありません。

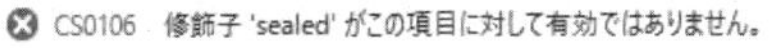

図4-17：表示されるエラー（CS0106）

この場合は readonly を使ってください。

問題

次のコードはコンパイル可能でしょうか。

```
class A
{
    sealed A()
    { }
}
```

解答

いいえ。C#では許されない書き方です。

> ⊗ CS0106　修飾子 'sealed' がこの項目に対して有効ではありません。

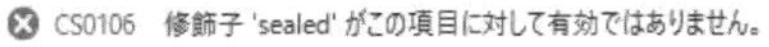

図4-18：表示されるエラー（CS0106）

キーワード sealed は、上書きを防ぐために使われますが、言語仕様では、コンストラクタが
まったく上書きできなくなります。子クラスから親クラスを呼び出せないようにしたいだけなら、
private を使います（なお、コンストラクタは子クラスに継承されません。必要であれば、基本
（親）クラスのコンストラクタを明示的に呼び出してください）。

以下のケース 1 とケース 2 のうち、継承を防ぐためには、どちらの書き方がよいでしょうか。

```
【ケース 1】
class A1
{
    private A1() { }
}

【ケース 2】
sealed class A2
{
    // 何かのコード
}
```

いきなりどちらがよいかという一般化をするのでなく、まず、何をしたいのかはっきりさせな
ければなりません。ケース 1 では、少し手を加えると、容易に新しいクラスを派生できるよう
になります。しかしケース 2 では、どうやっても子クラスの派生はできません。理解を深める
ために、ケース 1 に手を加えて、このケーススタディを続けましょう。

リスト4–20：ケース 1 をブラッシュアップする

```
using System;

namespace SealedClassVsA_ClassWithPrivateCons
{
    class A1
    {
        public int x;
        private A1() { }
        public A1(int x) { this.x = x; }
    }
    sealed class A2
    {
        // 何かのコード
    }
    class B1 : A1
    {
        public int y;
```

```
        public B1(int x,int y):base(x)
        {
            this.y = y;
        }
    }
    // class B2 : A2 { }  // キーワード sealed が付いている A2 型から子クラスは作成不可

    class Program
    {
        static void Main(string[] args)
        {
            Console.WriteLine("*** ケーススタディ：クラスに sealed を付けるか、" +
                              "コンストラクタに private をつけるか ***\n");
            B1 obB1 = new B1(2, 3);
            Console.WriteLine("\t x={0}",obB1.x);
            Console.WriteLine("\t y={0}",obB1.y);
            Console.Read();
        }
    }
}
```

```
*** ケーススタディ：クラスに sealed を付けるか、コンストラクタに private を付けるか ***

        x=2
        y=3
```

コード解析

このコードはケース1を改良したものです。コメントアウトされている次の行に注意してください。

```
// class B2 : A2    // キーワード sealed が付いている A2 型から子クラスは作成不可
```

この行を有効にすると、コンパイルエラーが発生します。

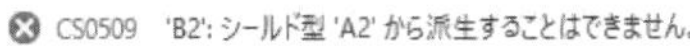

❌ CS0509 'B2': シールド型 'A2' から派生することはできません。

図4-19：表示されるエラー（CS0509）

ここで覚えておくべき重要なことは、コンストラクタを private にする目的が、ただ継承を防ぐためだと思っているのなら、その手法は間違っているということです。private なコンストラクタは通常、static なメンバだけを含むクラスで使われます。デザインパターンについて学べば、シングルトンというデザインパターンにおいて private なコンストラクタを使い、追加のインスタンス化を防止しているのがわかるでしょう。そのような考え方からすれば、私たちは今、変な目的で private なコンストラクタを使っていることになります。

メソッドのオーバーロードとオーバーライドを簡単に区別するポイントはないでしょうか。

次のポイントをつかめば、これまで習ったことが生きてくるでしょう。

メソッドオーバーロードは、すべてのオーバーロード形を同じクラス内で定義しようというものです。ただし、親クラスと子クラスにまたがってオーバーロードを定義することもあります。

メソッドのオーバーライドは、親クラスと子クラスの継承階層で発生するため、親クラスと最低1つの子クラス、すなわち最低2つのクラスが関係します。

次のプログラム（リスト4-21）と出力について検討しましょう。

リスト4-21：複数のクラスにまたがるオーバーロード

```
using System;

namespace OverloadingWithMultipleClasses
{
    class Parent
    {
        public void ShowMe()
        {
            Console.WriteLine("Parent.ShowMe　その1：引数なし");
        }
        public void ShowMe(int a)
        {
            Console.WriteLine("Parent.ShowMe　その2：整数型の引数1つ");
        }
    }
    class Child:Parent
    {
        // 子クラスや派生クラスにおけるオーバーロード形
        public void ShowMe(int a,int b)
        {
            Console.WriteLine("Child.ShowMe　その3：整数型の引数2つ");
        }
    }
    class Program
    {
        static void Main(string[] args)
        {
            Console.WriteLine("*** 複数のクラスにまたがるオーバーロード ***\n");
            Child childOb = new Child();
            // 3つのオーバーロード形をすべて呼び出す
            childOb.ShowMe();
            childOb.ShowMe(1);
            childOb.ShowMe(1,2);
            Console.ReadKey();
```

        }
    }
}

```
*** 複数のクラスにまたがるオーバーロード ***

Parent.ShowMe    その 1：引数なし
Parent.ShowMe    その 2：整数型の引数 1 つ
Child.ShowMe     その 3：整数型の引数 2 つ
```

Visual Studio なら、こうしたオーバーロードされたメソッドを使うとき、ヒントを表示してくれます。この場合、子クラスオブジェクトは 1 + 2、すなわち、計 3 つのオーバーロードメソッドがあることがわかります。

　メソッドのオーバーロードでは、シグネチャは異なります。それに対してメソッドのオーバーライドでは、メソッドシグネチャは同じです。Java と比較して考えるのであれば、Java では「同じか、少なくとも互換性がある」と言えます。後で Java の共変戻り値型について学びますが、そこで「互換」という言葉が意味を持ってきます。しかし C#では、「互換」という言葉は無視できます。

　メソッドをオーバーロードすることでコンパイル時（静的）ポリモーフィズムを実現でき、メソッドをオーバーライドすることで実行時（動的）ポリモーフィズムを実現できます。静的バインディング／早期バインディング／オーバーロードの場合、コンパイラはコンパイル時に、その情報を収集するため、一般に、パフォーマンスは速くなります。

覚えておこう
すべての C#メソッドは、既定では virtual ではありません（それに対して Java では、すべてのメソッドが既定で virtual に相当します）。C#では、親クラスで virtual としてマークしたメソッドに対し、子クラスにキーワード override を使って意図的にオーバーライドまたは再定義します。これら 2 つのキーワードに加えて、メソッドをオーバーライドではないと明示するためにキーワード new を使います。

オーバーライドするかどうかを指示する「new」キーワードの使い方については、次の簡単なプログラムを書いて説明に替えたいと思います。プログラムの内容と出力を検討しましょう。

リスト4-22：オーバーライド時に new を使う

```csharp
using System;

namespace OverridingEx3
{
    class ParentClass
    {
        public virtual void ShowMe()
        {
            Console.WriteLine("Parent.ShowMe の中にいます");
        }
    }
    class ChildClass : ParentClass
    {
        public new void ShowMe()
        {
            Console.WriteLine("Child.ShowMe の中にいます");
        }
    }

    class Program
    {
        static void Main(string[] args)
        {
            Console.WriteLine(
                "*** メソッドをオーバーライドする際に new キーワードを用いる例 ***\n");
            ParentClass parentOb = new ParentClass();
            parentOb.ShowMe(); // Parent のメソッドを呼び出す
            ChildClass childOb = new ChildClass();
            childOb.ShowMe(); // Child のメソッドを呼び出す
            Console.ReadKey();
        }
    }
}
```

```
*** メソッドをオーバーライドする際に new キーワードを用いる例 ***

Parent.ShowMe の中にいます
Child.ShowMe の中にいます
```

コード解説

Child クラスの ShowMe() メソッドで、キーワード new を使わないと、図 4-20 に示す警告メッセージが表示されます。

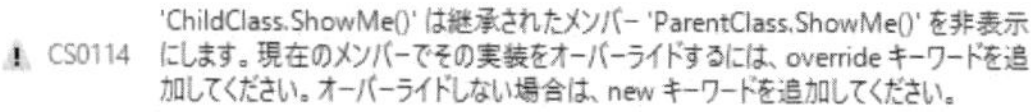

⚠ CS0114　'ChildClass.ShowMe()' は継承されたメンバー 'ParentClass.ShowMe()' を非表示にします。現在のメンバーでその実装をオーバーライドするには、override キーワードを追加してください。オーバーライドしない場合は、new キーワードを追加してください。

図4-20：new を使わなかった場合に表示される警告（CS0114）

　Java に精通している人には、この機能は Java では許可されていないことと比べると、面白いかもしれません。この違いの理由は簡単です。C#では、基本的にポリモーフィズムでオーバーライドをする思想なので、それをしないメソッドは明示することになっているのです。

　new キーワードと override キーワードとの違いを理解するために、リスト 4-23 を見てください。オーバーライドしている子クラスと、new を使っている子クラスとがあります。ポリモーフィズムの振る舞いを比較しましょう。

リスト4-23：new と override の違い

```
using System;

namespace OverridingEx4
{
    class ParentClass
    {
        public virtual void ShowMe()
        {
            Console.WriteLine("Parent.ShowMe の中にいます");
        }
    }
    class ChildClass1 : ParentClass
    {
        public override void ShowMe()
        {
            Console.WriteLine("Child.ShowMe の中にいます");
        }
    }
    class ChildClass2 : ParentClass
    {
        public new void ShowMe()
        {
            Console.WriteLine("Child.ShowMe の中にいます");
        }
    }

    class Program
    {
        static void Main(string[] args)
        {
            Console.WriteLine(
                "***メソッドをオーバーライドする際に new キーワードを用いる例" +
                "　その 2 ***\n");
            ParentClass parentOb;
            parentOb= new ParentClass();
            parentOb.ShowMe();
```

```
            parentOb = new ChildClass1();
            parentOb.ShowMe();  // Child.ShowMeの中にいます
            parentOb = new ChildClass2();
            parentOb.ShowMe();  // Parent.ShowMeの中にいます


            Console.ReadKey();
        }
    }
}
```

***メソッドをオーバーライドする際にnewキーワードを用いる例　その2 ***

Parent.ShowMe の中にいます
Child.ShowMe の中にいます
Parent.ShowMe の中にいます

コード解析

　出力の最後の行を見ると、キーワードnewの威力がわかります。ChildClass2で定義したnewメンバは、ポリモーフィズムに含まれません（だからChild.ShowMeと表示されないのです）。

> **コラム**　**訳者補足**
>
> リスト4-23のコードでオブジェクトparentObがChildClass2クラスのオブジェクトとして生成されている箇所を見ると、あくまでもParentクラスを参照しています。ですから、このオブジェクトのShowMeメソッドが呼ばれたときには、コンパイラはChildClass2のnewキーワード付きのメソッドではなく、Parentクラスの同名のメソッドしか探し当てられません。よって、最後の行ではChild.ShowMeの内容ではなくParent.ShowMeの内容が出力されているのです。

4.6　抽象クラス

　自分の仕事が不完全なぶんを他の誰かが補ってくれるだろうと期待することは、実生活では、よくありますね。たとえば、不動産の購入と改造を考えてみましょう。祖父母が土地を購入し、両親がその上に小さな家を建て、その後、孫が家を大きくしたりリフォームしたりする事例です。これと同じ考え方は、プログラミングにもあります。自分の作業は不完全で、他の誰かに完成してもらわなければならないと最初からわかっているとします。とすると、あとに続く人々が必要に応じて最初のものを改造する自由度を残しておかなければなりません。プログラミングの世界で、この種のシナリオに最適なのが「抽象クラス」です。

　抽象クラスとは、言わば不完全なクラスです。抽象クラスからオブジェクトをインスタンス化することはできません。子クラスでは、まず、インスタンス化可能にまで持っていかねばなりません。

そうすれば、オーバーライドによって、いくつかのメソッドを再定義できるようになります。

あるクラスに少なくとも1つの不完全なメソッド、すなわち抽象メソッドが含まれているときは、そのクラス自体が抽象クラスと考えてほぼ間違いありません。抽象メソッドという用語は、そのメソッドに宣言またはシグニチャまではあるが、実装がないことを意味します。換言すれば、抽象メンバは、実装されていない virtual メンバであると考えることができます。

覚えておこう

抽象メソッドを1つでも含むクラスは、抽象クラスであることを明記しなければなりません。

抽象クラスにおける不完全な作業は、子クラスで実装を提供する必要がありますが、そこで完全な実装にいたらなければ、子クラスに再び abstract キーワードが貼られることになります。

この技法が役に立つのは、基本クラス（親クラス）で適用範囲の広い形式を定義しておき、異なる子クラスでそれを共有するようにしたいという場合です。詳細は子クラスに責任をもって記入させます。簡単なサンプルプログラム（リスト4-24）から、その実例を始めましょう。

リスト4-24：抽象クラスを使う

```
using System;

namespace AbstractClassEx1
{
    abstract class MyAbstractClass
    {
        public abstract void ShowMe();
    }
    class MyConcreteClass : MyAbstractClass
    {
        public override void ShowMe()
        {
            Console.WriteLine("私は実装のあるクラスから来ました");
            Console.WriteLine("私の ShowMe() メソッドの内容は完結しています");
        }
    }
    class Program
    {
        static void Main(string[] args)
        {
            Console.WriteLine("*** 抽象クラスの例　その1 ***\n");
            // エラー。抽象クラスからインスタンスは作成できない
            // MyAbstractClass abstractOb=new MyAbstractClass();
            MyConcreteClass concreteOb = new MyConcreteClass();
            concreteOb.ShowMe();
            Console.ReadKey();
        }
    }
}
```

```
*** 抽象クラスの例  その 1 ***

私は実装のあるクラスから来ました
私の ShowMe() メソッドの内容は完結しています
```

抽象クラスには、実装のあるメソッドも定義できます(リスト 4-25)。それは子クラスでオーバーライドしてもしなくてもかまいません。

リスト4-25:抽象クラスに実装のあるメソッドを定義する

```
using System;

namespace AbstractClassEx2
{
    abstract class MyAbstractClass
    {
        protected int myInt = 25;
        public abstract void ShowMe();
        public virtual void CompleteMethod1()
        {
            Console.WriteLine("MyAbstractClass.CompleteMethod1()");
        }
        public void CompleteMethod2()
        {
            Console.WriteLine("MyAbstractClass.CompleteMethod2()");
        }

    }
    class MyConcreteClass : MyAbstractClass
    {
        public override void ShowMe()
        {
            Console.WriteLine("私は実装のあるクラスから来ました");
            Console.WriteLine("私の ShowMe() メソッドの内容は完結しています");
            Console.WriteLine("myInt の値は{0}です",myInt);
        }
        public override void CompleteMethod1()
        {
            Console.WriteLine("MyConcreteClass.CompleteMethod1()");
        }
    }
    class Program
    {
        static void Main(string[] args)
        {
            Console.WriteLine("*** 抽象クラスの例  その 2 ***\n");
            // エラー。抽象クラスからインスタンスの作成はできない
            // MyAbstractClass abstractOb=new MyAbstractClass();
            MyConcreteClass concreteOb = new MyConcreteClass();
            concreteOb.ShowMe();
            concreteOb.CompleteMethod1();
```

```
            concreteOb.CompleteMethod2();
            Console.WriteLine("\n\n*** 親クラスを介してメソッドを呼んでいます ***\n");
            MyAbstractClass absRef = concreteOb;
            absRef.ShowMe();
            absRef.CompleteMethod1();
            absRef.CompleteMethod2();
            Console.ReadKey();
        }
    }
}
```

```
*** 抽象クラスの例   その 2 ***

私は実装のあるクラスから来ました
私の ShowMe() メソッドの内容は完結しています
myInt の値は 25 です
MyConcreteClass.CompleteMethod1()
MyAbstractClass.CompleteMethod2()


*** 親クラスを介してメソッドを呼んでいます ***

私は実装のあるクラスから来ました
私の ShowMe() メソッドの内容は完結しています
myInt の値は 25 です
MyConcreteClass.CompleteMethod1()
MyAbstractClass.CompleteMethod2()
```

説明

　リスト 4-25 は、抽象クラスの参照を介して子クラスオブジェクトを指し示し、そこに実装されたメソッドを呼び出せることを示すものです。後でこの種の方法が、とても役に立つことを学びます。

ここでは実行時のポリモーフィズムを学べるということですが、それは何ですか。

この例のなかに、すでに現れています。該当のコードを図 4-21 に示します。

```
Console.WriteLine("¥n¥n*** 親クラスを介してメソッドを呼んでいます ***¥n");
MyAbstractClass absRef = concreteOb;
absRef.ShowMe();
absRef.CompleteMethod1();
absRef.CompleteMethod2();
Console.ReadKey();
```

図4-21：実行時ポリモーフィズム

抽象クラスにフィールドを定義できるんですか。

できます。この例では、`myInt` がそれです。

この例では、アクセス修飾子が `public` になっていますが、これは必須ですか。

いいえ、他の種類のアクセス修飾子も使えます。そこがインターフェイスとの決定的な違いなんですが、それは後で学びます。

たとえば、あるクラスに 10 以上ものメソッドがある中で、抽象メソッドは 1 つだけだったとしても、そのクラスをキーワード abstract でマークしなければなりませんか？

そうです。クラスに 1 つでも抽象メソッドが含まれていれば、そのクラス自体が抽象クラスです。abstract というキーワードは不完全さを表すということを忘れないでください。クラスに不完全なメソッドが 1 つでもあればそのクラスは不完全であり、キーワード abstract でマークしなければならないのです。
したがって、クラスに少なくとも 1 つの抽象メソッドがあれば、そのクラスは必ず抽象クラスであるという単純な公式が成り立ちます。

さて、今度は逆のシナリオを考えましょう。リスト 4–26 では、クラスに abstract というマークを付けていますが、その中に abstract メソッドを定義していません。

リスト4–26：抽象メソッドのない抽象クラス

```
abstract class MyAbstractClass
{
    protected int myInt = 25;
    //public abstract void ShowMe();
    public virtual void CompleteMethod1()
    {
        Console.WriteLine("MyAbstractClass.CompleteMethod1()");
    }
    public void CompleteMethod2()
    {
        Console.WriteLine("MyAbstractClass.CompleteMethod2()");
    }
}
```

問題

リスト 4–26 は正常にコンパイルされるでしょうか。

解答

　コンパイルされます。しかしこのクラスのオブジェクトは生成できません。そのため、これに続いて次のコードを記述すると、コンパイラは図4-22に示すエラーを発生します。

```
MyAbstractClass absRef = new MyAbstractClass(); // エラー
```

😠 CS0144　抽象クラスまたはインターフェイス 'MyAbstractClass' のインスタンスを作成できません。

図4-22：表示されるエラー（CS0144）

とすると、抽象クラスからオブジェクトを作成するにはどうしたらいいんですか。

抽象クラスからはオブジェクトを作成できないんですよ。

つまり、抽象クラスは継承しないことには意味がないということですね？

そうです。

あるクラスが抽象クラスを継承するなら、その抽象メソッドをすべて実装しなければならないということですか？

クラスのオブジェクトを作りたいのであれば、そのクラスは完成していなければなりません。

　簡単に言うと、抽象メソッドを残してはいけません。ですから、子クラスがすべての抽象メソッドを実装できない、つまり本体を記述できないのであれば、以下の例のように、再度、キーワード `abstract` を付けます。

```
abstract class MyAbstractClass
```

4.6 抽象クラス

```
{
    public abstract void InCompleteMethod1();
    public abstract void InCompleteMethod2();
}
abstract class ChildClass : MyAbstractClass
{
    public override void InCompleteMethod1()
    {
        Console.WriteLine("InCompleteMethod() を完成しようとしています");
    }
}
```

ここで子クラス ChildClass にキーワード abstract を指定するのを忘れると、ChildClass が InCompleteMethod2() を実装していないことを示すエラーが発生します（図4-23）。

> ❌ CS0534 'ChildClass' は継承抽象メンバー 'MyAbstractClass.InCompleteMethod2()' を実装しません。

図4-23：表示されるエラー（CS0534）

実体のあるクラスとは、抽象クラスでないクラスのことですね？

そうです。

キーワードを書く順序で戸惑うことがあります。たとえば、この例では以下のように書いていますが。
　　　public override void InCompleteMethod1(){...}

メソッドの宣言に必要なのは、メソッド名の直前に戻り値の型が来ることです。この原則を覚えていれば、C#において、「public void override <メソッド名>」のような間違った順序で書くことはないはずです。

メソッドに対して abstract と sealed の両方を指定できますか？

ダメですよ。それは C#を探検したいと言いながら、何の実体も見たくないと言うようなものです。abstract についても、子クラス間でいくつかの共通情報を共有する目的があり、それらをオーバーライドする必要があることを示すからこそ使うのです。継承は連鎖しながら規模を拡大するための手法です。それに対して sealed 宣言は、ある子クラスのところでこれ以上継承の連鎖を続けさせないという終了マーカーを置くのと同じです。したがって両方同時に指定するということは、2つの相反する制約を同時に実装しようとすることになってしまいます。

問題

出力を予想できますか。

```
using System;

namespace ExperimentWithConstructorEx1
{
    class MyTestClass
    {
        // コンストラクタに abstract や sealed のキーワードは付けられない
        abstract MyTestClass() // エラー
        {
            Console.WriteLine("abstract なコンストラクタ");
        }
    }

    class Program
    {
        static void Main(string[] args)
        {
            Console.WriteLine("*** 問題：コンストラクタを用いた実験 ***\n");
            MyTestClass ob = new MyTestClass();
            Console.ReadKey();
        }
    }
}
```

解答

次のコンパイルエラーとなります。

> ❌ CS0106　修飾子 'abstract' がこの項目に対して有効ではありません。
> ❌ CS0122　'MyTestClass.MyTestClass()' はアクセスできない保護レベルになっています

図4-24：表示されるエラー（CS0106、CS0122）

コンストラクタを abstract にできないのはなぜですか？

クラスにキーワード abstract を付けるのは、そのクラスが不完全であって、これを継承する子クラスが責任をもって完成させるという期待があるからです。コンストラクタは上書きできないことを忘れてはいけません。つまり、sealed に指定されているのです。また、コンストラクタの実際の目的を考えてみてください。オブジェクトの初期化です。抽象クラスからオブジェクトを作成することはできません。ですから、コンストラクタを抽象にできないのではなく、抽象にしない設計なのであって、これで完全なのです。

問題

出力を予想できますか。

```csharp
using System;

namespace ExperimentWithAccessModifiersEx1
{
    abstract class IncompleteClass
    {
        public abstract  void ShowMe();
    }
    class CompleteClass : IncompleteClass
    {
        protected override void ShowMe()
        {
            Console.WriteLine("私は完全です");
            Console.WriteLine("私は showMe() のメソッド本体を記述するものです");
        }
    }

    class Program
    {
        static void Main(string[] args)
        {
            Console.WriteLine("*** 問題：アクセス修飾子の実験 ***\n");
            IncompleteClass myRef = new CompleteClass();
            myRef.ShowMe();
            Console.ReadKey();
        }
    }
}
```

解答

次のコンパイルエラーが発生します。

> ❌ CS0507　'CompleteClass.ShowMe()': 'public' の継承メンバー 'IncompleteClass.ShowMe()' を オーバーライドするときに、アクセス修飾子を変更できません。

図4-25：表示されるエラー（CS0507）

エラーを回避するには、上記の CompleteClass にて、アクセス修飾子を protected ではなく pubic に変更します。すると次のような出力が得られます。

```
*** 問題：アクセス修飾子の実験 ***

私は完全です
私は showMe() のメソッド本体を記述するものです
```

エラー回避策として、両方のクラスで protected を使うのではダメなのですか？

アクセス修飾子を揃えるという意味ではそうなりますが、Main() メソッド中で処理しようとするとコンパイルエラーになります。protected の付いたメソッドを呼び出せるのは、このメソッドが実際に定義されているクラスとその子クラスのインスタンスだけだからです。

4.7 まとめ

この章では、以下の話題を扱いました。

- メソッドのオーバーロード
- 演算子のオーバーロード
- メソッドのオーバーライド
- 抽象クラス
- 抽象クラスを使った実行時ポリモーフィズムの実現
- メソッドのシグネチャ
- メソッドがオーバーロード形になっているかどうかの識別
- コンストラクタをオーバーロードする方法
- Main() メソッドをオーバーロードする方法
- プログラムにおいて複数の Main() を使う方法
- コンパイル時と実行時にそれぞれポリモーフィズムを実現する方法
- 遅いバインディングが必要な理由
- キーワード virtual、override、sealed、abstract の使い方
- 継承できないようにするための、いくつかの方法
- アプリケーションにおいて、キーワード sealed を使うべきか、コンストラクタを private にするべきか
- メソッドのオーバーロードとオーバーライドの簡単な比較
- コンストラクタを abstract にできない理由
- 23 以上のプログラムの完全なデモンストレーションとその出力で、これらの考え方を具体的に網羅

第5章
インターフェイス：OOPの芸術的側面

5.1　インターフェイスとは

　インターフェイスは、C#において、特別な型です。インターフェイスは、メソッドシグネチャのみから構成され、それによっていくつかの仕様を定義します。インターフェイスを継承する型は、継承元の仕様に従います。インターフェイスを使ってみると、抽象クラスと多くの類似点が見つかることでしょう。

　インターフェイスは、どんなものを実装したいかという宣言ですが、その方法までは定めません。インターフェイスはインスタンス変数を含まないクラスに似ているようにも見えます。インターフェイスのメソッドは、すべて本体なしで宣言されており、実質は抽象メソッドです。インターフェイス型の宣言にはキーワード interface を使い、命名したいインターフェイス名を付けます。

覚えておこう
端的に言うと、インターフェイスは、「どのように」から「何を」を区別して考えるのに役立ちます。

- インターフェイスの宣言は、interface キーワードで始めます。
- インターフェイスメソッドは内容を持ちません。次のように、シグネチャのあとにセミコロンを置くだけです。
    ```
    void Show();
    ```
- インターフェイスのメソッドではアクセス修飾子を使いません。
- インターフェイス名は大文字の「I」で始めると、インターフェイスであることがよくわかります。たとえば以下のような宣言です。
    ```
    interface IMyInterface{..}
    ```

　実行時に動的にメソッド解決する際に、インターフェイスが役に立ちます。ひとたび定義すれば、

第 5 章 インターフェイス：OOP の芸術的側面

クラスはインターフェイスをいくらでも実装できます。いつものように、簡単な例から始めましょう（リスト 5–1）。

リスト5–1：インターフェイスのサンプル

```csharp
using System;

namespace InterfaceEx1
{
    interface IMyInterface
    {
        void Show();
    }
    class MyClass : IMyInterface
    {
        public void Show()
        {
            Console.WriteLine("MyClass.Show() を実装しました");
        }
    }

    class Program
    {
        static void Main(string[] args)
        {
            Console.WriteLine("***インターフェイスを研究する例　その 1***\n");
            MyClass myClassOb = new MyClass();
            myClassOb.Show();
            Console.ReadKey();
        }
    }
}
```

```
***インターフェイスを研究する例　その 1***

MyClass.Show() を実装しました
```

覚えておこう
インターフェイスの実装において、メソッドシグネチャは一致しなければなりません。

インターフェイスのメソッドが不完全なのであれば、これを使うクラスは、インターフェイス内のすべてのメソッドを実装しないといけないんですね。

その通りです。クラスがインターフェイスのメソッドをすべて実装することができなければ、そのクラスには abstract の修飾子を付けて「不完全性」を告知することになります。これを理解するために、次の例を見てください。

この例で示すインターフェイスは 2 つのメソッドを持ちますが、クラスにはそのうちの 1 つのメソッドだけしか実装していません。したがってクラス自体は、抽象クラスになります。

```
interface IMyInterface
{
    void Show1();
    void Show2();
}
// クラス MyClass は、インターフェイス IMyInterface の
// Show2() を実装していないので、抽象クラスになる
abstract class MyClass2 : IMyInterface
{
    public void Show1()
    {
        Console.WriteLine("MyClass.Show1() が実装されている");
    }
    public abstract void Show2();
}
```

コード解析

考え方は同じです。クラスは、インターフェイスで定義されているすべてのメソッドを実装しなければならず、そうでなければ抽象クラスになります。

もし図 5-1 のように Show2() の実装を忘れて、クラスに abstract キーワードを付けなければ、図 5-2 のエラーが発生します。

```
class MyClass2 : IMyInterface
{
    public void Show1()
    {
        Console.WriteLine("MyClass.Show1()が実装されている");
    }
    // public abstract void Show2();
}
```

図5-1：abstract の付け忘れ

⊗ CS0535 'MyClass2' はインターフェイス メンバー 'IMyInterface.Show2()' を実装しません。

図5-2：コンパイラのエラー表示（CS0535）

この場合、MyClass2 のサブクラスは、Show2() のみを実装すれば、コンパイルできるようになりますか？

その通り。リスト 5-2 がコンパイルエラーを出さない完全な方法です。

リスト5-2：エラーを出さないインターフェイス

```
using System;

namespace InterfaceEx2
{
    interface IMyInterface
    {
        void Show1();
        void Show2();
    }

    // クラス MyClass は、インターフェイス IMyInterface の
    // Show2() を実装していないので、抽象クラスになる
    abstract class MyClass2 : IMyInterface
    {
        public void Show1()
        {
            Console.WriteLine("MyClass.Show1() が実装されている");
        }
        public abstract void Show2();
    }
    class ChildClass : MyClass2
    {
        public override void Show2()
        {
            Console.WriteLine("ChildClass は Show2 を実装したので完璧");
        }
    }

    class Program
    {
        static void Main(string[] args)
        {
            Console.WriteLine("*** インターフェイスを研究する例　その 2 ***\n");
            // MyClass は今、抽象クラス
            // MyClass myClassOb = new MyClass();
```

```
            MyClass2 myOb = new ChildClass();
            myOb.Show1();
            myOb.Show2();
            Console.ReadKey();
        }
    }
}
```

```
*** インターフェイスを研究する例　その 2 ***

MyClass.Show1() が実装されている
ChildClass は Show2 を実装したので完璧
```

多重継承のようなことをしたければインターフェイスを使えという話でしたね。今作成しているような クラスで、2 つ以上のインターフェイスを実装できますか？

できます。リスト 5-3 で、その方法を示します。

リスト5-3：2 つ以上のインターフェイスの例

```
using System;

namespace InterfaceEx3
{
    interface IMyInterface3A
    {
        void Show3A();
    }
    interface IMyInterface3B
    {
        void Show3B();
    }
    class MyClass3 :IMyInterface3A, IMyInterface3B
    {
        public void Show3A()
        {
            Console.WriteLine("MyClass3.Show3A() が実装されました");
        }
        public void Show3B()
        {
            Console.WriteLine("MyClass3.Show3B() が実装されました");
        }
```

```
    class Program
    {
        static void Main(string[] args)
        {
            Console.WriteLine("*** インターフェイスを研究する例　その3 ***\n");
            MyClass3 myClassOb = new MyClass3();
            myClassOb.Show3A();
            myClassOb.Show3B();
            Console.ReadKey();
        }
    }
}
```

```
*** インターフェイスを研究する例　その3 ***

MyClass3.Show3A() が実装されました
MyClass3.Show3B() が実装されました
```

このプログラムでは、メソッド名はインターフェイスによって違います。しかし、両方のインターフェイスに同じメソッド名が含まれているとしたら、どうやってそれらを実装できますか？

とても良い質問です。それには「明示的なインターフェイス実装」という考え方を用います。明示的なインターフェイス実装では、<interfacename>.methodname(){…} のように、メソッド名の前にインターフェイス名を付けます。リスト5–4 で、その実装を見てみましょう。

リスト5–4：明示的なインターフェイス実装

```
using System;

namespace InterfaceEx4
{
    // 注意：2つのインターフェイスで同じ Show() メソッドを使っています
    interface IMyInterface4A
    {
        void Show();
    }
    interface IMyInterface4B
    {
        void Show();
    }
    class MyClass4 : IMyInterface4A, IMyInterface4B
    {
        public void Show()
        {
            Console.WriteLine("MyClass4.Show() が実装されました");
        }
```

```csharp
            void IMyInterface4A.Show()
            {
                Console.WriteLine("明示的インターフェイス実装。IMyInterface4A.Show()");
            }

            void IMyInterface4B.Show()
            {
                Console.WriteLine("明示的インターフェイス実装。IMyInterface4B.Show()");
            }
        }
        class Program
        {
            static void Main(string[] args)
            {
                Console.WriteLine("*** インターフェイスを研究する例　その 4 ***\n");

                // 次の 3 通りのメソッド呼び出しはうまくいきます
                MyClass4 myClassOb = new MyClass4();
                myClassOb.Show();

                IMyInterface4A inter4A = myClassOb;
                inter4A.Show();

                IMyInterface4B inter4B = myClassOb;
                inter4B.Show();

                Console.ReadKey();
            }
        }
}
```

```
*** インターフェイスを研究する例　その 4 ***

MyClass4.Show() が実装されました
明示的インターフェイス実装。IMyInterface4A.Show()
明示的インターフェイス実装。IMyInterface4B.Show()
```

Tips　覚えておこう

注目すべきことが 1 つあります。インターフェイスのメソッドを明示的に実装しているときは、キーワード public を付けていません。しかし暗黙的に実装する場合は、public が必要です。MSDN によれば、明示的なインターフェイスメンバを実装する際、アクセス修飾子もしくは修飾子 abstract、virtual、override、static を含めると、コンパイルエラーとなります。クラス（または構造体）がインターフェイスを実装している場合、そのインスタンスは暗黙的にインターフェイス型に変換されます。そのため、次のそれぞれの行は、エラーなしに使えます。

```
    IMyInterface4A inter4A = myClassOb;
```
または、
```
    IMyInterface4B inter4B = myClassOb;
```

リスト5-4では、myClassOb は MyClass4 クラスのインスタンスです。これは、IMyInterface4A と IMyInterface4B の両方のインターフェイスを実装しています。

インターフェイスは他のインターフェイスを継承したり実装したりできますか？

継承はできますが、実装はできません。これは定義によるものです。リスト 5-5 を見てください。

リスト5-5：他のインターフェイスを継承・実装してみる

```
using System;

namespace InterfaceEx5
{
    interface Interface5A
    {
        void ShowInterface5A();
    }
    interface Interface5B
    {
        void ShowInterface5B();
    }
    // 多重継承を実装するインターフェイス
    interface Interface5C :Interface5A, Interface5B
    {
        void ShowInterface5C();
    }
    class MyClass5 : Interface5C
    {
        public void ShowInterface5A()
        {
            Console.WriteLine("ShowInterface5A() が実装されました");
        }

        public void ShowInterface5B()
        {
            Console.WriteLine("ShowInterface5B() が実装されました");
        }

        public void ShowInterface5C()
        {
            Console.WriteLine("ShowInterface5C() が実装されました");
        }
    }

    class Program
    {
        static void Main(string[] args)
        {
```

```
            Console.WriteLine("*** インターフェイスを研究する例   その5 ***");
            Console.WriteLine("***インターフェイスで多重継承を実現する考え方 ***\n");
            MyClass5 myClassOb = new MyClass5();
            Interface5A ob5A = myClassOb;
            ob5A.ShowInterface5A();

            Interface5B ob5B = myClassOb;
            ob5B.ShowInterface5B();

            Interface5C ob5C = myClassOb;
            ob5C.ShowInterface5C();

            Console.ReadKey();
        }
    }
}
```

```
*** インターフェイスを研究する例   その5 ***
***インターフェイスで多重継承を実現する考え方 ***

ShowInterface5A() が実装されました
ShowInterface5B() が実装されました
ShowInterface5C() が実装されました
```

問題

リスト 5-6 の出力がどうなるか、予測してください。

リスト5-6：怪しいコード

```
using System;

namespace InterfaceEx6
{
    interface Interface6
    {
        void ShowInterface6();
    }
    class MyClass6 : Interface6
    {
        void Interface6.ShowInterface6()
        {
            Console.WriteLine("ShowInterface6() が実装されました");
        }
    }
    class Program
    {
        static void Main(string[] args)
        {
```

```
            MyClass6 myClassOb = new MyClass6();
            myClassOb.ShowInterface6(); // エラー
            // Interface6 ob6 = myClassOb;
            // ob6.ShowInterface6();
            Console.ReadKey();
        }
    }
}
```

解答

図 5-3 のコンパイルエラーが発生します。

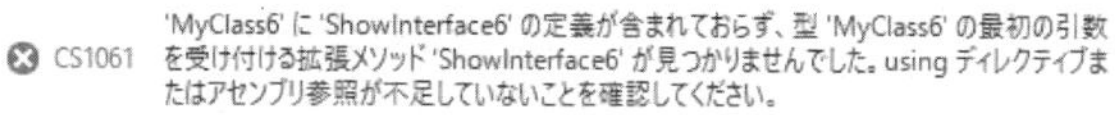

> ❌ CS1061 'MyClass6' に 'ShowInterface6' の定義が含まれておらず、型 'MyClass6' の最初の引数を受け付ける拡張メソッド 'ShowInterface6' が見つかりませんでした。using ディレクティブまたはアセンブリ参照が不足していないことを確認してください。

図5-3：リスト 5-6 のコンパイル結果（CS1061）

コード解析

この例では、明示的にインターフェイスを実装したことがわかります。言語仕様では、明示的なインターフェイスのメンバにアクセスするには、インターフェイス型を使って呼び出さなければなりません。このエラーを回避するには、次のコードのようにします。コメントアウトされていた直前の 2 行から、コメントを外すのです。

```
Interface6 ob6 = myClassOb;
ob6.ShowInterface6();
```

このように修正すると、次の出力が得られます。

```
ShowInterface6() が実装されました
```

もしくは、次のコードでも、同じ結果が得られます。

```
((Interface6)myClassOb).ShowInterface6();
```

クラスから継承し、かつインターフェイスを実装することもできますか？

できます。いつでも 1 つのクラスを継承できます（ただし sealed などの制約があるクラスを除きます）。クラスを継承する場合、定義するクラスが継承する親クラスを最初に記述し、その後にコンマ、続いてインターフェイス名というように列記していくことをお勧めします。
```
Class ChildClass:   BaseClass,IMyinterface{...}
```

なぜ明示的なインターフェイスのメソッド表記が必要なのですか？

注意してよく見ると、明示的なインターフェイスの真価は、2 つ以上の異なるインターフェイスに同じメソッドシグニチャがあるときに発揮されることがわかるでしょう。

シグニチャは同じでも、目的が異なることがあります。たとえば、`ITriangle` と `IRectangle` の 2 つのインターフェイスの両方に、同じシグネチャを持つメソッド `BuildMe()` が含まれているとします。この場合、`ITriangle` の `BuildMe()` は三角形、`IRectangle` の `BuildMe()` は四角形を作成するためにあると見当が付くでしょう。そこで状況に基づいて適切な `BuildMe()` メソッドを呼び出せるように、インターフェイス名を含めて記しておくのです。

5.2　タグ（タギングもしくはマーカー）インターフェイス

空のインターフェイスは、タグ（タギングもしくはマーカー）インターフェイスと呼ばれます。

```
// マーカーインターフェイスの例
interface IMarkerInterface
{
}
```

マーカーインターフェイスの必要性はなんですか？

共通の親を作成できることです。「値型」については、このあと学びますが、これが関わってきます。値型を別の値型からは継承できませんが、インターフェイスの実装ならば可能だからです。

クラスまたは構造体が、インターフェイスを実装しているならば、そのインスタンスは暗黙的にインターフェイス型に変換されます。マーカーインターフェイスはメソッドを 1 つも含まないので、追加のメソッドを新たに実装することなく、インターフェイスの暗黙的な変換だけを利用できます。マーカーインターフェイスと拡張メソッドを用いると、さまざまなプログラムの課題に対処でき

MSDNでは、マーカーインターフェイスの代わりに「属性」を用いるように推奨していますが、属性と拡張メソッドは本書の範疇外です。詳細な議論は控えます。

る場面があります。

抽象クラスとインターフェイスの違いをまとめておきましょう。

- 抽象クラスは完全に実装することも、部分的に実装することもできます。すなわち抽象クラスでは、実装したメソッドを持つことができます。一方インターフェイスは、抽象メソッドしか持てません。インターフェイスは、「あれをします」「これをします」という原則を告げるものだからです（ただしJava 8以降では、この定義から外れ、インターフェイスでメソッドをあらかじめ実装しておけるようになっています。その際は`default`キーワードを使います）。
- 抽象クラスは、抽象クラスもしくは通常のクラスから1つだけを親クラスとして持つことができます。一方インターフェイスは、複数の親インターフェイスを持つことができますが、インターフェイスは他のインターフェイスしか継承できません。
- インターフェイスのメソッドは既定で`public`です。抽象クラスは`private`や`protected`などに変えることもできます。
- C#では、インターフェイスがフィールドを持つことは許されません。抽象クラスはフィールドを持てます。静的でもそうでなくても、また、さまざまな修飾子をフィールドに付けられます。

以下のようなコードはエラーになります。

```
interface IMyInterface
{
    int i; // エラー。フィールドを含めることはできない
}
```

具体的なエラーメッセージは図5-4の通りです。

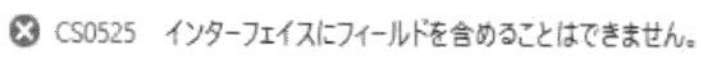

❌ CS0525 インターフェイスにフィールドを含めることはできません。

図5-4：フィールドを持つインターフェイスに対するエラー（CS0525）

しかし以下のコードは、正しくコンパイルできます。

```
abstract class MyAbstractClass
{
    public static int i=10;
    internal int j=45;
}
```

抽象クラスとインターフェイスのどちらを使うかは、どう判断すればいいのでしょうか。

良い質問ですね。

　プログラムの中心もしくは前提となる動作を記述するなら、抽象クラスが良いでしょう。抽象クラスの段階で実装しておいたメソッドは、すべての子クラスでそのまま使えるからです。一方インターフェイスは、動作を最初から書いていきたいときに使えます。インターフェイスにおけるメソッドの定義というのは、これを実装するクラスでは、何をすることになっているかの原則・契約のようなものです。メソッドは自分で最初から実装しなければなりませんが、逆に言えば、どのように実装してもいいのです。また、多重継承のようなことを表現したいならば、インターフェイスを使うべきです。

　しかし問題は、あるインターフェイスに新しいメソッドを追加する必要が生じたときです。そのインターフェイスがどこで実装されているかをすべて洗い出して、そのすべての場所に新しいメソッドの具体的な実装を書かなければなりません。そういう心配があるときは、抽象クラスが便利です。抽象クラスに新しいメソッドを追加するときに、最初から実装した形にしておけば、すでに継承した子クラスを含む既存のコードも問題なく実行できます。

　MSDN では、以下の推奨事項を公開しています[1]。

- 部分的に異なるプログラムを複数作成する計画があるならば、抽象クラスを作成します。基本クラス 1 つを更新すれば、すべての継承クラスがそれに合わせて自動的に更新されますから、プログラムのバージョン管理が簡単になります。一方インターフェイスは、一度作成したら変更できません。バージョンアップなどでインターフェイスを変更するのであれば、別のインターフェイスとして、新しく作ります。
- 実現しようとする機能が、あまり密接に関係しない、さまざまなオブジェクトで使えそうな場合は、インターフェイスを使ってください。抽象クラスは、主に密接に関連している

---

[1] 以下のオンラインディスカッションを参照してください。
https://stackoverflow.com/questions/20193091/recommendations-for-abstract-classes-vs-interfaces

オブジェクトのために使うのに対し、インターフェイスは、関連のないクラスに共通の機能を提供するのに最適です。

- ある機能の小さな一部分を集中して設計するなら、インターフェイスを使います。大規模な機能を1単位として設計するなら、抽象クラスを使います。
- 実装したものすべてに、共通の具体的な機能をもたせたいならば、抽象クラスを使ってください。抽象クラスでは、クラスを部分的に実装できます。それに対してインターフェイスのメンバには、いかなる実装も含められません。

インターフェイスにsealed指定はできますか。

インターフェイスを実装する全責任は開発者にあります。

インターフェイスを定義し、それをsealedにするなら、誰がそのインターフェイスに定義した不完全なメソッドを実装するのでしょうか？ そもそも、インターフェイスという考え方とsealedという考え方は相反するものです。

Visual Studioは、リスト5-7の宣言をエラーとみなし、図5-5を表示します。

リスト5-7：sealed付きインターフェイス

```
using System;

namespace Test_Interface
{
    sealed interface IMyInterface
    {
      void Show();
    }
    class Program
    {
        static void Main(string[] args)
        {
            // 何かのコード
        }
    }
}
```

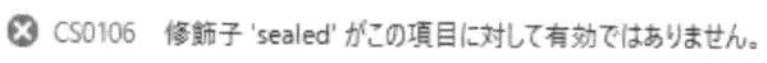

❌ CS0106　修飾子 'sealed' がこの項目に対して有効ではありません。

図5-5：表示されるエラー（CS0106）

5.2 タグ（タギングもしくはマーカー）インターフェイス

インターフェイスで定義するメソッドの前に、キーワード abstract を使えますか。

その必要がどこにありますか？ Microsoft がちゃんと言ってるじゃないですか。インターフェイスにメソッドの実装を含めることはできません。つまり、インターフェイスのメソッドなら、暗黙のうちに抽象的なんです。

Visual Studio では、リスト 5-8 のように書くと、図 5-6 のようなコンパイルエラーが発生します。

リスト5-8：インターフェイスに abstract 付きメソッドを書く

```
interface IMyInterface
{
    abstract void Show();
}
```

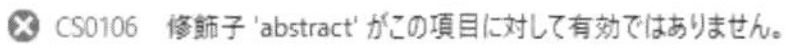

> ❌ CS0106　修飾子 'abstract' がこの項目に対して有効ではありません。

図5-6：コンパイラが表示するエラー（CS0106）

リスト 5-8 からキーワード abstract を削除し、プログラムをビルドしてから、IL コードを確認してみましょう[2]。メソッド Show は、すでに abstract で、かつ virtual にマークされていることがわかります（図 5-7）。

図5-7：IL コードを確認する

---

[2] 訳注：`ildasm.exe` などのコマンドを使います。

インターフェイスは、とても便利ですが、そのために制限も多いようですね。インターフェイスに関連した主な制限を要約すると、どのようなものがありますか？

言うまでもないような基本的な話は別として、次のようになります。

- インターフェイス内にフィールド、コンストラクタ、デストラクタは定義できません。
- 暗黙のうちにアクセス修飾子が決まっているので、自分でアクセス修飾子を付けてはいけません。
- インターフェイスの定義の中に、クラス、インターフェイス、列挙体、構造体のような型の定義をネスト状に含めることはできません。次のコードはエラーとなります。

```
interface IMyInterface
{
    void Show();
    class A { }
}
```

コンパイラのエラーメッセージは、図5-8の通りです。

> ❌ CS0524 'IMyInterface.A': インターフェイスは型を宣言できません。

図5-8：型定義を含めた際のエラー（CS0524）

- インターフェイスはクラスや構造体を継承できませんが、他のインターフェイスを継承することはできます。以下のようなコードはエラーになります。

```
class A { }
interface IB : A { }
```

コンパイラのエラーメッセージは、図5-9の通りです。

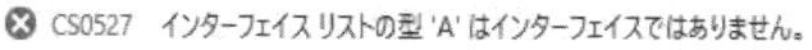

> ❌ CS0527 インターフェイス リストの型 'A' はインターフェイスではありません。

図5-9：クラスを継承させようとした（CS0527）

インターフェイスを用いる利点を要約すると、どのようになりますか？

インターフェイスは、たとえば、次のような場合に便利です。他にも多くの便利な場合がありますよ。

- ポリモーフィズムを実装するとき
- 多重継承の方法を取り入れたいとき
- 複数のシステムを疎結合して開発したいとき
- 複数のプロジェクトを並行に開発したいとき

インターフェイスがクラスを継承できないという制約は、なぜ必要なんですか。

クラスや構造体は、実装部分を持てるからです。インターフェイスがクラスや構造体を継承することになれば、インターフェイスに実装が含まれることも十分有りえます。これは、インターフェイスの本来の目的に反するものです。

5.3 まとめ

この章では、次のような質問の答えを出しました。

- インターフェイスとは何か
- インターフェイスはどのように設計するのか
- インターフェイスの基本的な性質
- 複数のインターフェイスを継承する方法
- 複数のインターフェイスで同じ名前のメソッドが使われている場合の対処
- インターフェイスの種類
- 「明示的なインターフェイス」という手法
- 明示的なインターフェイスのメソッドが必要な理由
- マーカーインターフェイスとは何か
- 抽象クラスとインターフェイスの違い
- 抽象クラスとインターフェイスのどちらを使うか
- インターフェイスを使う際の主な制約

第6章

プロパティとインデクサによるカプセル化

6.1 プロパティの概要

　ご存知のように、カプセル化は、オブジェクト指向プログラミングにおける重要な特徴の1つです。C#では、プロパティはオブジェクトの状態をカプセル化するのに役立つため、ぜひ学んでおくべきです。プロパティは、privateなフィールドの値を、外部から読み取ったり、書き込んだり、計算したりするための、さまざまな方法を提供するメンバです。一見すると、プロパティはフィールドと似ています。違いはget もしくは set、あるいは両方のブロックが付いていることです。これらの特別なブロックは、アクセサと呼ばれる特別なメソッドです。簡単に説明しますと、getブロックは読み取り、setブロックは設定目的で使われます。

　リスト6-1 では、privateなメンバの値の取得や代入を自由に行う方法を調べるものです。プロパティは、そもそも柔軟で自由な値の読み書きをするためのものですが、適切な制約を課して、固有の性質を与えていくこともできます。

リスト6-1：プロパティを使ったコードサンプル

```csharp
using System;

namespace PropertiesEx1
{
    class MyClass
    {
        private int myInt; // private の「バッキング」フィールドとも呼ばれる
        public int MyInt    // public なプロパティ
        {
            get
            {
                return myInt;
            }
            set
            {
                myInt = value;
```

```
            }
        }
    }
    class Program
    {
        static void Main(string[] args)
        {
            Console.WriteLine("*** プロパティの実験例　その 1 ***");
            MyClass ob = new MyClass();
            // ob.myInt = 10; // エラー。myInt にアクセスできない
            // 新しい値を設定
            ob.MyInt = 10; // 正しい。10 が設定される
            // 値の読み取り
            Console.WriteLine("\n myInt の値は{0}", ob.MyInt);
            // MyInt を用いて myInt に別の値を
            ob.MyInt = 100;
            Console.WriteLine("myInt の新しい値は{0}", ob.MyInt); // 100
            Console.ReadKey();
        }
    }
}
```

```
*** プロパティの実験例　その 1 ***

myInt の値は 10
myInt の新しい値は 100
```

コード解析

次のようなコードを書くと、コンパイラはエラーを報告します（図 6-1）。

```
ob.myInt = 10;
```

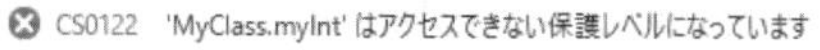

> ❌ CS0122 'MyClass.myInt' はアクセスできない保護レベルになっています

図6-1：コンパイラによるエラー表示（CS0122）

しかし MyInt プロパティを使うと、プライベートフィールド myInt の値の取得や設定は、制限なく自由に行えます。

- プロパティの命名規則に注意してください。読みやすく理解しやすいように、private なフィールドの名前の先頭文字を対応する大文字に置き換えます。ここでは myInt の m を M に置き換えました。
- プログラムの中に書かれている value というキーワードに注意してください。プロパティ

6.1 プロパティの概要

が持つ暗黙のパラメータです。特に値を設定する際に使います。
- public なプロパティによって公開されているデータを格納する private なフィールドは、バッキングストア（backing store）やバッキングフィールド（backing field）と呼ばれることがあります。この例では、myInt が private なバッキングフィールドです。
- プロパティでは、次のいずれの修飾子も使うことができます。
    - public、private、internal、protected、new、virtual、abstract、override、sealed、static、unsafe、extern

プロパティを通じて制約や制限を課すにはどうすればいいんですか。

　ユーザーが設定できる値は 10 と 25 の間であるという制約を、先のプログラムに加えてみましょう。それ以外の場合は、システムは、それまでに設定されていた値を保持するようにします。この制約は、プロパティを通じて簡単に実装できます。set ブロックを、次のように変更すればよいのです。

```
set
{
    // myInt = value;
    /* 値は 10 から 25 の間であるという制約を付ける。
     * そうでなければ、設定前の値を返す */
    if ((value >= 10) && (value <= 25))
    {
        myInt = value;
    }
    else
    {
        Console.WriteLine("新しい値 value {0}を設定できません", value);
        Console.WriteLine("10 から 25 の間の値を選んでください。");
    }
}
```

もう一度プログラムを実行すると、次のような出力が表示されます。

```
*** プロパティの実験例　その 1 ***

myInt の値は 10
新しい値 value 100 を設定できません
10 から 25 の間の値を選んでください。
myInt の新しい値は 10
```

アクセサに get しか持たないプロパティを、読み取り専用プロパティと呼びます。
また、アクセサに set しか持たないプロパティを、書き込み専用プロパティと呼びます。

読み取り専用プロパティの書き方は、以下の通りです。

```
......
private int myInt;
public int MyInt
{
    get
    {
        return myInt;
    }
    // set アクセサをここに書かない
}
```

書き込み専用プロパティの書き方は、以下の通りです。

```
......
private int myInt;
public int MyInt
{
    // get アクセサをここに書かない
    set
    {
        myInt = value;
    }
}
```

普通のプロパティには、両方のアクセサがあり、読み書き可能プロパティと呼ばれます。リスト 6-1 では、読み書き可能プロパティを使いました。

C# 3.0 以降は、プロパティに関するコードが簡単化されています。以下のコードを見てください。

```
// private int myInt;
public int MyInt
{
    //get
    //{
    //    return myInt;
    //}
    //set
    //{
    //    myInt = value;
    //}
    get;set;
}
```

上記のコードでは、リスト 6-1 における 9 行が 1 行に置き換えられています。これは自動プロパティ宣言[1]と呼ばれます。この場合、コンパイラが本来のコードを自動で入力してくれるので、手間が省けます。

6.2 コード量を少なく

読み取り専用プロパティを、次のように記述するとします。

```
class MyClass
{
    private double radius = 10;
    public double Radius
    {
        get { return radius; }
    }
}
```

C# 6.0 からは、式形式のプロパティ[2]を用いることで、上記のコードを次のように簡略化できます。

```
class MyClass
{
    private double radius = 10;
    // 式形式のプロパティ（C#6.0 以降）
    public double Radius => radius;
}
```

2 つの波括弧と、キーワード get および return が、記号「=>」に置き換えられます。

IL コードを開くと、これらのプロパティアクセサが、内部的に get_MethodName() と set_MethodName() に変換されていることがわかります。

両アクセサの戻り値の型も確認できます。get メソッド、set メソッドは、それぞれ次のようになります。

```
public int get_MyInt() {...}

public void set_MyInt(){...}
```

リスト 6-2 を見てください。これが IL コードでは、どのように表示されるのかを考えてみましょう。

---

[1] 訳注：自動実装プロパティとも呼ばれます。
[2] 訳注：式本体プロパティとも呼ばれます。

第6章 プロパティとインデクサによるカプセル化

リスト6-2：自動プロパティを使ってみる

```
using System;

namespace Test4_Property
{
    class MyClass
    {
        // private int myInt;
        public int MyInt
        {
            // 自動プロパティ宣言
            get;set;
        }
    }
    class Program
    {
        static void Main(string[] args)
        {
            Console.WriteLine("*** プロパティの実験例　その1 ***");
            MyClass ob = new MyClass();
            // ob.myInt = 1; // エラー。myInt にアクセスできない
            // 新しい値を設定
            ob.MyInt = 106; // 正しく。106 を設定できる
            // 値の読み取り
            Console.WriteLine("\n myInt の値は{0}" + ob.MyInt);
            Console.ReadKey();
        }
    }
}
```

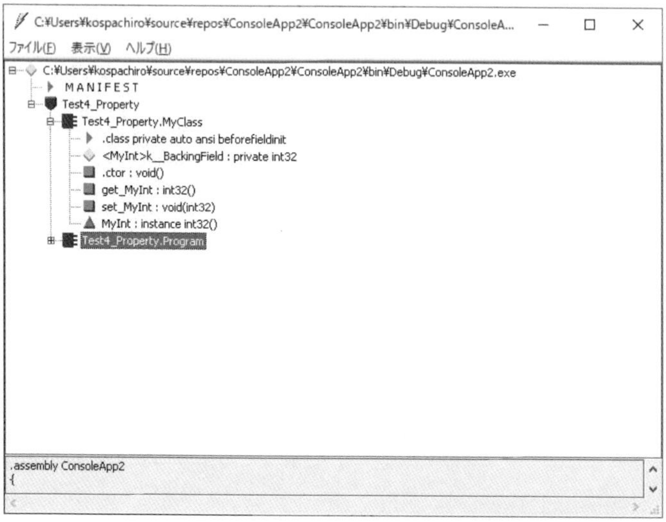

図6-2：IL コードを確認する

> **覚えておこう**
> C# 6 以降では、以下のようなプロパティ初期化子を使うことができます。
>
> ```
> public int MyInt2
> {
>     // 自動プロパティ宣言
>     get; set;
> } = 25; // 自動プロパティ初期化子
> ```
>
> このコードは、MyInt2 が値 25 で初期化されることを意味します。set アクセサを削除すれば、読み取り専用にもできます。

C# 7.0 では、以下のようにコードを簡略化できます。

```
class MyClass
{
    private int myInt; // private の「バッキング」フィールドとも呼ばれる
    //public int MyInt    // public なプロパティ
    //{
    //    get
    //    {
    //        return myInt;
    //    }
    //    set
    //    {
    //        myInt = value;
    //    }
    //}
    // C# 7.0 の場合
    public int MyInt
    {
        get => myInt;
        set => myInt = value;
    }
}
```

コンパイラのバージョンはバージョン 7 に設定してください。C# 6.0 以下では、該当のコードブロックで、図 6-3 に示すエラーが発生します。

> ❌ CS8059 機能 '式本体のプロパティアクセサー' は C# 6 では使用できません。7.0 以上の言語バージョンをお使いください。
> ❌ CS8059 機能 '式本体のプロパティアクセサー' は C# 6 では使用できません。7.0 以上の言語バージョンをお使いください。

図6-3：C# 6.0 以下のコンパイラを使った場合に表示されるエラー（CS8059）

本書の執筆時点では、C#の言語バージョンは、既定で7.0に設定されていたので、変更する必要はありませんでした[3]。

言語バージョンを確認するには、［プロジェクトのプロパティ］メニューから［ビルド］にある［詳細設定］ボタンをクリックします。すると［ビルドの詳細設定］ダイアログが開くので、［言語バージョン］を確認します。図6-4を参考にしてください。

図6-4：言語バージョンの確認

プロパティの set アクセサを private に設定すると、プロパティは読み取り専用のように動作すると考えていいのですか？

そうです。protected の設定でも、他の型からは隠すことになります。

なぜフィールドを public にしないで、public のプロパティを使うのですか。

プロパティという手法は、オブジェクト指向プログラミングの主要な特徴の1つである、カプセル化を促進するものだからです。

読み取り専用プロパティは、どんなときに使うんですか？

イミュータブル型を作成するときです。

---

[3] 訳注：既定では［C#の最新メジャバージョン］が設定されているはずです。

6.3　virtual なプロパティ

すでに述べてきましたが、修飾子を用いると、さまざまな種類のプロパティを作れます。ここでは、2 つの例を紹介します。リスト 6-3 を見てください。

リスト6-3：virtual の使い方

```
using System;

namespace VirtualPropertyEx1
{
    class Shape
    {
        public virtual double Area
        {
            get
            {
                return 0;
            }
        }
    }
    class Circle : Shape
    {
        int radius;
        public Circle(int radius)
        {
            this.radius = radius;
        }
        public int Radius
        {
            get
            {
                return radius;
            }
        }
        public override double Area
        {
            get
            {
                return 3.14 * radius * radius;
            }
        }
    }
    class Program
    {
        static void Main(string[] args)
        {
            Console.WriteLine("*** virtual なプロパティのケーススタディ ***");
            Circle myCircle = new Circle(10);
            Console.WriteLine("\n 円の半径は{0}単位", myCircle.Radius);
            Console.WriteLine("円の面積は{0}平方単位", myCircle.Area);
            Console.ReadKey();
```

```
        }
    }
}
```

```
*** virtual なプロパティのケーススタディ ***

円の半径は 10 単位
円の面積は 314 平方単位
```

6.4 抽象プロパティ

リスト 6-3 の `VirtualPropertyEx1` にある `Shape` クラスを、次のコードに置き換えてみましょう。

```
abstract class Shape
{
    public abstract double Area
    {
        get;
    }
}
```

プログラムの実行結果は同じです。しかし、今度は、抽象プロパティを使っています。

覚えておこう

プロパティの例として、`abstract`、`virtual`、`override` などの継承修飾子を使いました。`new` や `sealed` などの他の継承修飾子も使えます。

他にも、
- すべてのアクセス修飾子(`public`、`private`、`protected`、`internal`)
- 静的であることを示す修飾子(`static`)
- 管理されていないことを示すコード修飾子(`unsafe`、`extern`)

などが使えます。

問題

どのような出力になるでしょうか？

```
using System;

namespace QuizOnPrivateSetProperty
{
```

```
    class MyClass
    {
        private double radius = 10;
        public double Radius => radius;
        public double Area => 3.14 * radius * radius;
    }
    class Program
    {
        static void Main(string[] args)
        {
            Console.WriteLine("*** プロパティの問題 ***");
            MyClass ob = new MyClass();
            Console.WriteLine("円の面積は{0}平方単位", ob.Area);
            Console.ReadKey();
        }
    }
}
```

解答

```
*** プロパティの問題 ***
円の面積は 314 平方単位
```

コード解析

ここでは、式形式のプロパティを使いました。これは、C# 6.0 以降で利用できます。

問題

次の出力は、どうなるでしょうか？

```
using System;
namespace QuizOnPrivateSet
{
    class MyClass
    {
        private double radius = 10;
        public double Radius
        {
            get
            {
                return radius;
            }
            private set
            {
                radius = value;
            }
        }
        public double Area => 3.14 * radius * radius;
    }
```

```
    class Program
    {
        static void Main(string[] args)
        {
            Console.WriteLine("***プロパティの問題 ***");
            MyClass ob = new MyClass();
            ob.Radius = 5;
            Console.WriteLine("円の半径は{0}単位", ob.Radius);
            Console.WriteLine("円の面積は{0}平方単位", ob.Area);
            Console.ReadKey();
        }
    }
}
```

解答

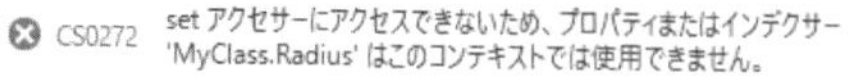

> ❌ CS0272　set アクセサーにアクセスできないため、プロパティまたはインデクサー 'MyClass.Radius' はこのコンテキストでは使用できません。

図6-5：コンパイラによるエラー表示（CS0272）

コード解析

　このプログラムでは、set アクセサの前に private キーワードが付いているのに注目してください。

6.5　インデクサ

　リスト 6-4 とその出力を考えましょう。

リスト6-4：インデクサを使ってみる

```
using System;

namespace IndexerEx1
{
    class Program
    {
        class MySentence
        {
            string[] wordsArray;
            public MySentence( string mySentence)
            {
                wordsArray = mySentence.Split();
            }
            public string this[int index]
            {
                get
                {
                    return wordsArray[index];
                }
```

```
                set
                {
                    wordsArray[index] = value;
                }
            }
        }
        static void Main(string[] args)
        {
            Console.WriteLine("***インデクサの実験例　その1 ***\n");
            string mySentence = "This is a nice day.";
            MySentence sentenceObject = new MySentence(mySentence);
            for (int i = 0; i < mySentence.Split().Length; i++)
            {
                Console.WriteLine("\t sentenceObject[{0}]={1}",
                                   i, sentenceObject[i]);
            }
            Console.ReadKey();
        }
    }
}
```

```
***インデクサの実験例　その1 ***

        sentenceObject[0]=This
        sentenceObject[1]=is
        sentenceObject[2]=a
        sentenceObject[3]=nice
        sentenceObject[4]=day.
```

コード解析

このプログラムには、興味深い、いくつかの特徴があります。

- これまで学んだプロパティと似ていますが、名前が this であるという大きな違いがあります。
- this に続く引数は、配列と同じようにインデックスになっています。そこで、このようなプロパティはインデクサと呼ばれます。インデクサを使うと、クラスや構造体、そして、インターフェイスのインスタンスを配列として扱えます。this キーワードは、そのインスタンスを参照するのに使います。

覚えておこう

インデクサには、private、public、protected、internal など、あらゆる修飾子を使えます。その点は、プロパティと同じです。

戻り値の型は、C#のデータ型として有効であれば、すべて有効です。

複数のインデクサを持つ1つのデータ型を作ることができ、それぞれのインデクサは、異なるデータ型のパラメータをとることができます。

構文としては、他の例と同様、set アクセサを定義しなければインデクサも読み取り専用となります。しかし無理にインデクサを作るより、むしろ読み取りのメソッドを定義すれば済むことです。たとえば、引数に従業員 ID をとり、その人の情報を得るようなメソッドがあって悪いことはないでしょう。次のようなコードは避けるべきです。

```
// 推奨されないスタイル
Class Employee{
    //インデクサで従業員の詳細情報を取得
    public string this[int empId]
    {
        get
        {
            // return Employee オブジェクトの情報
        }
    }
}
```

他のサンプルを見てみましょう。次のプログラムでは、従業員の名前と給与の情報をディクショナリに持たせました。このディクショナリを用いて、全従業員の給与の最大値を探します。また、指定した従業員が辞書に見つからなければ、レコードが見つからないと報告します。

Dictionary クラスを使うには、クラスが定義されている場所を示すため、次の行を含めなければなりません。

```
using System.Collections.Generic;
```

ディクショナリは、コレクションの一種で、その要素は<key, value>のペアです。ハッシュテーブルのデータ構造を使って、対応する値とともにキーを格納します。この仕組みは、とても速く効率的です。ディクショナリについては、よく学んでおくことをお勧めします（図6-6）。

```
⊞アセンブリ mscorlib, Version=4.0.0.0, Culture=neutral, PublicKeyToken=b77a5c561934e089
⊞using ...
⊟namespace System.Collections.Generic
 {
     ...public class Dictionary<TKey, TValue> : IDictionary<TKey, TValue>, ICollection<KeyValuePair<TKey,
     {
         ...public Dictionary();
         ...public Dictionary(int capacity);
         ...public Dictionary(IEqualityComparer<TKey> comparer);
         ...public Dictionary(IDictionary<TKey, TValue> dictionary);
         ...public Dictionary(int capacity, IEqualityComparer<TKey> comparer);
         ...public Dictionary(IDictionary<TKey, TValue> dictionary, IEqualityComparer<TKey> comparer);
         ...protected Dictionary(SerializationInfo info, StreamingContext context);

         ...public TValue this[TKey key] { get; set; }

         ...public ValueCollection Values { get; }
         ...public KeyCollection Keys { get; }
         ...public int Count { get; }
         ...public IEqualityComparer<TKey> Comparer { get; }

         ...public void Add(TKey key, TValue value);
         ...public void Clear();
         ...public bool ContainsKey(TKey key);
         ...public bool ContainsValue(TValue value);
         ...public Enumerator GetEnumerator();
```

図6-6：Dictionary クラスで公開されているメソッドやプロパティ

心得ておきたいのが、次の 2 行です。

```
employeeWithSalary = new Dictionary<string, double>();
employeeWithSalary.Add("Amit",20125.87);
```

まずディクショナリを生成し、それから Add メソッドを使っています。このディクショナリにデータを追加するときは、いつでも、最初のパラメータは文字列型、2 番目のパラメータは double 型としています。ですから、従業員の名前に相当する Amit という文字列と、給与に相当する double 型の数値のペアを、ディクショナリの要素として追加できます。ディクショナリの残りの要素についても同じ手順を実行します。プログラムを実行し、出力を分析してみましょう（リスト 6–5）。

リスト6-5：Dictionary を使ったサンプル

```
using System;
using System.Collections.Generic;

namespace IndexerQuiz1
{
    class EmployeeRecord
    {
        Dictionary<string, double> employeeWithSalary;
        public EmployeeRecord()
        {
            employeeWithSalary = new Dictionary<string, double>();
            employeeWithSalary.Add("Amit", 20125.87);
            employeeWithSalary.Add("Sam", 56785.21);
            employeeWithSalary.Add("Rohit", 33785.21);
        }
```

```csharp
        public bool this[string index, int predictedSalary]
        {
            get
            {
                double salary = 0.0;
                bool foundEmployee = false;
                bool prediction = false;
                foreach (string s in employeeWithSalary.Keys)
                {

                    if (s.Equals(index))
                    {
                        foundEmployee = true; // 従業員が見つかった
                        salary = employeeWithSalary[s]; // 従業員の給与
                        if( salary>predictedSalary)
                        {
                            // 何かのコード
                            prediction = true;
                        }
                        else
                        {
                            // 何かのコード
                        }
                        break;
                    }
                }
                if(foundEmployee == false)
                {
                   Console.WriteLine("従業員{0}はデータベースに見つかりません",
                                    index);
                }
                return prediction;
            }
        }
    }

    class Program
    {
       static void Main(string[] args)
       {
            Console.WriteLine("***インデクサの問題 ***\n");
            EmployeeRecord employeeSalary = new EmployeeRecord();
            Console.WriteLine("Rohit の給与は 25000 ドルより多いですか？  - {0}",
                            employeeSalary["Rohit", 25000]); // 真
            Console.WriteLine("Amit の給与は 25000 ドルより多いですか？  - {0}",
                            employeeSalary["Amit",25000]); // 偽
            Console.WriteLine("Jason の給与は 10000 ドルより多いですか？  - {0}",
                            employeeSalary["Jason",10000]); // 偽
            Console.ReadKey();
       }
    }
}
```

```
***インデクサの問題 ***

Rohit の給与は 25000 ドルより多いですか？   - True
Amit の給与は 25000 ドルより多いですか？   - False
従業員 Jason はデータベースに見つかりません
Jason の給与は 10000 ドルより多いですか？   - False
```

コード解析

このプログラムを通じて、さまざまなデータ型の引数を持つインデクサを示しました。

同じクラスに複数のインデクサを持たせることができますか？

できます。しかし、その場合はメソッドのシグニチャが重複してはいけません。

インデクサはオーバーロードできますか？

できます。

これまで見た限りでは、インデクサは配列に似ています。配列とインデクサとの違いは何ですか？

そうですね、開発者の中にはインデクサのことを仮想配列とみなす人さえいます。しかし、重要な違いはいくつかあります。以下に示します。

- インデクサには、数字以外の添字を使えます。このことはすでに確かめました。
- インデクサはオーバーロードできますが、配列はできません。
- インデクサのそれぞれの値は変数ではないので、ref や out のパラメータとして使えません。配列ではそれができます。

6.6 インターフェイスのインデクサ

インターフェイスでインデクサを用いるにはどうしますか？

インデクサを使って、暗黙的なインターフェイスを実装する例を示しましょう（リスト 6–6）。

その前に、インターフェイスとクラスにおけるインデクサの主な違いを押さえておくことにします。

- インターフェイスのインデクサには内容を書きません。以下のデモでは、get と set がありますが、それぞれセミコロンを付けるだけです。
- インターフェイスのインデクサには修飾子を付けません。

リスト6–6：インターフェイスにインデクサを使ったサンプル

```
using System;

namespace IndexerEx2
{
    interface IMyInterface
    {
        int this[int index] { get; set; }
    }
    class MyClass : IMyInterface
    {
        // private int[] myIntegerArray;
        private int[] myIntegerArray = new int[4];
        public int this[int index]
        {
            get
            {
                return myIntegerArray[index];
            }
            set
            {
                myIntegerArray[index] = value;
            }
        }
    }
    class Program
    {
        static void Main(string[] args)
        {
```

```
            Console.WriteLine("*** インターフェイスのインデクサの実験 ***\n");
            MyClass obMyClass = new MyClass();
            // インデクサを用いて、0,1,3番目の要素を初期化
            obMyClass[0] = 10;
            obMyClass[1] = 20;
            obMyClass[3] = 30;
            for (int i = 0; i <4; i++)
            {
                // Console.WriteLine("\t obMyClass[{0}]={1}",
                //                    i, obMyClass[i]);
                System.Console.WriteLine("{0}番目の要素は{1}",
                                          i, obMyClass[i]);
            }
            Console.ReadKey();
        }
    }
}
```

```
*** インターフェイスのインデクサの実験 ***

0番目の要素は 10
1番目の要素は 20
2番目の要素は 0
3番目の要素は 30
```

問題

次のコードはコンパイルできますか？

```
using System;

namespace IndexerQuiz2
{
    interface IMyInterface
    {
        int this[int index] { get; set; }
    }
    class MyClass : IMyInterface
    {
        private int[] myIntegerArray = new int[4];
        // 明示的なインターフェイス実装
        int IMyInterface.this[int index]
        {
            get => myIntegerArray[index];
            set => myIntegerArray[index] = value;
        }
    }
    class Program
    {
```

```
        static void Main(string[] args)
        {
            Console.WriteLine(
                "***明示的なインターフェイスでインデクサを用いる問題 ***\n");
            MyClass obMyClass = new MyClass();
            IMyInterface interOb = (IMyInterface)obMyClass;
            // インデクサを用いて、0,1,3番目の要素を初期化
            interOb[0] = 20;
            interOb[1] = 21;
            interOb[3] = 23;
            for (int i = 0; i < 4; i++)
            {
                Console.WriteLine("\t obMyClass[{0}]={1}", i, interOb[i]);
            }
            Console.ReadKey();
        }
    }
}
```

解答

コンパイルできます。出力は以下の通り。

```
***明示的なインターフェイスでインデクサを用いる問題 ***

        obMyClass[0]=20
        obMyClass[1]=21
        obMyClass[2]=0
        obMyClass[3]=23
```

コード解析

これは、インデクサを使って明示的なインターフェイスを実装している例です。get、set の内容に注目してください。これらは、最新の C# 7.0 の機能です。

要素にアクセスできています（図6-7）。

```
MyClass obMyClass = new MyClass();
IMyInterface interOb = (IMyInterface)obMyClass;
// インデクサを用いて、0,1,3番目の要素を初期化
interOb[0] = 20;
interOb[1] = 21;
interOb[3] = 23;
```

図6-7：インデクサを使い明示的にインターフェイスを実装している

インデクサの明示的な実装は public にはしません。また virtual にもしません。つまり、オーバーライドできません。したがってインターフェイスのオブジェクトではなく、前のリスト 6-6 のように、MyClass のオブジェクトである obMyClass を使うと、コンパイルエラーが発生します。

覚えておこう

インターフェイスのインデクサは内容をもちません。また、インターフェイスのインデクサには修飾子を付けません。C# 7.0 以降では、以下のようにコードを書けます。

```
public int MyInt
{
    get => myInt;
    set => myInt = value;
}
```

インデクサの明示的な実装は `public` にも `virtual` にもしません。

6.7 まとめ

この章では、以下の内容を網羅しました。

- 異なるデータ型のプロパティ
- 自動プロパティ宣言
- C# 7.0 以降で使える式形式のプロパティ
- `virtual` なプロパティ、抽象プロパティ
- フィールドを `public` にするより、`public` のプロパティを用いるほうが良い理由
- プロパティが配列と異なる点
- プロパティを使った制約の与え方
- 読み取り専用のプロパティを用いるべきとき、避けるべきとき
- インデクサ
- インデクサとプロパティとの違い
- インデクサを明示的または暗黙的なインターフェイスに用いる方法、そのとき、留意すべきこと
- インターフェイスのインデクサとクラスのインデクサの相違点

第 7 章

クラス変数を理解する

　時に私たちは、あるデータ型のインスタンスを通して操作するのではなく、型そのもので操作したいことがあります。そのようなときに頭に浮かぶのが、クラス変数やクラスメソッドという考え方です。静的変数や静的メソッドは、よく知られています。C#ではさらに、クラス自体を静的にできます。キーワード `static` をクラスにタグ付けすると、それは静的クラスになります。メソッドに `static` をタグ付けしたときは、静的メソッドと呼ばれます。変数を `static` にすれば、静的変数です。

7.1　クラス変数

　簡単な例から始めましょう（リスト 7-1）。

リスト7-1：クラス変数を使ったサンプル

```csharp
using System;

namespace StaticClassEx1
{
    static class Rectangle
    {
        public static double Area(double len, double bre)
        {
            return len * bre;
        }
    }
    class Program
    {
        static void Main(string[] args)
        {
            Console.WriteLine("***クラス変数の例　その 1 ***\n");
            double length = 25;
            double breadth = 10;
            Console.WriteLine("長方形の面積は{0} 平方単位",
                              Rectangle.Area(length, breadth));
```

```
            Console.ReadKey();
        }
    }
}
```

```
***クラス変数の例  その 1 ***
長方形の面積は 250 平方単位
```

コード解析

このサンプルプログラムでは、`Rectangle` というクラス名を通して、クラスの `Area(..)` メソッドを呼び出しています。`Rectangle` クラスのインスタンスは作成していません。

Rectangle クラスのインスタンスを作成してから `Area(..)` メソッドを呼び出すこともできますか?

いいえ、できません。もしできるのなら、静的クラスという考え方が必要になるでしょうか?

Visual Studio でコーディングしているときに、次のような行を書こうとしたとします。

```
Rectangle rect = new Rectangle(); // エラー
```

すると、図 7-1 のようなコンパイルエラーとなります。

> ❌ CS0723 スタティック型 'Rectangle' の変数を宣言することはできません。
> ❌ CS0712 静的クラス 'Rectangle' のインスタンスを作成することはできません。

図7-1：リスト 7-1 の実行結果（CS0723、CS0712）

だとすると、もし `Rectangle` クラス内に非静的メソッド（インスタンスメソッド）があったら、そのメソッドにアクセスするにはどうしますか?
その場合は、メソッドにアクセスするためのインスタンスが必要ですよね?

それを見越して静的クラスには、制限があるんです。静的クラスには、静的メンバしか定義できません。この `Rectangle` クラスに、非静的メソッド（インスタンスメソッド）として `ShowMe()` を置いたらどうなるでしょうか?（図 7-2）。

```
static class Rectangle
{
    public static double Area(double len, double bre)
    {
        return len * bre;
    }
    // 静的クラスではインスタンスメンバーを宣言できない
    public void ShowMe()
    {
        Console.WriteLine("Rectangle.ShoeMe()");
    }
}
```

図7-2：非静的メソッド ShowMe() を加えてみる

これは図 7-3 のようなコンパイルエラーになります。

> ⊗ CS0708 'ShowMe': 静的クラスでインスタンスのメンバーを宣言することはできません。

図7-3：ShowMe() を加えてコンパイルした結果（CS0708）

静的クラスからインスタンスを生成できないのはわかりました。しかし静的クラスの子クラスは、インスタンスを生成できるのではないですか？
そうすれば、もともとの静的クラスの目的から外れますよね。

C#の設計者は、その問題もちゃんと考えていますよ。

　静的クラスからサブクラスを作成することは禁止されています。静的クラスは、継承できません。先の例からさらに続けて、次のように `ChildRectangle` という通常の子クラスの作成を試みたとします（図 7-4）。

```
static class Rectangle
{
    public static double Area(double len, double bre)
    {
        return len * bre;
    }
}
// エラー：静的クラスのRectangleから継承できない
class ChildRectangle : Rectangle
{ }
```

図7-4：子クラスを作って継承させてみる

これもコンパイルエラーになります（図 7-5）。

> ⊗ CS0709 'ChildRectangle': 静的クラス 'Rectangle' から派生することはできません。

図7-5：コンパイラによるエラー表示（CS0709）

つまり、静的クラスは、sealed なんですね?

そうです。IL コードを見てみましょう。図 7-6 のようになります。

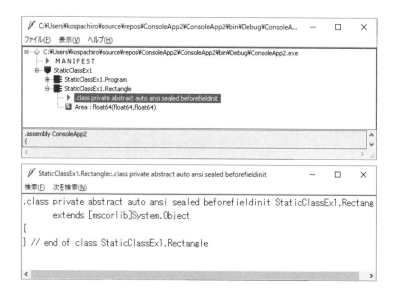

図7-6：IL コードを確認する

　これまで、ほぼすべての場所で Console クラスを使ってきましたね。これも静的クラスです。［Console］を右クリックしてから［定義へ移動］（または［F12］）を選択すると、図 7-7 のように表示されます。

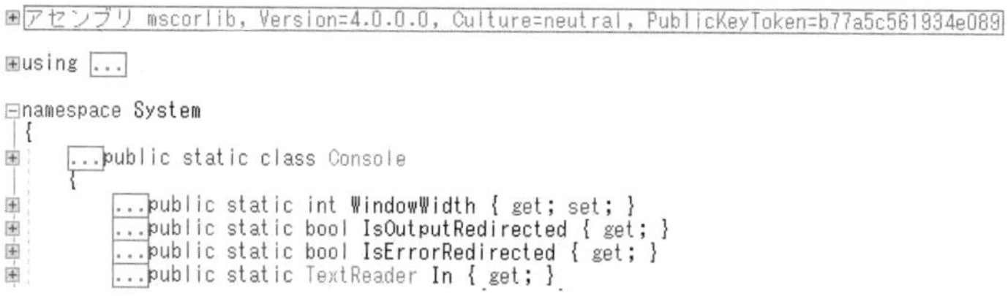

図7-7：Console クラスの情報

覚えておこう
- 静的クラスは `sealed` であり、継承もインスタンス生成もできない。
- 静的クラスは静的メンバしか持てない。
- 静的クラスはインスタンスのコンストラクタを定義できない。
- `System.Console` と `System.Math` は静的クラスの良い例である。

7.2 静的メソッドについての議論

いくつかの静的メソッドを持つ静的クラスを見たことになりますが、キーワード `static` は、「単数のもの」を表すために使われていることも理解しておきましょう。デザインパターンには、シングルトンというパターンがあります。シングルトンパターンでは、静的クラスを使います。

静的メソッドのほうが、動作が速いという報告もあります[1]。しかしもっと重要なのは、静的メソッドが、どのインスタンスにも含まれ得ないということです。これが、`Main()` メソッドが静的な理由です。

`Main()` メソッドが静的であることに気付くと、`Main()` メソッドは非静的クラス `Program` に含まれていることにも気付くでしょう。つまり、非静的クラスに静的メソッドを含めることができることは明らかです。これを詳しく調べるために、リスト 7-2 を見てみましょう。このクラスは非静的で、静的メソッドとインスタンスメソッドの両方を含んでいます。

リスト7-2：静的メソッドとインスタンスメソッドの両方を含む

```csharp
using System;

namespace StaticMethodsEx1
{
    class NonStaticClass
    {
        // 静的メソッド
        public static void StaticMethod()
        {
            Console.WriteLine("非静的クラスの静的メソッド");
        }
        // 非静的メソッド（インスタンスメソッド）
        public void NonStaticMethod()
        {
            Console.WriteLine("非静的クラスの非静的（インスタンス）メソッド");
        }
    }

    class Program
    {
```

---

[1] 詳細は、MSDN の記事（https://msdn.microsoft.com/ja-jp/library/ms973852.aspx）を参照。

```
            static void Main(string[] args)
            {
                Console.WriteLine("*** 静的メソッドの実験例　その1 ***\n");
                NonStaticClass anObject = new NonStaticClass();
                anObject.NonStaticMethod(); // OK
                // anObject.StaticMethod(); // エラー
                NonStaticClass.StaticMethod();
                Console.ReadKey();
            }
        }
    }
```

```
*** 静的メソッドの実験例　その1 ***

非静的クラスの非静的メソッド
非静的クラスの静的メソッド
```

以下のコメントアウトされた行の、コメント記号を外してみましょう。

```
// anObject.StaticMethod();
```

図7-8に示すエラーが発生するでしょう。

> ❌ CS0176　インスタンス参照でメンバー 'NonStaticClass.StaticMethod()' にアクセスできません。代わりに型名を使用してください

図7-8：静的メソッドを加えてコンパイルした結果（CS0176）

　上記のプログラムを修正してみましょう。静的変数とインスタンス変数を1つずつ導入し、どちらも静的メソッドとインスタンスメソッドから扱ってみます。これがリスト7-3です。

リスト7-3：静的変数とインスタンス変数を導入する

```
using System;

namespace StaticMethodsEx2
{
    class NonStaticClass
    {
        static int myStaticVariable = 25; // 静的変数
        int myInstanceVariable = 50; // インスタンス変数
        // 静的メソッド
        public static void StaticMethod()
        {
            Console.WriteLine("非静的クラスの静的メソッド");
            Console.WriteLine("myStaticVariable = {0}", myStaticVariable); //25
            // Console.WriteLine("StaticMethod->instance variable = {0}",
```

```
                            //                      myInstanceVariable); // エラー
        }
        // 非静的メソッド（インスタンスメソッド）
        public void NonStaticMethod()
        {
            Console.WriteLine("非静的クラスのインスタンスメソッド");
            Console.WriteLine("NonStaticMethod->static variable = {0}",
                            myStaticVariable); // 25 OK
            // Console.WriteLine("myStaticVariable = {0}",
            //                      this.myStaticVariable); //エラー
            Console.WriteLine("myInstanceVariable = {0}",
                            myInstanceVariable); // 50
        }
    }

    class Program
    {
        static void Main(string[] args)
        {
            Console.WriteLine("***静的メソッドの実験例　その 2 ***\n");
            NonStaticClass anObject = new NonStaticClass();
            anObject.NonStaticMethod(); // OK
            // anObject.StaticMethod(); // エラー
            NonStaticClass.StaticMethod();
            Console.ReadKey();
        }
    }
}
```

```
***静的メソッドの実験例　その 2 ***

非静的クラスのインスタンスメソッド
NonStaticMethod->static variable = 25
myInstanceVariable = 50
静的クラスの静的メソッド
myStaticVariable = 25
```

コード解析

コメントアウトされた行に注意してください。それぞれ、コンパイルエラーの原因となります。たとえば、以下の行のコメントを外したとします。

```
// Console.WriteLine("myStaticVariable = {0}", this.myStaticVariable); // エラー
```

すると、図 7-9 に示すようなエラーとなります。なぜなら this もインスタンス参照だからです。

> CS0176 インスタンス参照でメンバー 'NonStaticClass.myStaticVariable' にアクセスできません。
> 代わりに型名を使用してください

図7-9：インスタンス参照があるためにコンパイルエラーが表示される（CS0176）

　後で、C#の拡張メソッドについて学びます。拡張メソッドとは、型の定義自体に影響を与えずに、既存の型の機能を新しいメソッドで拡張する手法です。これらは基本的に静的メソッドですが、インスタンスメソッドの構文で呼び出され、インスタンスメソッドとして扱われます。拡張メソッドは LINQ の問い合わせ演算子の文脈で、最もよく使われます。しかし LINQ の詳細は本書の範疇を超えるので、これ以上は議論しません。

7.3　静的コンストラクタについて

　静的コンストラクタは、静的データの初期化や、1 回だけ実行する操作などのために使います。静的コンストラクタを直接呼び出すことはできず、静的コンストラクタの実行を、直接制御することはできません。静的コンストラクタは、以下のいずれかの状況で、自動的に呼び出されます。

- 型のインスタンスが生成される前。
- プログラムの中で静的メンバを参照するとき。

リスト 7-4 と、その出力を見てみましょう。

リスト7-4：コンストラクタで試してみる

```
using System;

namespace StaticConstructorEx1
{
    class A
    {
        static int StaticCount=0,InstanceCount=0;
        static A()
        {
            StaticCount++;
            Console.WriteLine("静的コンストラクタ　Count={0}",StaticCount);
        }
        public A()
        {
            InstanceCount++;
            Console.WriteLine("インスタンスコンストラクタ　Count={0}",
                              InstanceCount);
        }
    }
    class Program
    {
        static void Main(string[] args)
        {
```

7.3 静的コンストラクタについて

```
            Console.WriteLine("*** コンストラクタの実験 ***\n");
            A obA = new A();//StaticCount=1,InstanceCount=1
            A obB = new A();//StaticCount=1,InstanceCount=2
            A obC = new A();//StaticCount=1,InstanceCount=3
            Console.ReadKey();
        }
    }
}
```

```
*** コンストラクタの実験 ***

静的コンストラクタ    Count=1
インスタンスコンストラクタ    Count=1
インスタンスコンストラクタ    Count=2
インスタンスコンストラクタ    Count=3
```

コード解析

コードと出力とを照らし合わせると、静的コンストラクタは1回だけ実行されることがわかります。インスタンスごとに呼び出されるのではありません。

仮に、次のコードを追加してみましょう。

```
static A(int A){ }
```

すると、コンパイルエラーとなります（図7-10）。

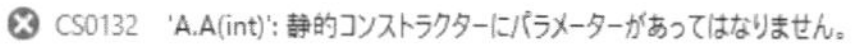

> ❌ CS0132 'A.A(int)': 静的コンストラクターにパラメーターがあってはなりません。

図7-10：コンパイラによるエラー表示（CS0132）

一方、次のコードもコンパイルエラーとなります。

```
public static A(){...}
```

エラーメッセージは、図7-11の通りです。

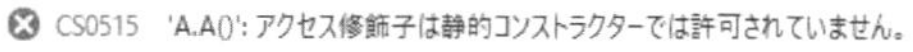

> ❌ CS0515 'A.A()': アクセス修飾子は静的コンストラクターでは許可されていません。

図7-11：コンパイラによるエラー表示（CS0515）

覚えておこう

・ 静的コンストラクタは、型（タイプ）ごとに1回だけ実行されます。静的コンストラクタがいつ実行されるかを直接制御することはできません。しかし静的コンストラクタは、型をインスタンス化するとき、または、その型の静的メンバにアクセスするときに自動的に呼び出されることが決まっています。

・ 1つの型では、静的コンストラクタを1つだけ持てます。これは無引数でなければならず、アクセス修飾子も付けられません。

・ 静的フィールドの初期化子は、静的コンストラクタの実行に先立って、宣言順に実行されます。

・ 静的コンストラクタがない場合、フィールド初期化子は、型が使われる直前か、もしくは、実行時の不特定な時期に実行されます。

静的コンストラクタを使うべきなのは、いつですか。

ログエントリを書き出すときですね。古くて危険なコードのためにラッパークラスを作成するときにも使います。

7.4 まとめ

この章では、次の内容を扱いました。

- 静的クラスの考え方
- 静的メソッドと、静的変数の考え方
- 静的コンストラクタの考え方
- このような考え方をどのようにC#で実装し、また必要な制約として表現するか
- このような考え方を、いつ、どこで用いるか

第8章
さまざまな比較をしながらC#を解析する

この章では、C#のコンセプトの中で、比較できる事項を取り上げて説明します。

8.1 暗黙的な型変換と明示的な型変換

キャストと呼ばれる型変換によって、あるデータ型を別のデータ型に変換できます。キャストは、暗黙的か明示的かの2種類に大きく分けられます。暗黙的キャストはその名の通り自動的に行われるため、何もする必要がありません。一方、明示的なキャストには、キャスト演算子が必要です。そしてさらに他にも、2種類の型変換があります。ヘルパークラスによる変換とユーザー定義の変換です。しかし本章では、暗黙的変換と明示的変換に着目します。

暗黙的キャストにおいて、変換の方向は、小さい整数から大きい整数型、もしくは、派生型から基本型という流れです。

次のコードは、完全にコンパイルならびに実行できます。

```
int a = 120;
// 暗黙的キャスト
double b = a; // OK。エラーなし
```

明示的なキャストの例では、これと逆の方向の型変換を考えてみましょう。まず次の書き方は、エラーになります。

```
int c = b; // エラー
```

エラーメッセージは、図8-1の通りです。

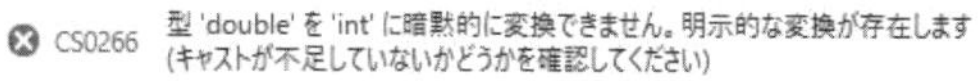

図8-1：変換失敗エラー（CS0266）

ということで、次のように書けばよいのです。

```
// 明示的なキャスト
int c = (int)b; // OK
```

> **覚えておこう**
>
> キャスト演算子が適用できるのは、その型が別の型に実際に変換可能な場合に限られます。たとえばキャストを使ったからといって、以下のように文字列を整数に変換できるわけではなく、
>
> ```
> int d = (int)"hello"; // エラー
> ```
>
> 無理やり使ったとしても必ずエラー（CS0030）となります。

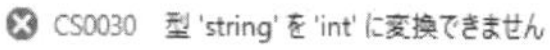

暗黙的なキャストと明示的なキャストとでは、基本的な違いがいくつかあります。暗黙的キャストでは、小さいコンテナから大きいコンテナに移動するということで、十分なスペースがあり、損失はないという考え方をします。これをタイプセーフ（型の保証）と呼びます。それに対して明示的な変換では、型の保証はされません。先の例では、データは大きなコンテナである `double` から小さなコンテナである `int` に移動しています。

参照型を扱うときに、キャスト例外が発生したらどうすればよいのですか？

そのときは、演算子「`is`」または「`as`」を使います。これらについては、後で解説します。

8.2　ボックス化とボックス化解除

もう1つ、大事な話題を考えていきましょう。ボックス化（ボクシング）とボックス化解除（アンボクシングもしくはアンボックス化）です。ここでは値型と参照型を扱います。

8.2 ボックス化とボックス化解除

　Object（System.Object）は、すべての型に対する最終的な基本クラスです。Objectはクラスなので、参照型です。値型をオブジェクト型（つまり参照型）に変換するためにキャストを適用する手順をボックス化、その逆の手順をボックス化解除と呼びます。

　ボックス化では、値型がまずヒープ上にオブジェクトインスタンスを割り当て、それから、コピーした値をそのオブジェクトに格納します。これを箱に入れるという動作に見立てて「ボックス」化と呼びます。

　以下がボックス化の例です。

```
int i = 10;
object o = i; // ボックス化
```

　逆の場合を考えましょう。次のコードはエラーとなります。エラーの内容は、図8-2を見てください。

```
object o = i; // ボックス化
int j = o; // エラー
```

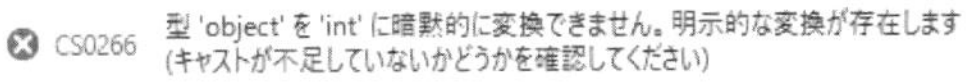

> ❌ CS0266　型 'object' を 'int' に暗黙的に変換できません。明示的な変換が存在します（キャストが不足していないかどうかを確認してください）

図8-2：コンパイラからの変換エラー通知（CS0266）

　これを避けるには、ボックス化解除が必要です。次のようにします。

```
object o = i;
int j = (int)o; // ボックス化解除
```

　ボックス化とボックス化解除では、どちらが暗黙的ですか。

　ボックス化です。ですから次のようなコードを書く必要はありません。

```
int i = 10;
object o = (object)i;
// ボックス化は暗黙的なので、object o = i; でよい
```

ボックス化、ボックス化解除、型キャストの操作は似ているように見えますね？

紛らわしく見える時もあるでしょうが、原則を理解すれば、混乱しないでしょう。

　アップキャスト（派生型から基本型）／ダウンキャスト（その逆）とボックス化／ボックス化解除は、あるものを別のものに変換しようとする操作であるという点が、基本的に似ています。次に、ボックス化とボックス化解除の特殊性に注目しましょう。これらは、値型とオブジェクト型（つまり参照型）間の変換です。ボックス化では、スタック上の値型のコピーがヒープに移されます。そしてボックス化解除では、その逆の操作が行われます。つまり、ボックス化は、値型を参照型にキャストすることだと言えますし、当然、ボックス化解除は、その逆の操作だと言えます。

　しかし、より広い意味では、キャストという語を使うときは、オブジェクトを物理的に移動させたり、何らかの操作を加えたりするのではなく、見かけの型だけを変換したいという意味があります。

ボックス化解除とダウンキャストや明示的キャストの共通点は何ですか？

ボックス化解除とダウンキャストは、どちらも安全でなく、`InvalidCastException` が投げられる恐れがあります。明示的キャストは、常に危険です。

　そうした危険な操作として、`long` を `int` に変換することを考えましょう。リスト8-1を書いたとします。

リスト8-1：無謀で危険なキャスト例

```
#region 無効なキャスト
    long myLong = 4000000000;
    int myInt = int.MaxValue;
    Console.WriteLine("int の最大値は 0", myInt);
    // 無効なキャスト。整数の取り得る最大値を超える値
    myInt = (int) myLong;
    Console.WriteLine(" Myint now={0}", myInt);
#endregion
```

```
int の最大値は 2147483647
 Myint now=-294967296
```

コード解析

コンパイルエラーは出ませんが、整数 `myInt` の最終結果は、目的通りの値となりませんでした。この変換は危険です。

 ボックス化やボックス化解除の操作は、動作を遅くするというのは本当ですか。

 本当です。どちらも、プログラムの実行速度に深刻な影響を及ぼしかねません。

ここで 2 つのプログラムを紹介します。解析してみましょう。リスト 8-2 ではキャスト、リスト 8-3 ではボックス化が動作に与える影響を調べます。キャストやボックス化は、常に時間がかかり、プログラムのパフォーマンスに影響を与えるので注意してください。for ループ内で、こうした操作を重ね続けると、さらに深刻になります。

リスト8-2：キャストが動作に与える影響

```
using System;
using System.Diagnostics;

namespace CastingPerformanceComparison
{
    class Program
    {
        static void Main(string[] args)
        {
            Console.WriteLine("*** キャストがプログラムの動作に与える影響 ***\n");
            #region キャストしない場合
            Stopwatch myStopwatch1 = new Stopwatch();
            myStopwatch1.Start();
            for (int i = 0; i < 100000; i++)
            {
                int j = 25;
                int myInt = j;
            }
            myStopwatch1.Stop();
            Console.WriteLine("キャストしない場合の所要時間: {0}",
                            myStopwatch1.Elapsed);
            #endregion
            #region キャストする場合
            Stopwatch myStopwatch2 = new Stopwatch();
            myStopwatch2.Start();
            for ( int i=0;i<100000;i++)
            {
                double myDouble = 25.5;
                int myInt = (int)myDouble;
            }
            myStopwatch2.Stop();
```

```
            Console.WriteLine("キャストした場合の所要時間: {0}",
                            myStopwatch2.Elapsed);

            #endregion
            Console.ReadKey();
        }
    }
}
```

*** キャストがプログラムの動作に与える影響 ***

キャストしない場合の所要時間: 00:00:00.0003682
キャストした場合の所要時間: 00:00:00.0006484

コード解析

違いがわかるでしょうか？　キャスト操作では、所要時間ははるかに長くなります。繰り返し数を変えると、所要時間の差も変わります（みなさんのマシンでも、それぞれの環境で、値そのものは多少異なるとは思いますが、似たような違いが見られるはずです）。

リスト8-3：ボックス化が動作に与える影響[1]

```
using System;
using System.Collections.Generic;
using System.Diagnostics;   // Stopwatch を使うために必要

namespace PerformanceOfBoxing
{
    class Program
    {
        static void Main(string[] args)
        {
            Console.WriteLine("***ボックス化がプログラムの動作に与える影響 ***");
            List<int> myInts = new List<int>();
            Stopwatch myStopwatch1 = new Stopwatch();
            myStopwatch1.Start();
            for (int i = 0; i < 1000000; i++)
            {
                // 整数のリストにもう 1 つ整数を追加する。
                // ここではボックス化は不要（ジェネリック型の利点）
                myInts.Add(i);
            }
            myStopwatch1.Stop();
            Console.WriteLine("ボックス化しないときの所要時間: {0}",
                            myStopwatch1.Elapsed);
```

---

[1] このサンプルプログラムでは、ジェネリック型を用いるプログラミングの基礎概念を使っています。後の章でジェネリック型の概念を理解したとき、改めてこのプログラムの詳細を見直してください。

```
            // 以下、ボックス化の影響調査

            List<object> myObjects = new List<object>();
            Stopwatch myStopwatch2 = new Stopwatch();
            myStopwatch2.Start();
            for (int i = 0; i < 1000000; i++)
            {
                // オブジェクトのリストに整数を追加する。
                // ここではボックス化が必要
                myObjects.Add(i);
            }
            myStopwatch2.Stop();
            Console.WriteLine("ボックス化したときの所要時間: {0}",
                            myStopwatch2.Elapsed);

            Console.ReadKey();
        }
    }
}
```

```
***ボックス化がプログラムの動作に与える影響 ***
ボックス化しないときの所要時間: 00:00:00.0146845
ボックス化したときの所要時間: 00:00:00.1054707
```

コード解析

ここでも、所要時間の差に注目してください。ボックス化するほうが、ずっと長いです。ループによる繰り返しの回数を変えると、所要時間の差も変わります。

8.3 アップキャストとダウンキャスト

型キャストは、オブジェクトの見かけの型を変更しようとするものです。継承の流れを、下層から上層へ、もしくは、その逆方向にたどって変更します。

アップキャストは、子クラス参照から基本クラス参照を作成します。ダウンキャストは、その逆です。

これまで見てきたように、すべてのサッカー選手は、選手の特殊な形態であり、つまりは選手です。しかし選手には、他にもテニス選手、バスケットボール選手、ホッケー選手などがいるので、その逆は必ずしも当てはまりません。また、親クラスの参照が子クラスのオブジェクトを指すことができるということも学びました。`Player` クラスが基本クラスであり、`Footballer` クラスがそこから派生しているとき、次のように書くことができます。

```
Player myPlayer=new Footballer();
```

これはアップキャストの方向をとっています。アップキャストに関しては、次のことが言えます。

- 簡単で、直感的である。
- 子クラス参照から基本参照を作成するとき、その基本クラス参照は子オブジェクトに対して、より制限的なビューを持つことになる。

これらの点を明らかにするため、リスト 8–4 を見てみましょう。

リスト8–4：アップキャストの例

```
using System;

namespace UpVsDownCastingEx1
{
    class Shape
    {
        public void ShowMe()
        {
            Console.WriteLine("Shape.ShowMe");
        }
    }
    class Circle:Shape
    {
        public void Area()
        {
            Console.WriteLine("Circle.Area");
        }
    }
    class Rectangle:Shape
    {
        public void Area()
        {
            Console.WriteLine("Rectangle.Area");
        }
    }

    class Program
    {
        static void Main(string[] args)
        {
            Console.WriteLine("*** アップキャストの例 ***\n");
            Circle circleOb = new Circle();
            // Shape shapeOb = new Circle(); // アップキャスト
            Shape shapeOb = circleOb; // アップキャスト
            shapeOb.ShowMe();
            // shapeOb.Area(); // エラー
            circleOb.Area(); // OK
            Console.ReadKey();
        }
    }
}
```

```
*** アップキャストの例 ***

Shape.ShowMe
Circle.Area
```

コード解析

下記のコードを使ってアップキャストを実装している部分に注目してください。

```
Shape shapeOb = circleOb; // アップキャスト
shapeOb.ShowMe();
```

shapeOb と circleOb は同じオブジェクトを指していますが、shapeOb は circle の Area() メソッドにアクセスすることはできません。オブジェクトの表示が制限されているというのは、このことです。一方 circleOb は、独自のメソッドに問題なくアクセスできます。

この設計では、親参照のビューに制限があるのはなぜですか。

親クラスが作られたときは、その子クラスや子クラスに追加されようとしている新しいメソッドについての情報が何もありません。ですから親クラスの参照は、子クラス固有のメソッドにアクセスすべきではないのです。

以下のようなコードは、ダウンキャストです。

```
Circle circleOb2 = (Circle)shapeOb; // ダウンキャスト
```

なぜなら、このコードは、基本クラス参照からサブクラス参照を作成しているからです。

ダウンキャストは明示的なキャストであり、安全ではありません。InvalidCastException に遭うこともよくあります。

問題

Main() メソッドを、次のように修正しましょう（Shape、Circle、Rectangle の 3 つのクラスなど、他の部分は、すべて前のプログラムと同じです）。出力がどうなるか予想してください。

```
static void Main(string[] args)
{
    Console.WriteLine("***ダウンキャストが安全でないことを示すデモ ***\n");
    Circle circleOb = new Circle();
    Rectangle rectOb = new Rectangle();
    Shape[] shapes = { circleOb, rectOb };
```

```
        Circle circleOb2 = (Circle)shapes[1]; // 正しくない
        // Circle circleOb2 = (Circle)shapes[0]; // 正しい
        circleOb2.Area();
        Console.ReadKey();
    }
}
```

解答

実行時に例外が投げられます（図 8-3）。

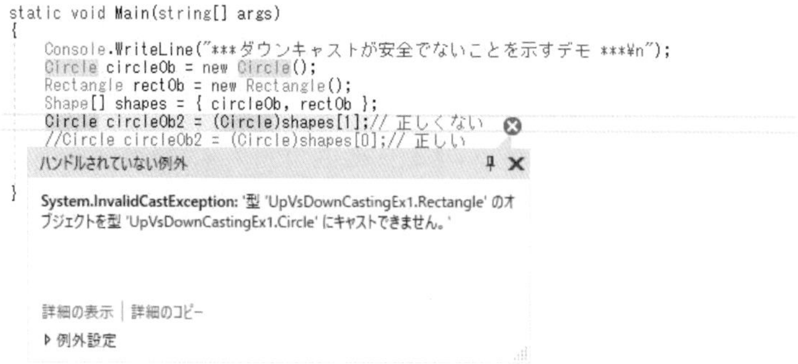

```
static void Main(string[] args)
{
    Console.WriteLine("***ダウンキャストが安全でないことを示すデモ ***\n");
    Circle circleOb = new Circle();
    Rectangle rectOb = new Rectangle();
    Shape[] shapes = { circleOb, rectOb };
    Circle circleOb2 = (Circle)shapes[1];// 正しくない
    //Circle circleOb2 = (Circle)shapes[0];// 正しい
```

ハンドルされていない例外

System.InvalidCastException: '型 'UpVsDownCastingEx1.Rectangle' のオブジェクトを型 'UpVsDownCastingEx1.Circle' にキャストできません。'

詳細の表示 | 詳細のコピー
▶ 例外設定

図8-3：修正したリスト 8-4 のコンパイル結果

コード解析

このサンプルプログラムは、実行時に `InvalidCastException()` が発生することがあることを示す例です。`Shape[1]` は `Rectangle` オブジェクトなのに、これを `Circle` オブジェクトとして扱おうとしたエラーです。このようにダウンキャストを使う場合は、注意が必要です。

8.4　is と as

オブジェクトの種類を動的に、それも頻繁に確認しなければならないような場合に、これら 2 つのキーワードは重要な役割を果たします。

「`is`」は、ある型を他の型と比較し、キャストが可能であれば `true` を返し、そうでなければ `false` を返します。一方「`as`」は、対象となるオブジェクトが他の型にキャスト可能であれば、その型にキャストし、不可能であれば `null` を返します。

つまり `as` キーワードは、キャストが可能かどうかのチェックと変換の両方を実行するものだと言って良いでしょう。

8.5　キーワード「is」の使用

ここではプログラムを少し変更し、形状を 2 つから 3 つ（三角形、長方形、円）に増やしました。これら異なる形状のオブジェクトを 1 つの配列に格納してから、それぞれの形状の合計を数えます（リスト 8-5）。

リスト8-5：is を使ってみる

```
using System;

namespace IsOperatorDemo
{
    class Shape
    {
        public void ShowMe()
        {
            Console.WriteLine("Shape.ShowMe");
        }
    }
    class Circle : Shape
    {
        public void Area()
        {
            Console.WriteLine("Circle.Area");
        }
    }
    class Rectangle : Shape
    {
        public void Area()
        {
            Console.WriteLine("Rectangle.Area");
        }
    }
    class Triangle : Shape
    {
        public void Area()
        {
            Console.WriteLine("Triangle.Area");
        }
    }

    class Program
    {
        static void Main(string[] args)
        {
            Console.WriteLine("*** is の操作法デモ ***\n");
            // 初期化。すべてのカウント数を 0 にする。
            int noOfCircle = 0, noOfRect = 0, noOfTriangle = 0;

            // 2 つの円オブジェクトを個別に作成
            Circle circleOb1 = new Circle();
            Circle circleOb2 = new Circle();
```

```csharp
            // 3つの長方形オブジェクトを個別に作成
            Rectangle rectOb1 = new Rectangle();
            Rectangle rectOb2 = new Rectangle();
            Rectangle rectOb3 = new Rectangle();
            // 1つの三角形オブジェクトを作成
            Triangle triOb1 = new Triangle();
            Shape[] shapes =
                { circleOb1, rectOb1, circleOb2, rectOb2, triOb1, rectOb3 };
            for(int i=0; i<shapes.Length; i++)
            {
                if( shapes[i] is Circle)
                {
                    noOfCircle++;
                }
                else if (shapes[i] is Rectangle)
                {
                    noOfRect++;
                }
                else
                {
                    noOfTriangle++;
                }
            }
            Console.WriteLine("配列 shapes 中の Circle オブジェクトの数は{0}",
                            noOfCircle);
            Console.WriteLine("配列 shapes 中の Rectangle オブジェクトの数は{0}",
                            noOfRect);
            Console.WriteLine("配列 shapes 中の Triangle オブジェクトの数は{0}",
                            noOfTriangle);

            Console.ReadKey();
        }
    }
}
```

```
*** is の操作法デモ ***

配列 shapes 中の Circle オブジェクトの数は 2
配列 shapes 中の Rectangle オブジェクトの数は 3
配列 shapes 中の Triangle オブジェクトの数は 1
```

コード解析

図 8-4 のコードの部分を見てみましょう。

このプログラムは、Shapes 配列のオブジェクトをただ右から左へ処理しているのではありません。それぞれが Circle、Rectangle、もしくは Triangle のいずれのオブジェクトであるかを分類しています。意図した型ではない場合、「if 条件」は false になり、実行時に思わぬ結果が出ることを防ぎます。

```
if (shapes[i] is Circle)
{
    noOfCircle++;
}
else if (shapes[i] is Rectangle)
{
    noOfRect++;
}
else
{
    noOfTriangle++;
}
```

図8-4：オブジェクトをふるいにかけるコード

次のコードで、「すべての Circle は Shape であるが、その逆は成立しないこと」を確認できます。

```
Console.WriteLine("*****");
Shape s = new Shape();
Circle c = new Circle();

Console.WriteLine("「すべての円が形状である」は 0", c is Shape); // 真
Console.WriteLine("「すべての形状が円である」は 0", (s is Circle)); // 偽
```

```
*****
「すべての円が形状である」は True
「すべての形状が円である」は False
```

8.6　キーワード「as」の使用

同じようなプログラムを、キーワードを is ではなく as にして作成しましょう（リスト 8-6）。

リスト8-6：as を使ってみる

```
using System;

namespace asOperatorDemo
{
    class Program
    {
        class Shape
        {
            public void ShowMe()
            {
                Console.WriteLine("Shape.ShowMe");
            }
        }
        class Circle : Shape
        {
            public void Area()
            {
```

```
            Console.WriteLine("Circle.Area");
        }
    }
    class Rectangle : Shape
    {
        public void Area()
        {
            Console.WriteLine("Rectangle.Area");
        }
    }
    static void Main(string[] args)
    {
        Console.WriteLine("*** as 演算子のデモ ***\n");
        Shape shapeOb = new Shape();
        Circle circleOb = new Circle();
        Rectangle rectOb = new Rectangle();
        circleOb = shapeOb as Circle; // 例外は発生しない
        if( circleOb!=null)
        {
            circleOb.ShowMe();
        }
        else
        {
            Console.WriteLine("shapeOb as Circle は、null を返した");
        }
        shapeOb = rectOb as Shape;
        if (shapeOb != null)
        {
            Console.WriteLine("rectOb as Shape は、null を返さなかった");
            shapeOb.ShowMe();
        }
        else
        {
            Console.WriteLine("rectOb as Shape は、null を返した");
        }
        Console.ReadKey();
    }
}
```

```
*** as 演算子のデモ   ***

shapeOb as Circle は、null を返した
rectOb as Shape は、null を返さなかった
Shape.ShowMe
```

コード解析

　演算子 as は、キャスト可能ならば自動的に変換し、キャストできないときは null を返します。

>
> **覚えておこう**
> as 演算子は、ダウンキャスト操作を正常に実行するか、それが失敗した場合は `null` と評価するかのいずれかです。上記のプログラムで行った `null` チェックは、C#プログラミングにおいて、とてもよく行われる手法です。

8.7　ref と out ― 値型を値で渡すか、参照で渡すか

　値型変数は、そのデータを直接含み、参照型変数は、そのデータへの参照を含むことを学びました。

　メソッドに値型変数を渡す際に値で渡すことは、実際にメソッドにコピーを渡していることを意味します。ですから、コピーしたパラメータを変更しても元のデータには影響しません。一方、呼び出し元のメソッドによる変更が元のデータに反映されるようにしたければ、参照で渡す必要があります。これには、`ref` キーワードまたは `out` キーワードのいずれかを使います。

　リスト 8-7 で、このことを確かめていきましょう。

リスト8-7：値型を値で返す

```csharp
using System;

namespace PassingValueTypeByValue
{
    class Program
    {

        static void Change(int x)
        {
            x = x * 2;
            Console.WriteLine(
                "Change メソッドの中にいます。myVariable の値は{0}", x); // 50
        }
        static void Main(string[] args)
        {
            Console.WriteLine("***値型を値で渡すデモ ***");
            int myVariable = 25;
            Change(myVariable);
            Console.WriteLine("Main メソッドの中にいます。myVariable の値は{0}",
                              myVariable);//25
            Console.ReadKey();
        }
    }
}
```

```
***値型を値で渡すデモ ***
Change メソッドの中にいます。myVariable の値は 50
Main メソッドの中にいます。myVariable の値は 25
```

第 8 章　さまざまな比較をしながら C#を解析する

コード解析

　ここでは、Change()メソッド内で値を変更しています。しかしこの変更された値は、Change()メソッドの外側には反映されません。Main()メソッドの内側では、myVariable の値は依然として 25 であることがわかります。

8.8　パラメータ ref と out

　リスト 8-7 に少し変更を加えてみましょう。反転表示した部分を見てください（リスト 8-8）。

リスト8-8：リスト 8-7 を改造する

```
using System;

namespace PassingValueTypeByValue
{
    class Program
    {

        static void Change(ref int x)
        {
            x = x * 2;
            Console.WriteLine(
                "Change メソッドの中にいます。myVariable の値は{0}", x); // 50
        }
        static void Main(string[] args)
        {
            Console.WriteLine("***値型を値で渡すデモ ***");
            int myVariable = 25;
            Change(ref myVariable);
            Console.WriteLine("Main メソッドの中にいます。myVariable の値は{0}",
                              myVariable);//25
            Console.ReadKey();
        }
    }
}
```

```
***値型を値で渡すデモ ***
Change メソッドの中にいます。myVariable の値は 50
Main メソッドの中にいます。myVariable の値は 50
```

コード解析

　ここでも、Change()メソッド内で値を変更していますが、この変更は Change()メソッドの外にも反映されます。仕掛けは ref キーワードにあります。ref int x は、整数のパラメータそのものではなく、整数値への参照を意味しています。この場合、それは myVariable です。

覚えておこう

myVariable を Change() メソッドに渡す前に必ず初期化しておきます。そうしないと、コンパイルエラーが発生します（CS0165）。

> ❌ CS0165 未割り当てのローカル変数 'myVariable' が使用されました。

もう1つ、よく似たプログラムを考えてみます。今度は、パラメータとして out を使います。

リスト8-9：パラメータ「out」の使用

```
using System;

namespace PassingValueTypeUsingOut
{
    class Program
    {
        static void Change(out int x)
        {
            x = 25;
            x = x * 2;
            Console.WriteLine(
                "Change メソッドの中にいます。myVariable の値は{0}", x); // 50

        }
        static void Main(string[] args)
        {
            Console.WriteLine("***out を用いて値型を参照で渡すデモ ***");
            // もし ref を用いるなら初期化が必要
            int myVariable;
            Change(out myVariable);
            Console.WriteLine("Main メソッドの中にいます。myVariable の値は{0}",
                              myVariable);//50

            Console.ReadKey();
        }
    }
}
```

```
***out を用いて値型を参照で渡すデモ ***
Change メソッドの中にいます。myVariable の値は 50
Main メソッドの中にいます。myVariable の値は 50
```

コード解析

out を用いた上記のプログラムでも、ref のときと同様、変更は Main() と Change() の両方に反映されます。しかし今回のプログラムでは、Change() メソッドに myVariable を渡す前に初期化していません。

ref の場合は必須となるこの初期化は、out パラメータの場合は必須ではありません。しかし out パラメータの場合、関数から出る前に、値を割り当てることが必須です。

>
> **覚えておこう**
> ref の場合は必須となる変数の初期化は、out パラメータの場合は必須ではありません。代わりに、out パラメータの場合は、関数から出る前に値を代入することが必須です。

問題

次のように Change() メソッドを修正したとします。

```
static void Change(out int x)
{
    // x = 25;
    int y = 10;
    x = x * 2;
    Console.WriteLine("Change メソッドの中にいます。myVariable の値は{0}", x);
}
```

このコードは、コンパイルできるでしょうか？

解答

できません。コンパイルエラーが発生します（図 8-5）。

> ❌ CS0269 未割り当ての out パラメーター 'x' が使用されました。

図8-5：Change() メソッドを修正してコンパイル（CS0269）

コード解析

前述のように、メソッド Change() から出て行く前に x に値を代入する必要があります。この問題では、ここでは使っていない別の変数 y に値「10」を代入しています。だからエラーとなりました[2]。

引数は、既定では、値と参照のどちらで渡されることになっているのでしょうか。

値で渡されることになっています。

リスト8-10：参照型を値で渡す

---

[2] 訳注：実際には、それ以前の問題で、x = x * 2; の部分で初期化していない x の値を参照しているのが、このエラーの直接の原因です。

8.8 パラメータ ref と out

参照型を値で渡すことはできますか？ 逆に、値型を参照で渡すのはどうでしょう。

できます。PassingValueTypeUsingRef（リスト 8-8）の例では、ref キーワードを使って、値型を参照で渡しましたね。
今度はリスト 8-10 で、逆の場面を考えます。ここでは、参照型（文字列）を値で渡しています。

```
using System;

namespace PassReferenceTypeUsingValue
{
    class Program
    {
        static void CheckMe(string s)
        {
            s = "World";
            Console.WriteLine(
                "メソッド CheckMe の中にいます。文字列の値は{0}です",
                s); // World
        }
        static void Main(string[] args)
        {
            string s = "Hello";
            Console.WriteLine(
                "メソッド Main の中にいます。文字列のもともとの値は{0}です",
                s); // Hello
            CheckMe(s);
            Console.WriteLine(
                "メソッド Main の中にいます。最終的な文字列の値は{0}です",
                s); // Hello
            Console.ReadKey();
        }
    }
}
```

```
メソッド Main の中にいます。文字列のもともとの値は Hello です
メソッド CheckMe の中にいます。文字列の値は World です
メソッド Main の中にいます。最終的な文字列の値は Hello です
```

出力結果から、リスト 8-10 のプログラムでは、Main().CheckMe() における変更が、Main() の内部に反映されていないことがわかります。

ということは、参照型を値として渡すと、その値は変更できないのですか？

できないと決めてはいけません。使い方によって異なります。

たとえば、リスト8-11のようなプログラムを考えます。ここでは配列の最初の2つの要素を変更するのに、参照型を値として渡しています。

リスト8-11：配列の要素を用いたケーススタディ

```
using System;

namespace PassReferenceTypeUsingValueEx2
{
    class Program
    {
        static void CheckMe(int[] arr)
        {
            arr[0] = 15;
            arr[1] = 25;
            arr = new int[3] { 100, 200, 300};
            Console.WriteLine("********");
            Console.WriteLine("CheckMe メソッドの中にいます。arr[0] の値は{0}",
                arr[0]); // 100
            Console.WriteLine("CheckMe メソッドの中にいます。arr[1] の値は{0}",
                arr[1]); // 200
            Console.WriteLine("CheckMe メソッドの中にいます。arr[2] の値は{0}",
                arr[2]); // 300
            Console.WriteLine("********");
        }
        static void Main(string[] args)
        {
            Console.WriteLine("***参照型を値で渡す例　その 2 ***");
            int[] myArray= { 1, 2, 3 };
            Console.WriteLine("はじめの myArray[0] の値は{0}", myArray[0]); // 1
            Console.WriteLine("はじめの myArray[1] の値は{0}", myArray[1]); // 2
            Console.WriteLine("はじめの myArray[2] の値は{0}", myArray[2]); // 3
            CheckMe(myArray);
            Console.WriteLine("あとの myArray[0] の値は{0}", myArray[0]); // 15
            Console.WriteLine("あとの myArray[1] の値は{0}", myArray[1]); // 25
            Console.WriteLine("あとの myArray[2] の値は{0}", myArray[2]); // 3
            Console.ReadKey();
        }
    }
}
```

```
***参照型を値で渡す例　その 2 ***
はじめの myArray[0] の値は 1
はじめの myArray[1] の値は 2
はじめの myArray[2] の値は 3
********
CheckMe メソッドの中にいます。arr[0] の値は 100
CheckMe メソッドの中にいます。arr[1] の値は 200
CheckMe メソッドの中にいます。arr[2] の値は 300
********
あとの myArray[0] の値は 15
あとの myArray[1] の値は 25
あとの myArray[2] の値は 3
```

コード解析

　CheckMe() メソッドでは、新しい配列を 1 つ作成し、参照配列が、その新しい配列を指すように変更しています。ですから、それ以降、Main() 内で作成した元の配列には、手が加えられません。実際、この操作では、2 つの異なる配列を扱っています。

問題

　このコードはコンパイルできるでしょうか？

```
class Program
{
    static void ChangeMe(int x)
    {
        x = 5;
        Console.WriteLine("ChangeMe メソッドの中にいます。値は{0}", x);
    }
    static void ChangeMe(out int x)
    {
        // out パラメータは関数を抜ける前に初期化すること
        x = 5;
        Console.WriteLine("ChangeMe メソッドの中にいます。値は{0}", x);
    }
    static void ChangeMe(ref int x)
    {
        x = 5;
        Console.WriteLine("ChangeMe メソッドの中にいます。値は{0}", x);
    }
    static void Main(string[] args)
    {
        Console.WriteLine("***ref と out を比較するデモ ***");
        // ref を使うので初期化しておく
        int myVariable3 = 25;
        Console.WriteLine("Main メソッドの中にいます。呼び出し前の値は{0}",
                          myVariable3);
        ChangeMe(myVariable3);
        ChangeMe(ref myVariable3);
```

```
            ChangeMe(out myVariable3);
            Console.WriteLine("Main メソッドの中にいます。呼び出し後の値は{0}",
                            myVariable3);
        }
    }
```

解答

> ❌ CS0663 'Program' は、パラメーター修飾子 'ref' と 'out' だけが
> 異なるオーバーロードされた メソッドを定義できません

図8-6：コンパイラからのエラーメッセージ（CS0663）

コード解析

　`ChangeMe(myVariable3)` というメソッドの形式では、`ChangeMe(out myVariable3)` または `ChangeMe(ref myVariable3)` のどちらかしか使えず、両方一緒に使うことは許可されていません。そこで、`ChangeMe(out myVariable3)` の定義とその呼び出し部分をコメントアウトすると、以下のような出力が表示されます。

```
***ref と out を比較するデモ ***
Main メソッドの中にいます。呼び出し前の値は 25
ChangeMe メソッドの中にいます。値は 5
ChangeMe メソッドの中にいます。値は 5
Main メソッドの中にいます。呼び出し後の値は 5
```

C#では、メソッドや関数が複数の値を返すことはできますか？

できます。それには `KeyValuePair` がよく使われます。しかし今学んだ `out` を使っても、似たようなことができます。

　次のリスト 8-12 を考えてみましょう。

リスト8-12：複数の値を返すメソッド

```
class Program
{
    static void RetunMultipleValues(int x, out double area,
                                    out double perimeter)
    {
        area = 3.14 * x * x;
        perimeter = 2 * 3.14 * x;
    }
```

```
    static void Main(string[] args)
    {
        Console.WriteLine("***複数の値を返すメソッド ***");
        int myVariable3 = 3;
        double area = 0.0, perimeter = 0.0;
        RetunMultipleValues(myVariable3, out area, out perimeter);
        Console.WriteLine("円の面積は{0}平方単位", area);
        Console.WriteLine("円周は{0}単位", perimeter);
    }
}
```

```
***複数の値を返すメソッド ***
円の面積は 28.26 平方単位
円周は 18.84 単位
```

8.9 C#における型の比較

C#のデータ型は、次のように大別できます。

- 値型
- 参照型
- ポインタ型
- ジェネリック型

この節では、先頭から3つの型を研究しましょう。4番目のジェネリック型については、本書の第2部で扱います。

まずは、値型と参照型を比較してみましょう。

値型と参照型

値型の例として、組み込みデータ型全般（int、double、char、bool など）、enum 型、そして、ユーザー定義の構造体が挙げられます。例外は string です。これは組み込みデータ型ですが、参照型でもあります。

参照型の例としては、クラスとそのオブジェクト、インターフェイス、配列、デリゲートなどが挙げられます。

組み込みの参照型としては object 型、dynamic、string などがあります。

値型と参照型との基本的な違いは、メモリ内で保持される方法です。その違いを表 8–1 にまとめました。

表8-1：値型と参照型の基本的な相違点

値型	参照型
MSDNによれば、データ型が自己のメモリ位置内にデータ内容を保持しているのであれば、それは値型です。	参照型には、実際にデータが格納されている別のメモリ位置へのポインタが含まれています。「オブジェクトとそのオブジェクトへの参照という2つの部分から構成されている」と考えれば簡単です。
値型を代入すると、常にインスタンスのコピーが作成されます。	参照型を代入すると、作成されるコピーは参照だけで、実際のオブジェクトは作成されません。
代表例は、String以外の組み込みデータ型（int、double、char、boolなど）、enum型、ユーザー定義の構造体などです。	代表例は、クラス（オブジェクト）、インターフェイス、配列、デリゲート、および特別な組み込みデータ型であるstring（System.Stringの短縮名）などです。
値型はnull値を持たないと考えてかまいません。	参照型は、いかなるオブジェクトも示していないような場合、nullを示します。

C#ではクラスは参照型で、構造体は値型だということをどうやって確認できますか？

次のプログラムと出力を考えてみましょう。

リスト8-13：値型と参照型

```
using System;

namespace ImportantComparison
{
    struct MyStruct
    {
        public int i;
    }
    class MyClass
    {
        public int i;
    }
    class Program
    {
        static void Main(string[] args)
        {
            Console.WriteLine("*** 値型と参照型の比較テスト ***\n");
            MyStruct struct1, struct2;
            struct1 = new MyStruct();
            struct1.i = 1;
            struct2 = struct1;

            MyClass class1, class2;
            class1= new MyClass();
            class1.i = 2;
            class2 = class1;
```

```
                Console.WriteLine("struct1.i={0}", struct1.i);  // 1
                Console.WriteLine("struct2.i={0}", struct2.i);  // 1
                Console.WriteLine("class1.i={0}", class1.i);    // 2
                Console.WriteLine("class2.i={0}", class2.i);    // 2

                Console.WriteLine(
                    "***strcut1.i(10) と class1.i(20) に変更を加えてみる ***");
                struct1.i = 10;
                class1.i = 20;

                Console.WriteLine("*** 変更後の値 ***");
                Console.WriteLine("struct1.i={0}", struct1.i);  // 10
                Console.WriteLine("struct2.i={0}", struct2.i);  // 1
                Console.WriteLine("class1.i={0}", class1.i);    // 20
                Console.WriteLine("class2.i={0}", class2.i);    // 20

                Console.ReadKey();
        }
    }
}
```

```
*** 値型と参照型の比較テスト ***

struct1.i=1
struct2.i=1
class1.i=2
class2.i=2
***strcut1.i(10) と class1.i(20) に変更を加えてみる ***
*** 変更後の値 ***
struct1.i=10
struct2.i=1
class1.i=20
class2.i=20
```

コード解析

class1 を変更したときには、両方のクラスオブジェクト（class1 と class2）でインスタンス変数 i が変更されました。しかし構造体では異なり、struct1.i が 10 に変更されても、struct2.i は元の値 1 を保持しています。

struct2 = struct1; と書いたとき

構造体 struct2 は struct1 のコピーであり、コピー元からは独立していますから、そのフィールドもコピー元とは別の独自のものです。

class2 = class1; と書いたとき

コピーされた参照は、コピー元と同じオブジェクトを指します。

参照型でなく値型を使うのはどういうときでしょうか。

　一般に、値型を置くスタックは参照型を置くヒープよりも効率的に使用できます。そのため、データ構造の選択が重要です。

　参照型では、メソッドが実行を終了してもメモリが自動で再利用できるようにはなっていません。メモリの回収には、ガベージコレクションメカニズムを呼び出す必要がありますが、なにかとややこしく、怪しいものです。

では、値型でなく参照型を使うのはどういうときですか。

　値型の場合、値がいつまで保持されるかが問題です。値型では、メソッドが実行を終了すると、メモリは回収されてしまいます。ですから、異なるクラス間でのデータ共有に、値型は適していません。

ポインタ型

　C#では、ポインタも使えますが、いろいろと危険をはらみます。そのため、コードブロックを **unsafe** キーワードでマークしなければなりません。また、コンパイル時にも **/unsafe** オプションが必要です。とはいえ **unsafe** タグを使えば、ポインタを使って、C++のようなプログラムが書けるわけです。目的は同じです。ポインタは変数のアドレスを保持し、他のポインタ型にキャストできます（繰り返すようですがこれらの操作は危険を伴います）。

ポインタの基本事項

- 最もよく使われるポインタ演算子は「*****」「**&**」「**->**」です。
- 以下のデータ型のどれでも、ポインタ型として扱えます。
  　　byte、sbyte、short、ushort、int、uint、long、ulong、float、double、decimal、bool、char
  　　任意の enum 型、任意のポインタ型
  　　管理外のフィールドのみを持つユーザー定義の構造体型

基本的なポインタ型の宣言には、以下のようなものがあります。

```
int *p     pは整数へのポインタ
int **p    pは整数へのポインタへのポインタ
char* p    pは char 型へのポインタ
```

void* p　pは不明なデータ型へのポインタ（これは禁止されてはいませんが、使用の際は十分注意してください）

リスト 8-14 を見てください。

リスト8-14：ポインタ型

```
using System;

namespace UnsafeCodeEx1
{
    class A
    {
    }
    class Program
    {
        static unsafe void Main(string[] args)
        {
            int a = 25;
            int* p;
            p = &a;
            Console.WriteLine("*** ポインタ型のデモ ***");
            Console.WriteLine("*p は{0}を含んでいます", *p);

            A obA = new A();
            // エラー。
            // マネージ型 A に対しては、ポインタの宣言、アドレスの取得、
            // データ長の取得は禁止されています。
            // A* obB = obA;
            Console.ReadKey();
        }
    }
}
```

```
*** ポインタ型のデモ ***
*p は 25 を含んでいます
```

コード解析

Visual Studio では、図 8-7 のように、［アンセーフコードの許可］のチェックボックスを有効にしてください。

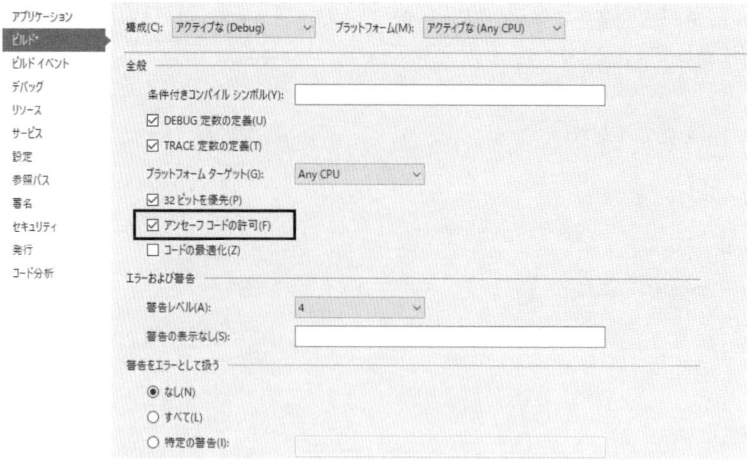

第 8 章　さまざまな比較をしながら C#を解析する

[設定画面のスクリーンショット]

図8-7：アンセーフコードを許可する

この設定を忘れると、図 8-8 次のようなエラーが表示されます。

[エラーメッセージ: CS0227　アンセーフ コードは /unsafe でコンパイルした場合のみ有効です。]

図8-8：図 8-7 のチェックを忘れると表示されるエラー（CS0227）

C#のプログラムの中で、どんなときにポインタを使うのですか。

基本的には C API との相互運用性のような理由です。あるいは、マネージドヒープ境界外のメモリにアクセスしないと解決できないような問題もときどきあります。

ちなみに、Microsoft は以下のように述べています。

　　基盤となるオペレーティングシステムとのやりとり、メモリが特定の場所に割り当てられているデバイスへのアクセス、または処理時間を絶対に延ばせないようなアルゴリズムの実装は、ポインタへのアクセスなしでは実質不可能です。

覚えておこう

- ポインタ型とオブジェクトの間での型変換はできません。ポインタがオブジェクトを継承することはありません。
- 同じ場所で複数のポインタを宣言する場合、記号「*」は、以下のようにポインタのもとになる型に付けます。

    int* a, b, c; // OK

次のように書いてしまうと、コンパイルエラーになります。

    int *a, *b, *c; // エラー

- この後、ガベージコレクションについて学びます。ガベージコレクションは参照に対して行われると考えてください。ガベージコレクタは、オブジェクトを指しているポインタがあってもかまわずにその参照を消し去ります。ですからポインタで、参照や参照を含む構造体を指してはなりません。

const と readonly

C#では、const と readonly という2つの特殊なキーワードが使えます。どちらもフィールドの変更を防ぎますが、それぞれ異なる部分もあります。コードの中で比較していきましょう。

覚えておこう

const を用いる定数は、「変数のように宣言できるが、宣言後に変更できない」というのが、特徴です。対して readonly を用いる読み取り専用フィールドには、宣言の中で、もしくは、コンストラクタを介して、値を割り当てます。

定数変数を宣言するには、宣言の前にキーワード const を追加します。定数は、暗黙的に静的であることを忘れないでください。

リスト8-15：const を使ったサンプル

```
using System;

namespace ConstantsEx1
{
    class Program
    {
        static void Main(string[] args)
        {
            Console.WriteLine("*** 定数の実験 ***\n");
            const int MYCONST = 100;
            //  以下の行ではエラーになる
            MYCONST=90; // エラー
            Console.WriteLine("MYCONST={0}", MYCONST);
            Console.ReadKey();
        }
    }
}
```

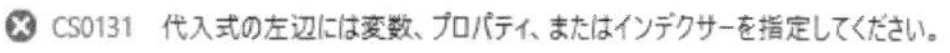

> ❌ CS0131 代入式の左辺には変数、プロパティ、またはインデクサーを指定してください。

図8-9：リスト 8-15 をコンパイルした結果（CS0131）

同様に、`readonly` を用いた以下のコードもエラーが出ます。

```
public  readonly int myReadOnlyValue = 105;
// 以下のコードはエラーになる
myReadOnlyValue = 110; // エラー
```

問題

このコードはコンパイルできるでしょうか？

```
Class ReadOnlyEx
{
    public static readonly int staticReadOnlyValue;
        static ReadOnlyEx()
        {
            staticReadOnlyValue = 25;
        }
    // 他のコード、たとえば Main やその他のメソッド
}
```

解答

できます。

問題

このコードはコンパイルできるでしょうか？

```
Class ReadOnlyEx
{
    public readonly int nonStaticReadOnlyValue;
    public ReadOnlyEx(int x)
    {
        nonStaticReadOnlyValue = x;
    }
// 他のコード、たとえば Main やその他のメソッド
}
```

解答

できます。

問題

それでは、このコードはどうでしょう？

```
Class ReadOnlyEx
{
    public  readonly int myReadOnlyValue = 105;
    public int TrytoIncreaseNonStaticReadOnly()
    {
        myReadOnlyValue++;
    }
    // 他のコード、たとえば Main やその他のメソッド
}
```

解答

コンパイルできません。この場合、コンストラクタを介して値を変更できますが、コード中の `TrytoIncreaseNonStaticReadOnly()` は、コンストラクタではないからです。

問題

このコードはコンパイルできるでしょうか？

```
public static const int MYCONST = 100;
```

解答

コンパイルできません。定数は暗黙的に静的です。const に加えてさらにキーワード static を付けることは許されません。

問題

この出力は、どうなるでしょうか？

```
class TestConstants
{
    public const int MYCONST = 100;
}

class Program
{
    static void Main(string[] args)
    {
        TestConstants tc = new TestConstants();
        Console.WriteLine("MYCONSTの値は{0}", tc.MYCONST);
        Console.ReadKey();
    }
}
```

解答

コンパイルエラーとなります。先の問題と同様、定数は暗黙的に静的だからです。インスタンス参照を通して、この定数を扱うことはできません。

こうした場面では、クラス名を用いて呼び出さなければなりません。以下のコードであれば、正しく動作します。

```
Console.WriteLine("MYCONST の値は 0", TestConstants.MYCONST);
```

プログラムの中で定数を用いる利点は何ですか？

そのほうが、読みやすく修正しやすいことです。

　定数の値を設定した1箇所だけを変更すれば、プログラム全体に対して、確実に変更が反映されます。いつでも変更される可能性のある変数では、1箇所を変更したとき、プログラム全体を探して、その変数のそれぞれの出現箇所で変更を反映する必要がないかどうかを確認しなければなりません。そんな方法は、「間違えろ」と言っているようなものです。

readonly のほうが const より望ましいのはどんなときですか？

変数の値を変更してはならないが、その値が実行するまでわからないような場合です。たとえば、初期値を設定する前に計算をしなければならないときです。

　また const は常に静的ですが、readonly の値は静的にも非静的にもなり得ます。ですから、クラスのインスタンスが違えば、それぞれに異なる値を持たせられます。ソフトウェアライセンスのような情報を保持する変数に readonly を使うというのは、最もわかりやすい使い方でしょう。

>
> **覚えておこう**
> readonly の値は静的にも非静的にもなり得るが、const は常に静的。readonly がよく使われるのは、ソフトウェアライセンスの情報を保持する場面。

8.10　まとめ

本章では、次の事項を網羅しました。

- キャストが暗黙的か明示的かの比較

- ボックス化とボックス化解除の比較
- ボックス化とキャストの比較
- アップキャストとダウンキャストの比較
- キーワード is と as の使用
- 値型を渡すとき、値を用いるか参照を用いるか
- 引数に ref と out を用いた時の比較
- 参照型を値で渡すにはどうするか、またその逆は？
- C#で複数の値を戻すには？
- 値型と参照型
- C#において、クラスは参照型で構造体は値型である。これを確認するには？
- 参照型よりも値型を使うべきときは？　もしくはその逆のときは？
- ポインタ型の概略
- キーワード const と readonly の比較

第9章
C#におけるOOPの原則のまとめ

　C#におけるオブジェクト指向プログラミングの最後まで、よくついて来ましたね。これまで説明してきた、中心的な原則を振り返ってみましょう。

- クラスとオブジェクト
- ポリモーフィズム
- 抽象化
- カプセル化
- 継承

そして、次の2つの項目です。

- メッセージ送信
- 動的バインディング

　これらのトピックが、C#を使ったプログラムの基本的な部分において、どのように扱われているかを振り返りましょう。

クラスとオブジェクト
　本書を通じて、ほとんどすべての例で、さまざまな種類のクラスとオブジェクトを使ってきました。静的クラスの例では、オブジェクトを作成しませんでした。代わりに、クラス名を介して静的フィールドにアクセスしました。

ポリモーフィズム
　ポリモーフィズムには2種類あり、どちらについても扱いました。コンパイル時のポリモーフィズムは、メソッドや演算子のオーバーロードで扱いました。そして実行時のポリモーフィズムは `virtual` キーワードや `override` キーワードを使ったメソッドのオーバーライドで扱

いました。

抽象化

抽象クラスとインターフェイスを通じて、この機能を確認しました。

カプセル化

アクセス修飾子に加えて、プロパティとインデクサを用いました。

継承

2つの章に渡って、異なる種類の継承を研究しました。

メッセージ送信

この手法は、マルチスレッド環境でよく用います。しかしこの手法の中で実行時ポリモーフィズムを考えることもできます。

動的バインディング

メソッドオーバーライドの例による実行時ポリモーフィズムは、動的バインディングの一種です。

抽象化とカプセル化の違いは、簡単に言うと、どのようなものでしょうか？

データとコードを1つのエンティティにまとめて、無計画で危険なアクセスを防ぐのがカプセル化です。

　カプセル化の概念を実装するために、プロパティにさまざまな種類のアクセス修飾子やget および set アクセサを使ってコードを書いてみました。

　抽象化では、ユーザーに基本的な機能のみを示し、詳細な実装は見せません。たとえば、リモコンを使ってテレビのスイッチを入れるとき、その機器の内部回路は気にしません。ボタンが押された後に画像がテレビから出てさえすれば、その装置は使えるということになります。

　カプセル化と抽象化の定義については、第1章を復習してください。

一般的に、コンパイル時ポリモーフィズムと実行時ポリモーフィズムとでは、どちらが速いですか。

呼び出しの解決の早い手法が普通は速い、と言ったのを覚えていますか。ですから、バインディングはコンパイル時のほうが実行時バインディングよりも速く、ゆえにポリモーフィズムも前者が後者より速いという結論になります。ポリモーフィズムによって複数与えられたメソッドのうち、どれを呼び出すべきかが実行前にわかっているからです。

継承が必ずしも最善の解決策ではない、という話がありましたね。詳しく教えてください。

オブジェクト同士が、継承よりも、モデリングで言うコンポジションの関係を持つほうが良い解決策となることがあります。

しかし、コンポジションを理解するためには、以下の概念を知る必要があります。

- 関連（Association）
- 集約（Aggregation）

関連は、一方向または双方向です。以下の UML 図（図 9-1）に見られる関係では、ClassA は ClassB を認識していますが、その逆は当てはまりません。

図9-1：一方向の関連

図 9-2 は双方向の関連を示しています。どちらのクラスもお互いを知っています。

図9-2：双方向の関連

例を 1 つ考えてみましょう。大学では、学生（Student）は複数の教師（Teacher）から学ぶことができ、教師は複数の学生を教えることができます。この種の関係には、独占した所有権はありません。つまりプログラミングでそれらをクラスとオブジェクトで表す場合、双方の種類のオブジェクトを、独立して生成したり削除したりできると言えます。

集約は関連の一種ですが、もっと強い関係です。図 9-3 のような形です。

図9-3：集約

集約の例を考えてみましょう。X 教授（Professor）が他の大学に移るため辞任通知を提出したとします。X 教授も、その大学も、お互いに頼らず生きていけますが、最終的に X 教授は、自身を他

の大学のどこかの学部（Dept）と関連付けなければなりません。

　プログラミングの世界でこの状況を表現すると、学部（Dept）がこの関係の所有者で、学部（Dept）が教授（Professor）を所有すると言います。車が座席を所有し、自転車がタイヤを所有しているのと同じです。

覚えておこう
学部は教授を持っているという言い方から、関連の関係を「has a」関係とも呼びます。これで、継承との主な違いを言い表せます。継承は「is a」関係だからです。

　コンポジションは、集約がより強くなったもので、図9-3のダイヤモンドが塗りつぶされます（図9-4）。

図9-4：コンポジション

　学校の学部は、学校がなければ存在できません。一方学校は、その学部を開設または閉鎖するだけです（学部がまったくなければ学校も存在できないじゃないかという理屈はこねないことにします）。言い換えれば、学部の存在期間は、完全にその学校に依存しています。学校が廃校になると、その学部のすべてが自動的に閉鎖されるので、これは死の関係としても知られています。

9.1　コンポジションとプログラム

　コンポジションの影響力を考えるに際して、第3章で説明した「菱形継承問題」をもう一度見てください。そして、次のプログラムを分析しましょう。

　リスト9-1は、リスト3-3の再掲です。

リスト9-1：第3章で使ったサンプル

```
using System;
namespace CompositionEx1
{
    class Parent
    {
        public virtual void Show()
        {
            Console.WriteLine("私は Parent クラスにいます");
        }
    }
    class Child1 : Parent
    {
        public override void Show()
```

```
        {
            Console.WriteLine("私は Child-1 クラスにいます");
        }
    }
    class Child2 : Parent
    {
        public override void Show()
        {
            Console.WriteLine("私は Child-2 クラスにいます");
        }
    }
}
```

さてここで、Grandchild を Child1 と Child2 の両方から派生するように作成します。このとき Show() メソッドは、オーバーライドしないとしましょう。

すると、これらのクラスを表す UML 図は、図 9-5 のようになります。

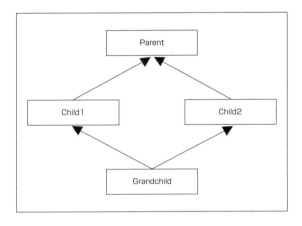

図9-5：菱形継承問題再び

さあ、曖昧なことになりました。Grandchild は、Child1 と Child2 のどちらの Show() を呼び出すのでしょうか？　これが菱形継承問題（ダイヤモンド問題）として知られているものです。このような曖昧さを解消するために、C#では、クラスの多重継承ができないようになっています。

ですから、次のコードはエラーになります。

```
class Grandchild : Child1, Child2   // 菱形継承問題によってエラーとなる
{
    public void Show()
    {
        Console.WriteLine("私は Child-2 クラスにいます");
    }
}
```

図 9-6 がそのエラーメッセージです。

> ❌ CS1721　クラス 'GrandChild' は複数の基底クラス ('Child1' と 'Child2') を持つことができません。

図9-6：菱形継承問題によるエラーメッセージ（CS1721）

この問題は、コンポジションで対処できます。リスト 9-2 のコードが、その方法です。

リスト9-2：菱形継承問題に対処する

```
using System;

namespace CompositionEx1
{
    class Parent
    {
        public virtual void Show()
        {
            Console.WriteLine("私は Parent クラスにいます");
        }
    }
    class Child1 : Parent
    {
        public override void Show()
        {
            Console.WriteLine("私は Child-1 クラスにいます");
        }
    }
    class Child2 : Parent
    {
        public override void Show()
        {
            Console.WriteLine("私は Child-2 クラスにいます");
        }
    }
    /* エラー。菱形継承問題によってエラーとなる */
    //class Grandchild : Child1, Child2
    //{
    //}
    class Grandchild
    {
        Child1 ch1 = new Child1();
        Child2 ch2 = new Child2();
        public void ShowFromChild1()
        {
            ch1.Show();
        }
        public void ShowFromChild2()
        {
            ch2.Show();
        }
    }
```

```
    class Program
    {
        static void Main(string[] args)
        {
            Console.WriteLine("*** 菱形継承問題にコンポジションで対処する ***\n");
            Grandchild gChild = new Grandchild();
            gChild.ShowFromChild1();
            gChild.ShowFromChild2();
            Console.ReadKey();
        }
    }
}
```

```
*** 菱形継承問題にコンポジションで対処する ***

私は Child-1 クラスにいます
私は Child-2 クラスにいます
```

コード解析

　コードでは、Child1 と Child2 の両方が、それらの親の Show() メソッドをオーバーライドしています。Grandchild クラスには、独自の Show() メソッドがありません。それでも、Grandchild のオブジェクトを通じてこれらのクラス固有のメソッドを呼び出すことができます。

　Grandchild の本体の中で、Child1 と Child2 のオブジェクトをそれぞれ生成しています。そのため、Grandchild オブジェクトがガベージコレクションなどでアプリケーションからなくなると、Child1 や Child2 オブジェクトもシステム内に存在しなくなります。なお、Child1 と Child2 のオブジェクトをアプリケーション内で直接作成できない制限があったらどうするのかと言う話は、ややこしくなるので無視します。

9.2　集約とプログラム

　さて、いまの例から、少し自由度を上げることにしましょう。2つのクラス Grandchild と Child 間の死の関係を避けたくはないですか？　集約を使うと、他のクラスからの Child1 および Child2 への参照を効率的にするプログラムを実装できます（リスト 9–3）。

リスト9-3：集約の例

```csharp
using System;

namespace AggregationEx1
{
    class Parent
    {
        public virtual void Show()
        {
            Console.WriteLine("私は Parent クラスにいます");
        }
    }
    class Child1 : Parent
    {
        public override void Show()
        {
            Console.WriteLine("私は Child-1 クラスにいます");
        }
    }
    class Child2 : Parent
    {
        public override void Show()
        {
            Console.WriteLine("私は Child-2 クラスにいます");
        }
    }
    /* エラー。菱形継承問題によってエラーとなる */
    // class Grandchild : Child1, Child2
    //{
    //}
    class Grandchild
    {
        Child1 ch1;
        Child2 ch2;
        public Grandchild(Child1 ch1, Child2 ch2)
        {
            this.ch1 = ch1;
            this.ch2 = ch2;
        }
        public void ShowFromChild1()
        {
            ch1.Show();
        }
        public void ShowFromChild2()
        {
            ch2.Show();
        }
    }

    class Program
    {
        static void Main(string[] args)
```

```
        {
            Console.WriteLine("***菱形継承問題に集約で対処する ***\n");
            Child1 child1 = new Child1();
            Child2 child2 = new Child2();
            Grandchild gChild = new Grandchild(child1, child2);
            gChild.ShowFromChild1();
            gChild.ShowFromChild2();
            Console.ReadKey();
        }
    }
}
```

```
***菱形継承問題に集約で対処する ***

私は Child-1 クラスにいます
私は Child-2 クラスにいます
```

コード解析

このコードにより、Child1 オブジェクトや Child2 オブジェクトは、Grandchild オブジェクトがなくても存続できるようになりました。これが、コンポジションがより強力な集約の形態であると言う理由です。

> **覚えておこう**
>
> モデリングには汎化、特化、そして実現という考え方がありますね。これまでのアプリケーションにも、こうした概念は使われています。継承とはクラスが別のクラスを拡張することなので、一般化と特殊化の考え方に相当します。たとえば、サッカー選手が特別な種類の運動選手であると言うのは特化です。サッカー選手とバスケットボール選手の両方が選手であると言うのは汎化です。インターフェイスを実装するクラスの作成は、実現の考え方です。

OOP で克服すべき課題や欠点は何ですか？

オブジェクト指向プログラムのサイズは大きく、ストレージを余計に食うという指摘はあります。間違いではないでしょうが、今日のハードウェア性能では、ほとんど問題になりません。

まだ構造化プログラミングのような他の考え方を好む開発者にとっては、好みでないオブジェクト指向プログラミングのスタイルでコードを書かなければならないとなると、目の前が暗くなるかもしれません。

さらに、現実世界のあらゆる問題をオブジェクト指向のスタイルでモデル化できるというわけで

はありません。しかし私見になりますが、全体的に利点が欠点に勝ると思うので、私は、オブジェクト指向プログラミングスタイルを好みます。

9.3 まとめ

本章の内容は、次のようなものでした。

- 本書における OOP の原則の中心となる事項を駆け足で復習
- 抽象化とカプセル化の違い
- コンポジションと集約の考え方を C#で実装する方法
- OOP で克服すべき課題と欠点

第2部

高度な考え方を身近なものにする

第2部では、主に、次の事項を学びます。

- 高度なC#プログラミングに到達する道
- 高度で、かつ常に大切なC#の5つの考え方

第10章
デリゲートとイベント

10.1 デリゲートとは

　デリゲートはC#プログラミングの最重要事項の1つです。これでC#が、とても有用になりました。デリゲートはSystem.Delegateから派生した参照型で、オブジェクト参照に似ていますが、メソッドを指すのが大きな違いです。デリゲートを使うと、型変換の危険がありません。このためデリゲートのことを、タイプセーフな関数ポインタと呼ぶことがあります。

覚えておこう
・　オブジェクト参照は、特定の型のオブジェクトを指します。たとえば、A ob = new A() と書くと、ob は A というデータ型のオブジェクトへの参照になります。一方、デリゲートは、特定の種類のメソッドを指します。
・　デリゲートは、自分が関連付けられたメソッドを呼び出す方法を知っているオブジェクトです。デリゲートでは、そのインスタンスによって、どの種類のメソッドが呼び出されるかがわかります。
・　デリゲートを用いてプラグインメソッドを書けます。

　以下のように、2つの整数パラメータを持つ Sum というメソッドがあるとします。

```
public static int Sum(int a, int b)
{
    return a + b;
}
```

　この Sum メソッドを指すようにデリゲートを宣言するのが、次の文です。

```
Mydel del = new Mydel(Sum);
```

もちろん、事前に Mydel をデリゲートとして定義する必要があります。定義する際のシグニチャは、以下のように Sum メソッドと同じにします。

```
public delegate int Mydel(int x, int y);
```

戻り値の型やパラメータ、対応する順序をすべて、Sum メソッドと Mydel デリゲートとで同じにします。なお、メソッド名はシグニチャの一部ではないということを押さえておきましょう。

つまり Mydel は、整数の戻り型（int）を持ち、Sum(int a, int b) メソッドのように2つの整数のパラメータをとるメソッドであれば、Sum 以外のメソッドとも互換性があります。

10.2　正式な定義

デリゲートは System.Delegate から派生した参照型で、そのインスタンスは、一致するシグニチャを持つメソッドを呼び出すために使われます。デリゲートという言葉を日常で使うときの意味は、「代表」です。つまりデリゲートは、シグネチャが一致するメソッドを代表する役目があると言えます。

リスト 10-1 で、デリゲートの使い方を示します。

ケース1は、メソッドの呼び出しにデリゲートを使わないものです。ケース2はデリゲートを使ってメソッドを呼び出すものです。

リスト10-1：デリゲートの使い方

```
using System;

namespace DelegateEx1
{
    public delegate int Mydel(int x, int y);

    class Program
    {
        public static int Sum(int a, int b) { return a + b; }

        static void Main(string[] args)
        {
            Console.WriteLine(
                "*** デリゲートの例　その1：簡単なデリゲートのデモ ***");
            int a = 25, b = 37;
            // ケース1
            Console.WriteLine(
                "\nデリゲートを使わずに Sum(...) メソッドを呼び出します：");
            Console.WriteLine("a と b の和は{0}", Sum(a,b));

            Mydel del = new Mydel(Sum);
            Console.WriteLine(
                "\n今からデリゲートを使います：");
```

```
            // ケース 2
            Console.WriteLine(
                "デリゲートを使って Sum(...) メソッドを呼び出します：");

            // del(a,b) は del.Invoke(a,b) の簡便形です
            Console.WriteLine("a と b の和は{0}", del(a, b));
            // Console.WriteLine("a と b の和は{0}", del.Invoke(a, b));
            Console.ReadKey();
        }
    }
}
```

```
*** デリゲートの例　その1：簡単なデリゲートのデモ ***

デリゲートを使わずに Sum(...) メソッドを呼び出します：
a と b の和は 62

今からデリゲートを使います：
デリゲートを使って Sum(...) メソッドを呼び出します：
a と b の和は 62
```

10.3　コードの量を減らす

リスト 10-1 は、コードの量をもっと減らすことができます。
次の行があります。

```
Mydel del = new Mydel(Sum);
```

この行は、次のように記述できます。

```
Mydel del = Sum;
```

プログラムにおいて、コメントアウトされている部分にも注目してください。del(a,b) は、次の記述の簡便形です。

```
del.Invoke(a, b)
```

プログラム中で Sum() メソッドがオーバーロードされている場合、`Mydel del = Sum;` と書くと、コンパイラは混乱するんじゃないですか？

その心配は、まったくありません。コンパイラは正しいオーバーロードメソッドをバインドできます。

簡単な例で、これを確認しましょう（いまの例では静的メソッドを使ったので、今度は、あえてインスタンスメソッドを使って、どちらでもデリゲートが使えることを確認します）。

リスト10-2：インスタントメソッドを使う

```
using System;

namespace Quiz1OnDelegate
{
    public delegate int Mydel1(int x, int y);
    public delegate int Mydel2(int x, int y, int z);

    class A
    {
        // インスタンスメソッドのオーバーロード
        public int Sum(int a, int b) { return a + b; }
        public int Sum(int a, int b, int c) { return a + b + c; }
    }

    class Program
    {
        static void Main(string[] args)
        {
            Console.WriteLine("*** デリゲートの問題 ***");
            int a = 25, b = 37, c=100;
            A obA1 = new A();
            A obA2 = new A();

            Mydel1 del1 = obA1.Sum;
            Console.WriteLine("del1 は Sum(int a,int b) を指しています：");
            // Sum(int a, int b) を指している
            Console.WriteLine("a と b の和は{0}", del1(a, b));

            Mydel2 del2 = obA1.Sum; // Sum(int a,int b, int c) を指している
            Console.WriteLine("del2 は Sum(int a, int b, int c) を指しています：");
            // Sum(int a, int b, int c) を指している
            Console.WriteLine("a と b と c の和は{0}", del2(a, b, c));
            // 以下の書き方でも同じ
            // Console.WriteLine("a と b と c の和は{0}", del2.Invoke(a, b, c));
            Console.ReadKey();
        }
    }
}
```

```
*** デリゲートの問題 ***
del1 は Sum(int a,int b) を指しています：
a と b の和は 62
del2 は Sum(int a, int b, int c) を指しています：
a と b と c の和は 162
```

コード解析

出力結果からわかるように、コンパイラは正しいオーバーロードメソッドを選択しています。そして、誤って以下のようにコーディングしたときは、必ずコンパイル時エラーが発生します（図10–1）。

```
del1(a, b, c)
```

❌ CS1593　デリゲート 'Mydel1' には引数 3 を指定できません。

図10–1：コーディングミスによるエラーメッセージ（CS1593）

一方、次のようにコードを書く場合もエラーになります。

```
del2(a, b)
```

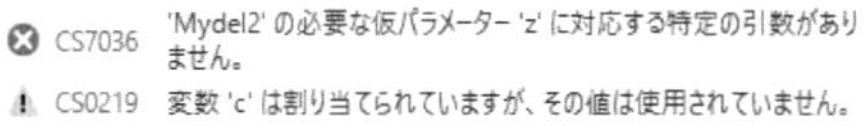

❌ CS7036　'Mydel2' の必要な仮パラメーター 'z' に対応する特定の引数がありません。
⚠ CS0219　変数 'c' は割り当てられていますが、その値は使用されていません。

図10–2：誤ったメソッドを指定するとエラーメッセージが表示される（CS7036、CS0219）

デリゲートが、しばしばタイプセーフ関数ポインタと呼ばれるのはなぜですか？

メソッドをデリゲートに渡すには、両者でシグネチャが一致しなければなりません。そのため、タイプセーフ関数ポインタと呼ばれることがよくあります。

問題

このコードはコンパイルできるでしょうか？

```
using System;

namespace Test1_Delegate
{
    public delegate int MultiDel(int a, int b);
    class A : System.Delegate  //エラー
    { ..}
}
```

解答

コンパイルできません。デリゲートクラスからの継承はできないからです（図10–3）。

> ❌ CS0644 'A' は特殊クラス 'Delegate' から派生することはできません。

図10-3：継承不可（CS0644）

10.4　マルチキャストデリゲートとチェインデリゲート

　デリゲートを使って、シグニチャが同じ複数のメソッドをカプセル化するとき、それをマルチキャストデリゲートと呼びます。マルチキャストデリゲートは、System.Delegate の子クラスである System.MulticastDelegate を継承した型です。リスト 10–3 は、マルチキャストデリゲートの例です。

リスト10-3：マルチキャストデリゲート

```
using System;

namespace MulticastDelegateEx1
{
    public delegate void MultiDel();

    class Program
    {
        public static void show1() { Console.WriteLine("Program.Show1()"); }
        public static void show2() { Console.WriteLine("Program.Show2()"); }
        public static void show3() { Console.WriteLine("Program.Show3()"); }
        static void Main(string[] args)
        {
            Console.WriteLine("*** マルチキャストデリゲートの例 ***");
            MultiDel md = new MultiDel(show1);
            md += show2;
            md += show3;
            md();
            Console.ReadKey();
        }
    }
}
```

```
 *** マルチキャストデリゲートの例 ***
Program.Show1()
Program.Show2()
Program.Show3()
```

この例では、マルチキャストデリゲートの戻り型は void のようです。何か意味があるんですか？

マルチキャストデリゲートですから、呼び出しリストには、複数のメソッドがあるでしょう。しかしメソッドやデリゲートの 1 回の呼び出しでは単一の値しか返すことができません。そのため、マルチキャストのデリゲート型は void の戻り型でなければならないのです。

void 以外の戻り値の型を試したければやってみてください。最後のメソッドからのみ、戻り値を受け取ることになります。最後のメソッドよりも前のメソッドも呼び出されますが、戻り値は破棄されます。以下の問題ではっきりするでしょう。

問題

マルチキャストデリゲートとそれに関連するメソッドには戻り値の型があります。このようなプログラムはコンパイルできるでしょうか？

```
using System;

namespace MulticastDelegateEx2
{
    public delegate int MultiDel(int a, int b);

    class Program
    {
        public static int Sum(int a, int b)
        {
            Console.Write("Program.Sum->\t");
            Console.WriteLine("和は{0}", a + b);
            return a + b;
        }
        public static int Difference(int a, int b)
        {
            Console.Write("Program.Difference->\t");
            Console.WriteLine("差は{0}", a - b) ;
            return a - b;
        }
        public static int Multiply(int a, int b)
        {
            Console.Write("Program.Multiply->\t");
            Console.WriteLine("積は{0}", a * b);
            return a * b;
        }
```

```
        static void Main(string[] args)
        {
            Console.WriteLine("***マルチキャストデリゲートのテスト ***");
            MultiDel md = new MultiDel(Sum);
            md += Difference;
            md += Multiply;
            int c = md(10, 5);
            Console.WriteLine("c の値を解析");
            Console.WriteLine("c={0}", c);
            Console.ReadKey();
        }
    }
}
```

解答

プログラムはコンパイルされます。実行結果は、以下の通りです。

```
***マルチキャストデリゲートのテスト ***
Program.Sum->      和は 15
Program.Difference->   差は 5
Program.Multiply->    積は 50
c の値を解析
c=50
```

コード解析

c の値に注意してください。プログラムをコンパイルして実行するという目的なら、マルチキャストデリゲートの戻り値の型は、void でなくてもかまいません。しかし、マルチキャストデリゲートのメソッドの戻り値に実質、型がある場合、このようなコードを作成すれば、呼び出しチェイン上の最後のメソッドから戻り値を取得します。他のすべての値は、破棄されますが、これに関するアラートはありません。ですから、マルチキャストデリゲートでは、戻り値に void を使うのが適していると言えるのです。

ということは、マルチキャストデリゲートで void 以外の型の戻り値を使っても、コンパイルエラーにはならないということですね？

そうです。ただし、最後のメソッドからしか戻り値を受け取らないことになります。それで満足できるかどうかだけの問題です。

コールバックメソッドの定義にもデリゲートを使えますか？

使えます。それはむしろ、デリゲートを用いる主な目的の1つです。

マルチキャストデリゲートの呼び出しリストとは何ですか？

マルチキャストデリゲートは、デリゲートのリンクリストを管理します。これが呼び出しリストで、1つ以上の要素から構成されます。マルチキャストデリゲートを呼び出すと、呼び出しリスト内のデリゲートが出現順に呼び出されます。前のメソッドが完了してから次が呼び出される同期的な呼び出しです。実行中にエラーが発生すると、例外が投げられます。

10.5　デリゲートの共変性と反変性

　C# 2.0 以降では、デリゲートのインスタンス化の際に、「本来指定されていた戻り値型」よりも「継承階層の下方にある型」を戻り値とするメソッドの割り当てが可能となりました。これを共変性と呼びます。そして、デリゲート型よりも継承階層の上方にある型をパラメータとしたメソッドが使えるのが反変性です。

　C# 1.0 であっても、共変性の概念は、配列においてサポートされています。たとえば C# 1.0 では、次のように書けます。

```
Console.WriteLine("*** C# 1.0 でも可能な配列の共変性 ***");
// 可能だがタイプセーフではない
object[] myObjArray = new string[5];
```

　しかし、この手法はタイプセーフではありません。以下の行が実行時エラーになるかも知れないからです（図10-4）。

```
myObjArray[0] = 10; // 実行時エラー
```

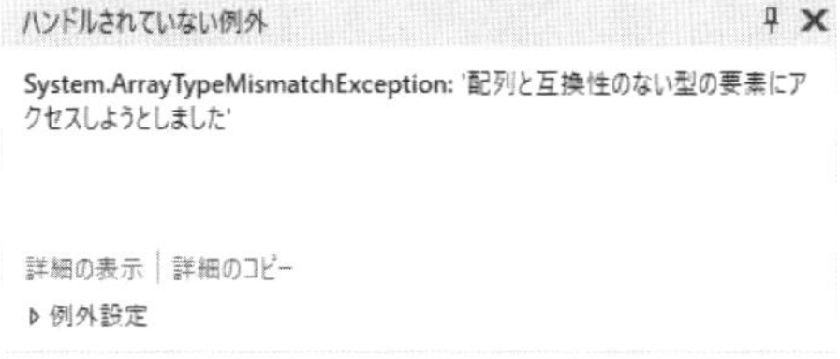

図10-4：共変性の落とし穴

10.6　デリゲートとメソッドのグループ変性における共変性

共変性と反変性は、C# 2.0 以降、デリゲートによって実現しています。C# 4.0 では、ジェネリック型パラメータ、ジェネリックインターフェイス、ジェネリックデリゲートもできるようになりました。とはいえこれまで、ジェネリックについては何も説明していません。そこで本節では、ジェネリックでないデリゲートを扱います。共変性からはじめましょう。

リスト10-4：非ジェネリックでデリゲート

```
using System;

namespace CovarianceWithDelegatesEx1
{
    class Vehicle
    {
        public Vehicle ShowVehicle()
        {
            Vehicle myVehicle = new Vehicle();
            Console.WriteLine("Vehicle オブジェクトが 1 つ作成されました");
            return myVehicle;
        }
    }
    class Bus:Vehicle
    {
        public Bus ShowBus()
        {
            Bus myBus = new Bus();
            Console.WriteLine("Bus オブジェクトが 1 つ作成されました");
            return myBus;
        }
    }

    class Program
    {
        public delegate Vehicle  ShowVehicleTypeDelegate();
        static void Main(string[] args)
        {
            Vehicle vehicle1 = new Vehicle();
            Bus bus1 = new Bus();
            Console.WriteLine("*** C# 2.0 以降で可能なデリゲートの共変性 ***");
            ShowVehicleTypeDelegate del1 = vehicle1.ShowVehicle;
            del1();
            // 基底型である Vehicle をとるはずですが、
            // 派生型である Bus をとることになりました。
            // それでも、共変性が使えるので許可されます
            ShowVehicleTypeDelegate del2 = bus1.ShowBus;
            del2();
            Console.ReadKey();
        }
    }
}
```

```
*** C# 2.0 以降で可能なデリゲートの共変性 ***
Vehicle オブジェクトが 1 つ作成されました
Bus オブジェクトが 1 つ作成されました
```

コード解析

上記のプログラムの以下の行では、コンパイラがエラーや警告を発しませんでした。

```
ShowVehicleTypeDelegate del2 = bus1.ShowBus;
```

作成したデリゲートの戻り値の型は Vehicle ですが、このデリゲートのオブジェクト del2 は、値として派生型 の Bus オブジェクトを受け取っています。

10.7　デリゲートの反変性

反変性はパラメータに関連しています。あるデリゲートが派生型パラメータを受けるメソッドを指すとします。このデリゲートで基本型パラメータを受け入れるメソッドを指すのに反変性が役立ちます（リスト 10-5）。

リスト10-5：反変性の例

```
using System;

namespace ContravariancewithDelegatesEx1
{
    class Vehicle
    {
        public void ShowVehicle(Vehicle myV)
        {
            Console.WriteLine("Vehicle.ShowVehicle");
        }
    }
    class Bus : Vehicle
    {
        public void ShowBus(Bus myB)
        {
            Console.WriteLine("Bus.ShowBus");
        }
    }

    class Program
    {
        public delegate void TakingDerivedTypeParameterDelegate(Bus v);
        static void Main(string[] args)
        {
            Vehicle vehicle1 = new Vehicle(); // OK
            Bus bus1 = new Bus(); // OK
```

```
            Console.WriteLine("***C#のデリゲートで反変性を実験***");
            // 普通の使い方
            TakingDerivedTypeParameterDelegate del1 = bus1.ShowBus;
            del1(bus1);
            // 特殊な使い方
            // 反変性
            /* デリゲートは派生型の bus オブジェクトをパラメータに
             * 受け取るメソッドを指すように定義されているが、
             * 基本型の vehicle オブジェクトをパラメータにとるメソッドも
             * 指せる点に注目 */
            TakingDerivedTypeParameterDelegate del2 = vehicle1.ShowVehicle;
            del2(bus1);
            // 注意：ここでは Vehicle オブジェクトをパラメータに取れない
            //del2(vehicle1); // これはエラー
            Console.ReadKey();
        }
    }
}
```

```
***C#のデリゲートで反変性を実験***
Bus.ShowBus
 Vehicle.ShowVehicle
```

コード解析

プログラムの内容とコメント行の説明を読めば、コードを理解できるでしょう。上の例で、デリゲート `TakingDerivedTypeParameterDelegate` は、派生型の `Bus` オブジェクトをパラメータに受け取るメソッドを期待していますが、基本型の `Vehicle` オブジェクトをパラメータとして受け取るメソッドも指すことができます。

10.8　イベント

イベントは、オブジェクトの状態が変化したことを通知したり、そのときにシグナルを発生したりするために使われます。イベント情報は、そのオブジェクトのクライアントにとって役立つものです。たとえば、GUI アプリケーションにおいて、「マウスがクリックされた」「キーが押された」というのは、イベントとして、とてもよく知られている例です。

現実世界の場面としては、Facebook などのソーシャルメディアプラットフォームを考えてみてください。Facebook 上でなにか情報を更新すると、ただちに友人たちに通知されます。これは、「オブザーバ」というデザインパターンとして非常によく知られた例です。これは、次のように考えられます。

- Facebook ページに何らかの変更を加えると、内部で何らかのイベントが発生し、友人が最新情報を取得するように処理される

- この最新情報は、その人が許可した友人としてリストに登録済みの人たちだけが受け取る。

プログラミングの観点から見ると、友達リストに登録されているかいないかの問題です。ある人の最新情報を入手したくないときは、自分の友人リストから登録を解除できます。そうです、「登録や登録解除」という用語は、イベントにも関係があるのです。

先に進む前に、次のことを覚えておいてください。

- イベントはデリゲートに関連付けられます。イベントを理解するには、まずデリゲートを学んでください。イベントが発生すると、クライアントごとにそのイベントに関連付けられたデリゲートが呼び出されます。
- .NET では、イベントはマルチキャストデリゲートとして実装されます。
- イベントは出版 – 購読型モデル（publisher-subscriber モデル）に従います。出版者（または放送局）が通知（または情報）を送り、購読者はこの通知を受け取ります。購読者は、いつでも情報の待ち受けを開始や中止できます。プログラミングの観点からは、登録や登録解除に相当します。
- 出版者は、デリゲートを含むデータ型です。購読者は、出版者のデリゲートに+=演算子を使って自分自身を登録し、そのデリゲートに-=演算子を使って登録解除します。つまり「+=」や「-=」をイベントに適用するのには特別な意味があり、代入のショートカットを示すものではありません。
- 購読者同士の通信はありません。 実は、以下のことがイベントの構築を支える重要な目標です。
    - 購入者同士の通信は許されない
    - 疎結合のシステムを構築できる状態にある
- Visual Studio を使っていると、イベント処理の作業は簡単にできてしまいます。しかし、イベント処理は C#の中核となる考え方なので、基本から学ぶのが良いと筆者は考えています。
- .NET Framework では、以下に示す、標準のイベントデザインパターンに対応するジェネリック型デリゲートが使えます。
  `public delegate void EventHandler<TEventArgs>(object sendersource, TEventArgs e) where TEventArgs :  EventArgs;`

C#におけるジェネリックは、ここではまだ学んでいませんが、.NET Framework のほとんどのイベントは、後方互換性を実現するため、このようなジェネリック型デリゲートではなく、本書でここまで使ってきた非ジェネリックのカスタムなデリゲートパターンに従います。

10.9　C#で簡単なイベントを実装する手順

以下の手順において、クラスなどの項目には、一般的な命名規則を採用しています。

- ステップ1：　**出版者クラスの作成**
  - 1.1　デリゲートを1つ作成します。まず、実装しようとしているイベントの名前を決めておきます。ここでは JobDone にしましょう。それから JobDoneEventHandler のような名前のデリゲートを作成します。
  - 1.2　デリゲートに基づいてイベントを作成します。event キーワードを使います。
  - 1.3　イベントを発生させます。標準の形式では、メソッドを protected virtual でタグ付けします。またメソッド名をイベントの名前と揃えて、先頭に On を付けます。
- ステップ2：　**購読者クラスの作成**
  - 2.1　イベント処理メソッド（イベントハンドラ）を書きます。このメソッドの名前は、On で始めるのが慣例です。

リスト 10-6 を通して確認していきましょう。

リスト10-6：イベント実装の実際

```
using System;

namespace EventEx1
{
    // ステップ 1：出版者クラスの作成
    class Publisher
    {
        // 1.1　デリゲートを作成する
        /* デリゲートの名前は
         * 「実装しようとしているイベントの名前」+ EventHandler
         * という形にする */
        public delegate void JobDoneEventHandler(object sender, EventArgs args);
        // 1.2　デリゲートに基づいてイベントを作成する
        public event JobDoneEventHandler JobDone;
        public void ProcessOneJob()
        {
            Console.WriteLine("出版者：ジョブを 1 つこなします");
            // 1.3　イベントを発生させる
            OnJobDone();
        }
        /* 標準の形式では、メソッドを protected virtual でタグ付け。
         * また、メソッド名をイベントの名前と揃えて、先頭に On を付ける */
        protected virtual void OnJobDone()
        {
            if (JobDone != null)
                JobDone(this, EventArgs.Empty);
```

```csharp
        }
    }
    // ステップ2：購読者クラスの作成
    class Subscriber
    {
        // イベント処理
        public void OnJobDoneEventHandler(object sender, EventArgs args)
        {
            Console.WriteLine("購読者が通知を受けました");
        }
    }
    class Program
    {
       static void Main(string[] args)
        {
            Console.WriteLine("***簡単なイベントのデモ ***");
            Publisher sender = new Publisher();
            Subscriber receiver = new Subscriber();
            sender.JobDone += receiver.OnJobDoneEventHandler;
            sender.ProcessOneJob();

            Console.ReadKey();
        }
    }
}
```

```
***簡単なイベントのデモ ***
出版者：ジョブを1つこなします
購読者が通知を受けました
```

複数のイベントハンドラを1つのイベントに登録できますか。

できます。

C#ではイベントをマルチキャストデリゲートとして実装するため、複数のイベントハンドラを、1つのイベントに関連付けられます。購読者としてSubscriber1とSubscriber2の2人がいて、どちらも出版者からの通知を受け取りたいとすると、以下のコードは正しく動きます。

```
Publisher sender = new Publisher();
Subscriber1 receiver = new Subscriber1();
Subscriber2 receiver2 = new Subscriber2();
sender.JobDone += receiver.OnJobDoneEventHandler;
sender.JobDone += receiver2.OnJobDoneEventHandler;
sender.ProcessOneJob();
```

覚えておこう
現実世界のコーディングでは、購読者の登録をする際には、注意すべきことがいくつかあります。たとえばリスト10-6では、イベントの登録だけをしているため、しばらくすると副作用としてメモリリークが発生するでしょう。ガベージコレクタは、これらのメモリを回収できないので、適切な場所で登録解除の操作が必要です。

10.10　イベントの引数にデータを渡す

リスト10-6をもう一度見てみると、イベント引数で具体的なものが渡されていないことがわかります（図10-5）。

```
/* 標準の形式では、メソッドをprotected virtualでタグ付け。
protected virtual void OnJobDone()
{
    if (JobDone != null)
        JobDone(this, EventArgs.Empty);
}
```

図10-5：イベント引数で渡されているのは…

実際のプログラミングでは、`EventArgs.Empty`（または`null`）ではなく、具体的な情報を渡します。そのような場面では、次の手順に従います。

1. `System.EventArgs` のサブクラスを作成。
2. 目的のデータをイベントと一緒にカプセル化する。リスト10-7で、プロパティを用いてこれを実現する例を示します。
3. このクラスのインスタンスを作成してイベントに渡す。

リスト10-7は、リスト10-6を少しだけ修正し、違いをより明らかにしたものです。

リスト10-7：引数に明確なものを渡す

```
using System;

namespace EventEx2
{
    // 手順A　System.EventArgs のサブクラスを作成
```

```csharp
public class JobNoEventArgs : EventArgs
{
    // 手順B　目的のデータをイベントと一緒にカプセル化。プロパティを用いる
    private int jobNo;
    public int JobNo
    {
        get
        {
            return jobNo;
        }
        set
        {
            JobNo = value;
        }
    }
    public JobNoEventArgs(int jobNo)
    {
        this.jobNo = jobNo;
    }
}
// ステップ1：出版者クラスの作成
class Publisher
{
    // 1.1　デリゲートを作成する。
    /* デリゲートの名前は
     * 「実装しようとしているイベントの名前」+ EventHandler
     * という形にする。*/
    // public delegate void JobDoneEventHandler(
    //     object sender, EventArgs args);
    public delegate void JobDoneEventHandler(
        object sender, JobNoEventArgs args);
    // 1.2　デリゲートに基づいてイベントを作成する
    public event JobDoneEventHandler JobDone;
    public void ProcessOneJob()
    {
        Console.WriteLine("出版者：ジョブを１つこなします");
        // 1.3　イベントを発生させる
        OnJobDone();
    }
    /* 標準の形式では、メソッドを protected virtual でタグ付け。
     * また、メソッド名をイベントの名前と揃えて、先頭に On を付ける */
    protected virtual void OnJobDone()
    {
        if (JobDone != null)
            // 手順C　最終的にイベント生成クラスのインスタンスを作成して
            //        イベントに渡す
            JobDone(this, new JobNoEventArgs(1));
    }
}
// ステップ2：購読者クラスの作成
class Subscriber
{
```

```
        // イベント処理
        public void OnJobDoneEventHandler(object sender, JobNoEventArgs args)
        {
            Console.WriteLine(
                "購読者が通知を受けました。処理されたジョブ数は{0}",args.JobNo);
        }
    }

    class Program
    {
        static void Main(string[] args)
        {
            Console.WriteLine(
                "*** イベントの例　その2：データをイベントとともに渡す ***");
            Publisher sender = new Publisher();
            Subscriber receiver = new Subscriber();
            sender.JobDone += receiver.OnJobDoneEventHandler;
            sender.ProcessOneJob();
            Console.ReadKey();
        }
    }
}
```

```
*** イベントの例　その2：データをイベントとともに渡す ***
出版者：ジョブを1つこなします
購読者が通知を受けました。処理されたジョブ数は1
```

コード解析

　この結果から、説明したメカニズムに従って、イベントを発生させているときに追加情報（処理されたジョブの数）を取得できることがわかります。

10.11　イベントアクセサ

　イベントに関する最初のプログラム（EventEx1）に戻り、そこでは、イベントを以下のように宣言したのを確認してください。

```
public event JobDoneEventHandler JobDone;
```

　コンパイラは、この宣言を private なデリゲート型のフィールドに変換し、2つのイベントアクセサ「add」と「remove」を提供します。
　以下のコードに相当する動作です。

```
// public event JobDoneEventHandler JobDone;
#region カスタムイベントアクセサ
private JobDoneEventHandler _JobDone;
public event JobDoneEventHandler JobDone
{
    add
    {
        _JobDone += value;
    }
    remove
    {
        _JobDone -= value;
    }
}
#endregion
```

プログラム EventEx1 において、コードを上記のように置き換える場合は、次のように OnJobDone() メソッドを修正する必要があります。

```
protected virtual void OnJobDone()
{
    //if (JobDone != null)
    //    JobDone(this, EventArgs.Empty);
    // カスタムなイベントアクセサの場合は、次のようにする
    if (_JobDone != null)
        _JobDone(this, EventArgs.Empty);
}
```

コンパイラの行う仕事は、IL コードを見れば確認できます。

IL コードを見ると、コンパイル時に add と remove に相当する内容が add_<EventName> と remove_<EventName> という名前で生成されていることがわかります（図 10-6）。

図10-6：IL コードを確認する

コンパイラが何もかもやってくれるのなら、なぜ私たちは、こうした詳細を知る必要があるので

しょうか？　簡単な理由は、以下のような場合に対処するためです。

- これらのアクセサを自分自身で定義し、別のことでも制御できるようにしたいとき。たとえば、特別な種類の検証をするとか、より多くの情報を記録したいなど。
- インターフェイスを明示的に実装しようとする際、そのインターフェイスに、すでにイベントが含まれているとき。

では、EventEx2 プログラム（リスト 10–7）を少し修正しましょう。今度は、カスタムアクセサを使って、追加情報を記録します。リスト 10–8 の出力を見てみましょう。

リスト10–8：リスト 10-7 を少々修正

```csharp
using System;

namespace EventAccessorsEx1
{
    // 手順A    System.EventArgs のサブクラスを作成
    public class JobNoEventArgs : EventArgs
    {
        // 手順B    目的のデータをイベントと一緒にカプセル化。
        //          このプログラムでもプロパティを用いる
        private int jobNo;
        public int JobNo
        {
            get
            {
                return jobNo;
            }
            set
            {
                JobNo = value;
            }
        }
        public JobNoEventArgs(int jobNo)
        {
            this.jobNo = jobNo;
        }
    }
    // ステップ 1：出版者クラスの作成
    class Publisher
    {
        // 1.1   デリゲートを作成する。
        /* デリゲートの名前は
         * 「実装しようとしているイベントの名前」+ EventHandler
         * という形にする。  */
        // public delegate void JobDoneEventHandler(
        //     object sender, EventArgs args);
        public delegate void JobDoneEventHandler(
            object sender, JobNoEventArgs args);
        // 1.2   デリゲートに基づいてイベントを作成する
```

10.11 イベントアクセサ

```csharp
        //public event JobDoneEventHandler JobDone;
        #region カスタムイベントアクセサ
        private JobDoneEventHandler _JobDone;
        public event JobDoneEventHandler JobDone
        {
            add
            {
                Console.WriteLine("アクセサエントリ add の中にいます");
                _JobDone += value;
            }
            remove
            {
                _JobDone -= value;
                Console.WriteLine("登録解除完了。remove アクセサを抜けます");
            }
        }
        #endregion
        public void ProcessOneJob()
        {
            Console.WriteLine("出版者：ジョブを 1 つこなします");
            // 1.3  イベントを発生させる
            OnJobDone();
        }
        /* 標準の形式では、メソッドを protected virtual でタグ付け。
         * また、メソッド名をイベントの名前と揃えて、先頭に On を付ける */
        protected virtual void OnJobDone()
        {
            if (_JobDone != null)
                // 手順 C  最終的にイベント生成クラスのインスタンスを作成して
                //         イベントに渡す。
                _JobDone(this, new JobNoEventArgs(1));
        }
    }
    // ステップ 2：購読者クラスの作成
    class Subscriber
    {
        // イベント処理
        public void OnJobDoneEventHandler(object sender, JobNoEventArgs args)
        {
            Console.WriteLine(
                "購読者が通知を受けました。処理されたジョブ数は{0}", args.JobNo);
        }
    }

    class Program
    {
        static void Main(string[] args)
        {
            Console.WriteLine("*** カスタムイベントアクセサの実験 ***");
            Publisher sender = new Publisher();
            Subscriber receiver = new Subscriber();
            // 登録する
```

```
            sender.JobDone += receiver.OnJobDoneEventHandler;
            sender.ProcessOneJob();
            // 登録解除する
            sender.JobDone -= receiver.OnJobDoneEventHandler;
            Console.ReadKey();
        }
    }
}
```

```
*** カスタムイベントアクセサの実験 ***
アクセサエントリ add の中にいます
出版者：ジョブを 1 つこなします
購読者が通知を受けました。処理されたジョブ数は 1
登録解除完了。remove アクセサを抜けます
```

カスタムイベントアクセサを作ったり使ったりするときは、ロックの動作も実装することをお勧めします。これは以下のように書けます。

```
#region カスタムイベントアクセサ
private JobDoneEventHandler _JobDone;
public object lockObject = new object();
public event JobDoneEventHandler JobDone
{
    add
    {
        lock (lockObject)
        {
            Console.WriteLine("アクセサエントリ add の中にいます");
            _JobDone += value;
        }
    }
    remove
    {
        lock (lockObject)
        {
            _JobDone -= value;
            Console.WriteLine("登録解除完了。remove アクセサを抜けます");
        }
    }
}
#endregion
```

一般にロック操作は、処理を遅くします。しかし、ここではコード例を簡単にするために、そのことは考えないことにしました。

イベントにはどのような修飾子を付けられますか？

サンプルプログラムでは、virtual キーワードを使ってきました。これをオーバーライドしてイベントを作れるのは容易に想像できるでしょう。他に abstract、 sealed、static も付けられます。

10.12　まとめ

この章では、以下の内容を扱いました。

- デリゲートとは何か、なぜ重要なのか
- プログラムでのデリゲートの書き方
- デリゲートがタイプセーフである理由
- マルチキャストデリゲート
- デリゲートによって、どのように共変性と反変性を実現しているか
- イベントとその使い方
- イベント引数とともにデータを渡す方法
- イベントアクセサとその使い方

第11章 無名関数で柔軟性を実現する

11.1 無名メソッドとラムダ関数

　デリゲートを用いたプログラム DelegateEx1（第 10 章のリスト 10-1）に戻りましょう。このコードに、同じ出力を得る、数行のコードを追加します。出力を得るまでの違いを理解しやすくするため、古いコードはそのまま残しておきます。

　何を追加したかに注意して見てください。追加したコードは、無名メソッドやラムダ式をより理解するのに役立ちます。無名メソッドは C# 2.0 で導入され、ラムダ式は C# 3.0 で導入されました。

　名称が示すように、C#では、名前のないメソッドのことを無名（匿名、アノニマス）メソッドと呼びます。無名メソッドの主な目的は、やりたいことをすばやく完了することで、これはコードを少なくすることと同義です。無名メソッドのコードブロックは、デリゲートのパラメータとして使うこともできます。

　ラムダ式も名前のないメソッドです。ラムダ式は、デリゲートインスタンスの代わりに使われます。コンパイラは、ラムダ式をデリゲートインスタンスや「式ツリー」に変換できます（本書では「式ツリー」に関する議論はしません）。

　リスト 11-1 では、2 つのコードブロックを追加しました。1 つは無名メソッド用、もう 1 つはラムダ式用です。どちらも、同じ出力結果になります。

リスト11-1：リスト 10-1 に無名メソッドとラムダ式を追加

```
using System;

namespace LambdaExpressionEx1
{
    public delegate int Mydel(int x, int y);

    class Program
    {
        public static int Sum(int a, int b) { return a + b; }
```

```
        static void Main(string[] args)
        {
            Console.WriteLine("*** ラムダ式の実験 ***");
            // デリゲートもラムダ式も使わない場合
            int a = 25, b = 37;
            Console.WriteLine("\n デリゲートを使わずに Sum メソッドを呼ぶ：");
            Console.WriteLine("a と b の和は{0}", Sum(a, b));

            // デリゲートを用いる（名前のあるメソッドの初期化）
            Mydel del = new Mydel(Sum);
            Console.WriteLine("\n デリゲート使用中：");
            Console.WriteLine("デリゲートを使って Sum メソッドを呼ぶ：");
            Console.WriteLine("a と b の和は{0}", del(a, b));

            // 無名メソッドを用いる（C# 2.0 以降）
            Mydel del2 = delegate (int x, int y) { return x + y; };
            Console.WriteLine("\n 無名メソッド使用中： ");
            Console.WriteLine("無名メソッドを用いて Sum メソッドを呼ぶ：");
            Console.WriteLine("a と b の和は{0}", del2(a, b));

            // ラムダ式を用いる（C# 3.0 以降）
            Console.WriteLine("\n ラムダ式使用中：");
            Mydel sumOfTwoIntegers = (x1, y1) => x1 + y1;
            Console.WriteLine("a と b の和は{0}", sumOfTwoIntegers(a, b));
            Console.ReadKey();
        }
    }
}
```

```
*** ラムダ式の実験 ***

デリゲートを使わずに Sum メソッドを呼ぶ：
a と b の和は 62

デリゲート使用中：
デリゲートを使って Sum メソッドを呼ぶ：
a と b の和は 62

無名メソッド使用中：
無名メソッドを用いて Sum メソッドを呼ぶ：
a と b の和は 62

ラムダ式使用中：
a と b の和は 62
```

コード解析

ラムダ式の主な特徴は、以下の通りです。

- 名前のない「無名メソッド」であり、デリゲートインスタンスの代わりに記述される。

11.1 無名メソッドとラムダ関数

- ラムダ式の中には、デリゲートや式ツリーを作成するための式や文を書ける（LINQ クエリや式ツリーについての説明は、本書では割愛する）。

リスト 11–1 には、次のデリゲートがあります。

```
public delegate int Mydel(int x, int y);
```

そして、ラムダ式を次のように作成し、呼び出しています。

```
(x1, y1) => x1 + y1
```

ラムダ式における、それぞれのパラメータは、デリゲートパラメータ（この場合は x1 が x、y1 が y）に対応し、式のデータ型（この場合は x + y が int）はデリゲートの戻り値の型に対応します。
ラムダ演算子「=>」（ゴーズトゥーという読み方がある）は、ラムダ式のなかで使われます。この演算子は、右結合性（右項と結合している）で、優先順位は代入（=）演算子と同じです。

- ラムダ演算子を挟んで入力パラメータを左側、式や文を右側に置く。
- パラメータが 1 つしかない場合は、パラメータ部分の括弧を省略できる。たとえば、数の 2 乗を計算するラムダ式は、次のように記述できる。
    ```
    x => x * x
    ```

覚えておこう
・ 無名メソッドは C# 2.0、ラムダ式は C# 3.0 で導入されました。両者は似ていますが、ラムダ式のほうが簡潔で、専門家は、プログラムのターゲットが.NET Framework バージョン 3.5 以上であれば、ラムダ式を使うべきだとしています。C#では 2 つをまとめて無名関数と総称します。
・ 無名メソッドの中では、アンセーフコードや break、goto、continue などのジャンプ文の使用を避けるべきです。

無名メソッドは処理が速くてコードが短くなるということは、常に、無名メソッドを使うのが良いのでしょうか？

そういうわけではありません。「覚えておこう」で述べたように、無名メソッドの中で使うべきではないコードがあります。
類似の機能を何度も書くのに、無名メソッドを使うのはよくありません。

11.2　Funcデリゲート、Actionデリゲート、Predicateデリゲート

　これから、ジェネリック型を扱う重要なデリゲートを3つ、駆け足で見ていきます。ここでこの話題に触れるのは、これらの3つのデリゲートは、ラムダ式や無名メソッドとよく関連付けられるからです。ジェネリック型を扱っていくので、基本的な知識が豊富ではない読者は、他の参考書で概略を学んでから戻ってきてください。

Funcデリゲート

　Funcデリゲートは、0個から16個の入力パラメータをとり、戻り値の型は常に1つのデリゲートです。C#にあらかじめ備わっており、すぐに使えます。次のメソッドを考えてみましょう。

```
private static string ShowStudent(string name, int rollNo)
{
    return string.Format("学生の名前は{0}で学籍番号は{1}です。", name, rollNo);
}
```

　デリゲートを使って、このメソッドを呼び出すには、次のようにします。

　ステップ1　次のようなデリゲートを定義します。
　　`public delegate string Mydel(string n, int r);`
　ステップ2　このデリゲートにメソッドを割り当てます。書き方は、次の通りです。
　　`Mydel myDelOb = new Mydel (ShowStudent);`
　　簡便法で書くと、次のようになります。
　　`Mydel myDelOb = ShowStudent;`
　ステップ3　以上の操作をしたら、次のようにして、メソッドを呼び出せます。
　　`myDelOb.Invoke ("Jon", 5);`
　　簡便法で書くと、次のようになります。
　　`myDelOb ("Jon", 5);`

　さてFuncデリゲートを使うと、上記のコードを次のように簡単に書けます。

```
Func<string, int, string> student = new Func<string, int, string>(ShowStudent);
Console.WriteLine(ShowStudent("Amit", 1));
```

　このFuncデリゲートは、stringとintが2つの入力型、stringは戻り値の型というように、完全に対応することが想像できると思います。Visual Studioでは、コード上のこの部分にカーソルを乗せると、最後のパラメータだけが関数の戻り値の型、その他のパラメータは入力型と見なされているのがわかります（図11-1）。

11.2 Func デリゲート、Action デリゲート、Predicate デリゲート

```
Func<string, int, string> student = new Func<string, int, string>(ShowStudent);
```

> delegate TResult System.Func<in T1, in T2, out TResult>(T1 arg1, T2 arg2)
> Encapsulates a method that has two parameters and returns a value of the type specified by the TResult parameter.
>
> T1 is string
> T2 is int
> TResult is string

図11-1：Visual Studio でパラメータの型を見る

 メソッドの入力パラメータの数は、メソッドによって異なります。パラメータ数が、いま例示された 2 つより多かったり少なかったりする関数では、Func をどのように使えますか？

Func デリゲートは 0 個から 16 個までの入力パラメータを認識します。したがって、以下に挙げる、どの形式でも使えます。

```
Func<T, TResult>
Func<T1, T2, TResult>
Func<T1, T2, T3, TResult>
.....
Func<T1, T2, T3..., T15, T16, TResult>
```

Action デリゲート

Action デリゲートも、あらかじめ C#に備わっているデリゲートです。0 個から 16 個の入力パラメータを受け取ることができますが、戻り型はありません。以下のように、3 つの入力パラメータを取り、戻り型が void である SumOfThreeNumbers メソッドがあるとします。

```
private static void SumOfThreeNumbers(int i1, int i2, int i3)
{
    int sum = i1 + i2 + i3;
    Console.WriteLine("{0},{1},{2}の和は{3}です。", i1, i2, i3, sum);
}
```

このとき Action デリゲートを使って、以下のように 3 つの整数の合計を取得できます。

```
Action<int, int, int> sum = new Action<int, int, int>(SumOfThreeNumbers);
sum(10, 3, 7);
```

Predicate デリゲート

　Predicate デリゲートは、何かを評価するために使われます。たとえば、あるメソッドでいくつかの基準を定義し、オブジェクトがその基準を満たすことができるかどうかを確認する必要があるとします。次のメソッドを考えてみましょう。

```
private static bool GreaterThan100(int myInt)
{
    return myInt > 100 ? true : false;
}
```

　このメソッドは、入力が100より大きいかどうかを評価します。次のように、Predicate デリゲートを使うことでも、同じように評価できます。

```
Predicate<int> isGreater = new Predicate<int>(GreaterThan100);
Console.WriteLine("125 は 100 より大きいか？ {0}", isGreater(125));
Console.WriteLine("60 は 100 より大きいか？ {0}", isGreater(60));
```

　リスト11-2に、これまで説明した3種の既製デリゲートの使い方を簡単なプログラムとしてまとめました。

リスト11-2：3種のデリゲートを盛り込んだプログラム

```
using System;

namespace Test1_FuncVsActionVsPredicate
{
    class Program
    {
        static void Main(string[] args)
        {
            Console.WriteLine("*** Func, Action, Predicate のデリゲートを試す ***");
            // Func デリゲート
            Console.WriteLine("<---Func を使う--->");
            Func<string, int, string> student =
                new Func<string, int, string>(ShowStudent);
            Console.WriteLine(ShowStudent("Amit", 1));
            Console.WriteLine(ShowStudent("Sumit", 2));
            // Action デリゲート
            Console.WriteLine("<---Action を使う--->");
            Action<int, int, int> sum =
                new Action<int, int, int>(SumOfThreeNumbers);
            sum(10, 3, 7);
            sum(5, 10, 15);

            // Predicate デリゲート
            Console.WriteLine("<--Predicate を使う--->");
            Predicate<int> isGreater = new Predicate<int>(GreaterThan100);
```

```
                Console.WriteLine("125 は 100 より大きいか？ {0}", isGreater(125));
                Console.WriteLine("60 は 100 より大きいか？ {0}", isGreater(60));
                Console.ReadKey();
        }
        private static string ShowStudent(string name, int rollNo)
        {
            return string.Format("学生の名前は{0}で学籍番号は{1}です。",
                name, rollNo);

        }
        private static void SumOfThreeNumbers(int i1, int i2, int i3)
        {
            int sum = i1 + i2 + i3;
            Console.WriteLine("{0},{1},{2}の和は{3}です。",
                i1, i2, i3, sum);
        }
        private static bool GreaterThan100(int myInt)
        {
            return myInt > 100 ? true : false;
        }
    }
}
```

```
*** Func, Action, Predicate のデリゲートを試す ***
<---Func を使う--->
学生の名前は Amit で学籍番号は 1 です。
学生の名前は Sumit で学籍番号は 2 です。
<---Action を使う--->
10,3,7 の和は 20 です。
5,10,15 の和は 30 です。
<--Predicate を使う--->
125 は 100 より大きいか？ True
60 は 100 より大きいか？ False
```

11.3　まとめ

本章では、次の項目を解説しました。

- 無名メソッド
- ラムダ式
- Func デリゲート、Action デリゲート、Predicate デリゲート
- 上記の 3 つを、どのように C#アプリケーションに使うのが効率的か

第12章 ジェネリック

12.1　ジェネリックと従来のプログラムとを比較する

　ジェネリックは、C#の重要な考え方のひとつです。C# 2.0 で登場してから機能が追加され、活躍の場が広がってきました。

　ジェネリックの効力を理解するために、まずはジェネリックを用いない従来のプログラムを書いてみて、次にジェネリックのプログラムを書いていきます。そして両者の比較分析をすれば、ジェネリックプログラミングの利点が見出されることでしょう。リスト 12-1 とその出力を見てください。

リスト12-1：ジェネリックを使わない従来のプログラム

```
using System;

namespace NonGenericEx
{
    class NonGenericEx
    {
        public int ShowInteger(int i)
        {
            return i;
        }
        public string ShowString(string s1)
        {
            return s1;
        }
    }
    class Program
    {
        static void Main(string[] args)
        {
            Console.WriteLine("***ジェネリックを使わないプログラム ***");
            NonGenericEx nonGenericOb = new NonGenericEx();
            Console.WriteLine("ShowInteger の戻り値は{0}",
                nonGenericOb.ShowInteger(25));
```

```
            Console.WriteLine("ShowString の戻り値は{0}",
                nonGenericOb.ShowString("ジェネリックでないメソッドが呼ばれました"));
            Console.ReadKey();
        }
    }
}
```

```
***ジェネリックを使わないプログラム ***
ShowInteger の戻り値は 25
ShowString の戻り値はジェネリックでないメソッドが呼ばれました
```

では、ジェネリックを用いたプログラムを紹介しましょう。その前に、以下の重要な点を押さえておいてください。

- ジェネリックのクラス指定は<>で囲みます。
- ジェネリックプログラムでは、クラスの定義において、そのメソッドのシグニチャ、フィールド、パラメータなどのデータ型をプレースホルダの形で記述できます。プレースホルダはオブジェクト作成時などに、特定のデータ型に置き換えられます。

以下はジェネリッククラスについての Microsoft の解説です。

> ジェネリックのクラスとメソッドは、非ジェネリックでは不可能な方法で、再利用性、タイプ セーフ、効率性を同時に実現しています。ジェネリックは、コレクションとそれを操作するメソッドとともに使用されるのが通常です。
> .NET Framework クラスライブラリのバージョン 2.0 には、いくつかの新しいジェネリックベースのコレクションクラスを含む新しい名前空間、`System.Collections.Generic` が用意されています。
> .NET Framework 2.0 以降を対象とするすべてのアプリケーションでは、`ArrayList` などの以前の非ジェネリックコレクションクラスの代わりに、新しいジェネリックコレクションクラスを使用することをお勧めします。
> (https://docs.microsoft.com/ja-jp/dotnet/csharp/programming-guide/generics/introduction-to-generics)

では、リスト 12-2 を見てください。

リスト12-2：リスト 12-1 をジェネリックを使って書き換える

```csharp
using System;

namespace GenericProgrammingEx1
{
    class MyGenericClass<T>
    {
        public T Show(T value)
        {
            return value;
        }
    }
    class Program
    {
        static void Main(string[] args)
        {
            Console.WriteLine("*** ジェネリック入門 ***");
            MyGenericClass<int> myGenericClassIntOb = new MyGenericClass<int>();
            Console.WriteLine(
                "Show の戻り値は{0}", myGenericClassIntOb.Show(100));
            MyGenericClass<string> myGenericClassStringOb =
                new MyGenericClass<string>();
            Console.WriteLine("Show の戻り値は{0}",
                myGenericClassStringOb.Show("ジェネリックなメソッドが呼ばれました"));

            MyGenericClass<double> myGenericClassDoubleOb =
                new MyGenericClass<double>();
            Console.WriteLine("Show の戻り値は{0}",
                myGenericClassDoubleOb.Show(100.5));
            Console.ReadKey();
        }
    }
}
```

```
*** ジェネリック入門 ***
Show の戻り値は 100
Show の戻り値はジェネリックなメソッドが呼ばれました
Show の戻り値は 100.5
```

コード解析

リスト 12-1 とリスト 12-2 を比較分析すると、次のような特徴がわかってきます。

- 従来のメソッドの記法では、`ShowInteger()` や `ShowString()` などのメソッドを指定して特定のデータ型を処理しなければなりませんが、ジェネリックなバージョンでは、`Show()` で足ります。このように、コードの行数が少なくなり、コード量が小さくなります。
- リスト 12-1 の `Main()` 内の 2 行目を次のように書くと、図 12-1 のようなコンパイル時エラーが発生します。

```
// エラー
Console.WriteLine("ShowDouble の戻り値は{0}", nonGenericOb.ShowDouble(25.5));
```

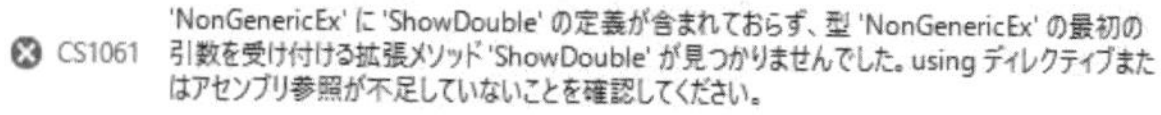

⊗ CS1061　'NonGenericEx' に 'ShowDouble' の定義が含まれておらず、型 'NonGenericEx' の最初の引数を受け付ける拡張メソッド 'ShowDouble' が見つかりませんでした。using ディレクティブまたはアセンブリ参照が不足していないことを確認してください。

図12-1：コンパイルからのメッセージ（CS1061）

　エラーの理由は簡単です。リスト 12-1 では、「ShowDouble(double d)」メソッドを定義していません。このエラーを回避するには、図 12-2 のように NonGenericEx クラスに追加のメソッドを含めます。

```
class NonGenericEx
{
    public int ShowInteger(int i)
    {
        return i;
    }
    public string ShowString(string s1)
    {
        return s1;
    }
    public double ShowDouble(double d)
    {
        return d;
    }
}
```

図12-2：コンパイルエラーを回避する方法

分析

　図 12-2 のようにコードを追加すると、NonGenericEx クラスのコードサイズが大きくなります。なぜなら、データ型「double」を個別に処理しようとしているためです。

　改めてリスト 12-2 を見てください。MyGenericClass を変更せずに double データ型の取得操作をしています。このように、ジェネリックを用いるほうが、データ型の変化に対して柔軟であるのがわかります。

特記事項

　ジェネリックプログラミングが従来のプログラミングよりも柔軟性があり、必要なコードの行数が少なくて済むというのは、他の多くの場合についても当てはまります。

　リスト 12-3 を考えてみましょう。

リスト12-3：ダウンキャストを使った実験

```
using System;
using System.Collections;

namespace GenericEx2
{
    class Program
```

```csharp
{
    static void Main(string[] args)
    {
        Console.WriteLine("*** ジェネリックで実行時エラーを回避 ***");
        ArrayList myList = new ArrayList();
        myList.Add(10);
        myList.Add(20);
        myList.Add("Invalid");
        // コンパイルエラーはないが、実行時エラーが生じる
        foreach (int myInt in myList)
        {
            Console.WriteLine((int)myInt); // ダウンキャスト
        }
        Console.ReadKey();
    }
}
```

図12-3を見る限り、このプログラムでコンパイルエラーは発生しません。

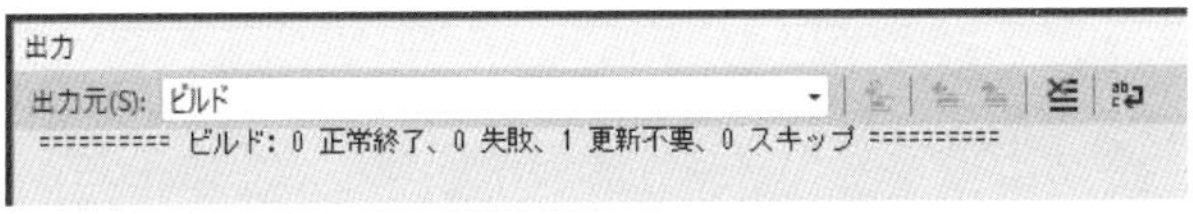

図12-3：ビルドは正常終了している

しかし実行時には、図12-4に示すように、エラーが発生します。

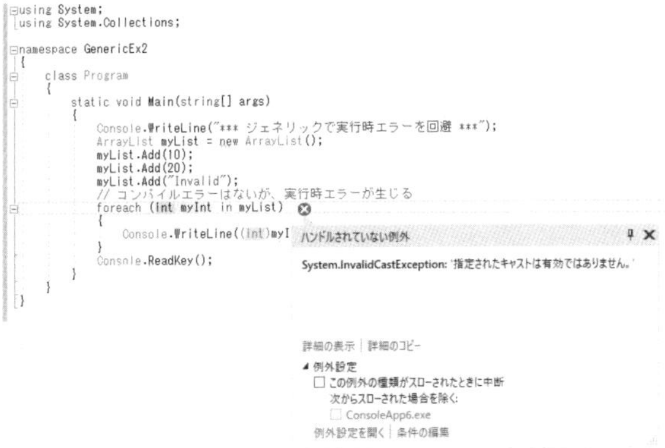

図12-4：実行時エラーが表示される

これは、プログラム中の`ArrayList`の3番目の要素である`myList[2]`が、整数ではなく文字列であるためです。コンパイル時には、`Object`型として格納されていたため、問題は発生しませんでした。図12-4の画面をよく見て検討してください。

コード解析

この種のプログラミングでは、ボックス化とダウンキャストの処理に負担がかかる恐れがあります。

リスト12-4のプログラムを考えてみましょう。

リスト12-4：リスト12-3にジェネリックを使う

```
using System;
using System.Collections.Generic;

namespace GenericEx3
{
    class Program
    {
        static void Main(string[] args)
        {
            Console.WriteLine("***ジェネリックでランタイムエラーを回避 ***");
            List<int> myGenericList = new List<int>();
            myGenericList.Add(10);
            myGenericList.Add(20);
            myGenericList.Add("無効");
            // コンパイル時エラー
            foreach (int myInt in myGenericList)
            {
                Console.WriteLine((int)myInt); // ダウンキャスト
            }
            Console.ReadKey();
        }
    }
}
```

❌ CS1503 引数 1: は 'string' から 'int' へ変換することはできません。

図12-5：キャスト失敗のお知らせ（CS1503）

この場合は、`myGenericList`は整数のみを保持する目的を明らかにしていますから、文字列を追加できないというエラーがコンパイル時に発生します。実行時までエラーの発生がわからなかったという事態にならずにすみます。

分析

リスト12-3とリスト12-4とを比較すると、以下のことがわかります。

- 実行時エラーを回避するために、できる限り従来の書き方の代わりにジェネリックを用いるべきです。
- ジェネリックプログラミングではボックス化とその解除に伴うペナルティを回避できます。
- 文字列を保持するリストを作成するには「`List <string>myGenericList2 = new List`

12.1 ジェネリックと従来のプログラムとを比較する

`<string>();`」という式を用います。List <T>は、従来の ArrayList よりも柔軟で使いやすい形式です。

従業員を表すクラスが、属性として従業員 ID と部署名を持つとしましょう。2 人の従業員が同一かどうかを判断するための簡単なプログラムをリスト 12-5 のように書きます。ただし作成するクラスは、この比較メソッドの仕様を定義するジェネリックインターフェイスから派生させることにします。

リスト12-5：自己参照ジェネリック型を使う

```
using System;

namespace GenericEx4
{
    interface ISameEmployee<T>
    {
        string CheckForIdenticalEmployee(T obj);
    }
    class Employee : ISameEmployee<Employee>
    {
        string deptName;
        int employeeID;
        public Employee(string deptName, int employeeId)
        {
            this.deptName = deptName;
            this.employeeID = employeeId;
        }
        public string CheckForIdenticalEmployee(Employee obj)
        {
            if (obj == null)
            {
                return "null オブジェクトとの比較はできません";
            }
            else
            {
                if (this.deptName == obj.deptName
                    && this.employeeID == obj.employeeID)
                {
                    return "両者は同一です";
                }
                else
                {
                    return "両者は別人です";
                }
            }
        }
    }
```

```
class Program
{
    static void Main(string[] args)
    {
        Console.WriteLine(
            "**Employee クラスに属性 deptName と employeeID があるとします ***");
        Console.WriteLine(
            "*** 2 つの Employee オブジェクトが同じかどうか調べます ***");
        Console.WriteLine();
        Employee emp1 = new Employee("Maths", 1);
        Employee emp2 = new Employee("Maths", 2);
        Employee emp3 = new Employee("Comp. Sc.", 1);
        Employee emp4 = new Employee("Maths", 2);
        Employee emp5 = null;
        Console.WriteLine(
            "Emp1 と Emp3 を比べると、{0}", emp1.CheckForIdenticalEmployee(emp3));
        Console.WriteLine(
            "Emp2 と Emp4 を比べると、{0}", emp2.CheckForIdenticalEmployee(emp4));
        Console.WriteLine(
            "Emp3 と Emp5 を比べると、{0}", emp3.CheckForIdenticalEmployee(emp5));
        Console.ReadKey();
    }
}
```

```
**Employee クラスに属性 deptName と employeeID があるとします ***
*** 2 つの Employee オブジェクトが同じかどうか調べます ***

Emp1 と Emp3 を比べると、両者は別人です
Emp2 と Emp4 を比べると、両者は同一です
Emp3 と Emp5 を比べると、null オブジェクトとの比較はできません
```

コード解析

　これは、ジェネリック型において、あるデータ型が自分自身のインスタンスを指定する場合の例です。これが自己参照ジェネリック型です。

12.2　特別なキーワード「default」

　switch ステートメントにおいて default キーワードを使うことは、よく知っているでしょう。switch ステートメントにおける default は、どの条件にも引っかからない場合を指すものです。一方、ジェネリックプログラミングで使うときの default は、特別な意味を持ちます。

　ジェネリックプログラミングでは default を使って、ジェネリック型をそれらの既定値で初期化します。たとえば、参照型では null、値型では各ビットがゼロです。

　リスト 12-6 を考えてみましょう。

リスト12-6：default を使った例

```
using System;

namespace CaseStudyWithDefault
{
    class Program
    {
        static void Main(string[] args)
        {
            Console.WriteLine("***キーワード default のケーススタディ ***");
            Console.WriteLine("default(int) の値は{0}", default(int)); // 0
            bool b1 = (default(int) == null); // False
            Console.WriteLine("default(int) は null か？ 答えは{0}", b1);
            Console.WriteLine("default(string) は{0}", default(string)); // null
            bool b2 = (default(string) == null); // True
            Console.WriteLine("default(sring) は null か？ 答えは{0}", b2);
            Console.ReadKey();
        }
    }
}
```

```
***キーワード default のケーススタディ ***
default(int) の値は 0
default(int) は null か？ 答えは False
default(string) は
default(sring) は null か？ 答えは True
```

コード解析

大切なのは int が値型で、string が参照型ということです。前述のプログラムと出力で、それぞれの既定値を確認できます。

12.3 代入

オブジェクトを3つまで保管できる場所があるとしましょう。格納を表現するには、配列が使えます。そこで、この保管場所に任意のデータ型を格納し、さらに、検索することができるプログラムをジェネリックの形で書いてみましょう。このとき default キーワードを使って、配列をそれぞれのデータ型で初期化します。

リスト 12-7 は、その実装例です。

リスト12-7：ジェネリックで default を使う

```
using System;

namespace Assignment
{
    public class MyStoreHouse<T>
    {
        T[] myStore = new T[3];
        int position = 0;
        public MyStoreHouse()
        {
            for (int i = 0; i < myStore.Length; i++)
            {
                myStore[i] = default(T);
            }
        }
        public void AddToStore(T value)
        {
            if (position < myStore.Length)
            {
                myStore[position] = value;
                position++;
            }
            else
            {
                Console.WriteLine("保管場所はもういっぱいです");
            }
        }

        public void RetrieveFromStore()
        {
            foreach (T t in myStore)
            {
                Console.WriteLine(t);
            }
            // もしくは次のブロックのように書く
            //for (int i = 0; i < myStore.Length; i++)
            //{
            //    Console.WriteLine(myStore[i]);
            //}

        }
    }
    class Program
    {
        static void Main(string[] args)
        {
            Console.WriteLine(
                "***ジェネリックプログラムでキーワード default を用いる事例 ***");
            Console.WriteLine("***\n 整数の保管場所を作成***");
            MyStoreHouse<int> intStore = new MyStoreHouse<int>();
            intStore.AddToStore(45);
```

```csharp
            intStore.AddToStore(75);
            Console.WriteLine("*** 今の整数保管場所の状況 ***");
            intStore.RetrieveFromStore();

            Console.WriteLine("***\n 文字列の保管場所を作成 ***");
            MyStoreHouse<string> strStore = new MyStoreHouse<string>();
            strStore.AddToStore("abc");
            strStore.AddToStore("def");
            strStore.AddToStore("ghi");
            strStore.AddToStore("jkl"); // 保管場所はもういっぱいです
            Console.WriteLine("*** 今の文字列保管場所の状況 ***");
            strStore.RetrieveFromStore();
            Console.ReadKey();
        }
    }
}
```

```
***ジェネリックプログラムでキーワード default を用いる事例 ***
***
整数の保管場所を作成***
*** 今の整数保管場所の状況 ***
45
75
0
***
 文字列の保管場所を作成 ***
保管場所はもういっぱいです
*** 今の文字列保管場所の状況 ***
abc
def
ghi
```

12.4　ジェネリックの制約

以下のリスト 12–8 のプログラムと出力を検討してから、コード解析に進みましょう。

リスト12-8：ジェネリックの制約を確認する

```csharp
using System;
using System.Collections.Generic;

namespace GenericConstraintEx
{
    interface IEmployee
    {
        string Position();
    }
```

```
class Employee : IEmployee
{
    public string Name;
    public int yearOfExp;
    public Employee(string name, int years)
    {
        this.Name = name;
        this.yearOfExp = years;
    }
    public string Position()
    {
        if (yearOfExp < 5)
        {
            return "若手社員";
        }
        else
        {
            return "ベテラン社員";
        }
    }
}
class EmployeeStoreHouse<Employee> where Employee : IEmployee
// class EmployeeStoreHouse<Employee> // これを書くとエラー
{
    private List<Employee> MyStore = new List<Employee>();
    public void AddToStore(Employee element)
    {
        MyStore.Add(element);
    }
    public void DisplaySore()
    {
        Console.WriteLine("保管されている内容は以下の通り");
        foreach (Employee e in MyStore)
        {
            Console.WriteLine(e.Position());
        }
    }
}

namespace Generic.Constraint_1
{
    class Program
    {
        static void Main(string[] args)
        {
            Console.WriteLine("*** ジェネリックの制約を確かめる ***");
            // 複数の Employee オブジェクト
            Employee e1 = new Employee("Amit", 2);
            Employee e2 = new Employee("Bob", 5);
            Employee e3 = new Employee("Jon", 7);
```

```
                // Employee オブジェクトの保管場所
                EmployeeStoreHouse<Employee> myEmployeeStore =
                    new EmployeeStoreHouse<Employee>();
                myEmployeeStore.AddToStore(e1);
                myEmployeeStore.AddToStore(e2);
                myEmployeeStore.AddToStore(e3);

                // 保管されている Employee オブジェクトの情報を表示
                myEmployeeStore.DisplaySore();
                Console.ReadKey();
            }
        }
    }
}
```

```
*** ジェネリックの制約を確かめる ***
保管されている内容は以下の通り
若手社員
ベテラン社員
ベテラン社員
```

特記事項

この例では、アプリケーションに制約を設定する方法を調べました。「where Employee : IEmployee」という文がないと、図 12-6 に示す問題が発生します。

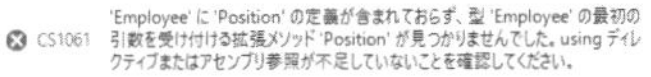

図12-6：制約によるエラー（CS1061）

コンテキストキーワード「where」は、アプリケーションに制約を加えるために使われます。よく使われる制約は、以下の通りです。

- where T: struct
  「型 T は値型でなければならない」（struct は値型であるため）
- where T: class
  「型 T は参照型でなければならない」（class は参照型であるため）
- where T: IMyInter
  「型 T は IMyInter インターフェイスの実装型でなければならない」
- where T：new()
  「型 T は既定の無引数コンストラクタを持たなければならない」（この制約を他の制約とともに指定する場合は、最後に配置すること）

- where T: S

  「型 T は他の「ジェネリック型 S からの派生型でなければならない」（これは、生の型制約（naked type constraint）とも呼ばれる）

EmployeeStoreHouse についてですが、他のジェネリック形式も書けますか？

できます。以下のコードを考えてください。

```
class EmployeeStoreHouse<T> where T : IEmployee
{
    private List<T> MyStore = new List<T>();
    public void AddToStore(T element)
    {
        MyStore.Add(element);
    }
    public void DisplaySore()
    {
        foreach (T e in MyStore)
        {
            Console.WriteLine(e.Position());
        }
    }
}
```

12.5　共変性と反変性

　第 10 章でデリゲートに関する議論をしたとき、C# 2.0 以降ではデリゲートにおいて、共変性と反変性が利用できることを学びました。さらに C# 4.0 からは、ジェネリックのパラメータ、インターフェイス、デリゲートでも、同様に使えるようになりました。

　そこで、第 10 章で従来のデリゲートに実際に使ってみたように、この章では共変性と反変性をジェネリックに対して使ってみましょう。

　先に進む前に、以下の点を押さえておきましょう。

- 共変性も反変性も、引数と戻り値の型について型変換を扱います。
- 本書ではすでに、共変性と反変性を用いて、さまざまな種類のオブジェクトや配列などを記述してきました。
- .NET Framework 4 では、デリゲートとインターフェイスにジェネリックが使えます（そ

12.5 共変性と反変性

れ以前のバージョンでは、コンパイルエラーが発生する使い方です)。
- 反変性では通常、差異の解消や修正を定義します。コーディングの世界でこれらの考え方を実装するときには、以下に代表されるような真理もまたついてきます。
    - すべてのサッカー選手は運動選手ですが、その逆は真実ではありません。運動選手にはゴルフ、バスケットボール、ホッケーなどをする選手もいるからです。同様に、すべてのバスは車両であると言えますが、逆は真実ではありません。
    - この理論をプログラミング用語で言い換えると、すべての派生クラスは基本クラス型ですが、その逆は真実ではないということです。たとえば、クラス `Rectangle` がクラス `Shape` から派生しているなら、すべての `Rectangle` オブジェクトは `Shape` オブジェクトであると言えますが、その逆は真実ではありません。
    - MSDN によると、共変性と反変性は、配列、デリゲート、ジェネリック型に対して暗黙的な参照変換を扱う考え方です。共変性は代入の互換性を保持し、反変性は互換性を逆転させます。

「代入の互換性」とは何ですか。

適用範囲の狭い型を、それと互換で適用範囲の広い型に代入できるということです。

たとえば、整数型の変数の値は、次のようにオブジェクト型の変数に保持させられます。

```
int i = 25;
object o = i; // 可能。これが代入互換ということ
```

数学的な観点から、共変性、反変性、そして非変性の意味を理解できるでしょう。
これから、整数の領域についてだけ考えて行きます。

ケース1: すべての x に対して、関数 f(x) = x + 2 を定義します。
x が y 以下ならば、すべての x について f(x) は f(y) 以下であると言えるので、射影 (関数 f) は大小関係を保存しています。

ケース2: すべての整数 x に対して、f(x) = -x と定義します。
この時、10 は 20 以下ですが、f(10) は f(20) 以上です。なぜなら f(10)= -10、f(20)= -20 であり、-10 > -20 だからです。この場合は、大小関係が逆転します。

ケース3: 関数 f(x) = x * x を定義します。
この関数においては、-1 は 0 以下で f(-1) > f(0) という関係も、1 < 2 で f(1) <

f(2)という関係も、どちらもあります。そのため、射影（関数 f）は常に大小関係を保持するのでも、常に反転させるのでもありません。

上記のそれぞれにおいて、ケース 1 は共変性、ケース 2 は反変性、ケース 3 は非変性に相当します。

覚えておこう
Microsoft が示す簡単な定義は https://docs.microsoft.com/ja-jp/dotnet/standard/generics/covariance-and-contravariance で参照してください。
- **共変性**：もとの指定型から派生した型も使用できる。
- **反変性**：もとの指定型よりも派生が浅く、範囲の広い型も使用できる。
- **非変性**：もとの指定型しか使用できない。

共変性、反変性は、まとめて変性（バリアンス）と呼ばれます。

.NET Framework 4 から、C#には、インターフェイスやデリゲートのジェネリック型パラメータを共変性ありまたは反変性ありとマークするキーワードがあります。インターフェイスとデリゲートが共変性であれば、`out` キーワードを付けます。これは値が「出てくる」ことを示します。両者が反変性であれば、`in` キーワードを付けます。これは値が「入って行く」ことを示します。

これまで書いてきた C#の例で確認しましょう。`IEnumerable <T>`は T について共変性があり、`Action <T>`は T について反変性があります。Visual Studio で `IEnumerable <T>`インターフェイスの定義を確認してください（図 12-7）。

図12-7：Visual Studio で IEnumerable <T>を確認

IEnumerable の定義の中でキーワード「out」が使われていることに注目してください。このように書かれているので、`IEnumerable <既定型>`に `IEnumerable <派生型>`、たとえば、`IEnumerable <object>`に `IEnumerable <string>`を代入できます。

一方、Visual Studio で `Action<T>`デリゲートの定義を確認してください。図 12-8 のようになっているでしょう[1]。

図12-8：Action<T>デリゲートの定義

---

[1] キーワード in が `Action <T>`の定義に現れているのに注目してください。そのため、`Action <派生型>`に `Action <基本型>`を代入できます。

別の例として、IComparer <T>インターフェイスの定義を確認してください。図12-9のようになっています。

```
namespace System.Collections.Generic
{
    //
    // 概要:
    //     2 つのオブジェクトを比較するために型が実装するメソッドを定義します。
    //
    // 型パラメーター:
    //   T:
    //     比較するオブジェクトの型。
    public interface IComparer<in T>
    {
        int Compare(T x, T y);
    }
}
```

図12-9：IComparer<T>の定義

以上をまとめましょう。

IEnumerable <T>はTについて共変性があるため、IEnumerable <string>からIEnumerable <object>に変換できます。この場合、値が出てくることになります。これが共変性です。

一方、Action <T>はTについて反変性があるので、Action <object>をAction <string>に変換できます。この場合、値がオブジェクトに入ることになります。これが反変性です。

これらがどんなものなのかを両方試すために、ジェネリックインターフェイスの例で共変性をリスト12-9で、ジェネリックデリゲートの例で反変性をリスト12-10で、それぞれ実装してみます。

逆に、ジェネリックデリゲートで共変性、ジェネリックインターフェイスで反変性を実装するのは、みなさんでやってみてください。

12.6　ジェネリックインターフェイスで共変性を実現

リスト12-9：ジェネリックインターフェイスで共変性を実現する

```
using System;
using System.Collections.Generic;

namespace CovarianceWithGenericInterfaceEx
{
    class Parent
    {
        public virtual void ShowMe()
        {
            Console.WriteLine("私は Parent から来ています。私のハッシュコードは" +
                              GetHashCode());
        }
    }
    class Child : Parent
    {
        public override void ShowMe()
        {
            Console.WriteLine("私は Child から来ています。私のハッシュコードは" +
                              GetHashCode());
```

```csharp
        }
    }

    class Program
    {
        static void Main(string[] args)
        {
            // 共変性の例

            Console.WriteLine(
                "*** ジェネリックインターフェイスで共変性を実現する例 ***\n");
            Console.WriteLine("***IEnumerable<T> には共変性があります ");
            // クラス Parent のオブジェクトをいくつか
            Parent pob1 = new Parent();
            Parent pob2 = new Parent();
            //クラス Child のオブジェクトをいくつか
            Child cob1 = new Child();
            Child cob2 = new Child();
            // Child オブジェクトのリストを作成
            List<Child> childList = new List<Child>();
            childList.Add(cob1);
            childList.Add(cob2);
            IEnumerable<Child> childEnumerable = childList;
            /* 基本型である Parent クラスとして初期化されているオブジェクトに、*
             * 派生型 Child のインスタンスを代入。代入互換性はここで維持される */
            IEnumerable<Parent> parentEnumerable = childEnumerable;
            foreach (Parent p in parentEnumerable)
            {
                p.ShowMe();
            }
            Console.ReadKey();
        }
    }
}
```

*** ジェネリックインターフェイスで共変性を実現する例 ***

***IEnumerable<T> には共変性があります
私は Child から来ています。私のハッシュコードは 46104728
私は Child から来ています。私のハッシュコードは 12289376

コード解析

プログラム中のコメントを読むと理解が深まるでしょう。

12.7 ジェネリックデリゲートで反変性を実現

リスト12-10：ジェネリックデリゲートで反変性を実現する

```
using System;

namespace ContravarianceWithGenericDelegatesEx
{
    // ジェネリックなデリゲート
    delegate void aDelegateMethod<in T>(T t);
    class Vehicle
    {
        public virtual void ShowMe()
        {
            Console.WriteLine(" Vehicle.ShowMe()");
        }
    }
    class Bus: Vehicle
    {
        public override void ShowMe()
        {
            Console.WriteLine(" Bus.ShowMe()");
        }
    }
    class Program
    {
        static void Main(string[] args)
        {
            Console.WriteLine("***ジェネリックデリゲートで反変性を実現する例***");
            Vehicle obVehicle = new Vehicle();
            Bus obBus = new Bus();
            aDelegateMethod<Vehicle> delVehicle = ShowVehicleType;
            delVehicle(obVehicle);
            // デリゲートで反変性
            // 基本型を派生型に代入する
            aDelegateMethod<Bus> delChild = ShowVehicleType;
            delChild(obBus);
            Console.ReadKey();
        }

        private static void ShowVehicleType(Vehicle p)
        {
            p.ShowMe();
        }
    }
}
```

```
***ジェネリックデリゲートで反変性を実現する例***
 Vehicle.ShowMe()
 Bus.ShowMe()
```

コード解析

リスト 12-9 同様、プログラム中のコメントを読むと理解できるでしょう。

このプログラムでは、ジェネリックデリゲートで静的メソッド（`ShowVehicleType(...)`）を使っています。インスタンスメソッドでも、同じ考え方ができますか？

もちろん、できます。

12.8　まとめ

この章では、以下の事項を議論しました。

- C#におけるジェネリック
- なぜジェネリックが重要か
- ジェネリックプログラミングが従来のプログラミングより優れている点
- ジェネリックプログラミングにおけるキーワード `default` の使用
- ジェネリックプログラミングで制約を設ける方法
- ジェネリックインターフェイスで実現する共変性
- ジェネリックデリゲートで実現する反変性

第13章
例外処理

13.1 例外処理を考える

　アプリケーションを作成しようとしてコードを書くときは、もちろん、常に何の問題もなく実行されるように書いたつもりでいます。ところが、プログラムを実行してみると予想外の問題に遭遇してあわてることがあります。こうした突然の事態は、さまざまな過程で起こります。中には、プログラマの不注意による失態もあります。たとえば、間違ったロジックを実装しようとしたり、プログラムのコードの実行過程に欠陥があるのに気付かなかったりしたなどです。しかし、プログラマが管理できないような問題が起こることも少なくありません。このような状況は、よく「例外」と呼ばれます。例外処理は、アプリケーションの作成に不可欠です。

定義
　例外とは、通常の実行／命令の流れを中断するイベントであると定義できます。
　例外的な状況が発生すると、例外オブジェクトが作成され、例外を作成したメソッドに投げられます。投げられたメソッドでは、例外を処理してもしなくてもよく、処理できなければ、責任を別のメソッドに回します。日常生活でも、私たちの手に負えない状況が起こると、他人に相談するのと同じです。例外を処理する責任をどのメソッドも負わないのであれば、処理されなかった例外が示されたエラーダイアログボックスが表示され、プログラムの実行が停止します。

覚えておこう
例外処理の仕組みでは、.NETの実行時エラーも扱います。正しく処理されないと、アプリケーションは実行中に終了します。何が起こったのかを適切に検出して処理し、アプリケーションが途中で異常終了しないように作成してください。

　簡単な例から始めましょう。リスト13-1は正しくコンパイルされますが、実行時には例外が発生します。除数（変数b）が0なので、100を0で除算しようとしているということを見落とした

ためです。

リスト13-1：0除算による例外

```
using System;

namespace ExceptionEx1
{
    class Program
    {
        static void Main(string[] args)
        {
            Console.WriteLine("*** 例外の研究 ***");
            int a=100, b=0;
            int c = a / b;
            Console.WriteLine("そうです。a/bの値は{0}です。", c);
            Console.ReadKey();
        }
    }
}
```

ゼロで除算しようとしている例外が告げられます（図13-1）。

図13-1：ハンドルされていない例外メッセージ

先に進む前に、例外処理の仕組みに関していくつかの重要な点を明らかにしておきましょう。これから繰り返し経験していくはずです。

- .NETにおいて、例外はすべてオブジェクトです。
- 例外はすべて、基本クラス`System.Exception`、もしくは、その派生型です。
- アプリケーション内のいかなるメソッドも、実行時に予想しない事態を引き起こしかねません。このような状況が発生した場合、プログラミング用語では、このメソッドは例外を投げた（スローした）と言います。
- C#で例外を扱うには`try`、`catch`、`throw`、`finally`というキーワードを用います。
- 例外を防ぐには、`try/catch`ブロックを使います。例外を投げる恐れのあるコードを`try`

ブロック内に配置し、例外的な状況を catch ブロック内で処理します。
- 1 つの try ブロックに対して複数の catch ブロックを関連付けることができます。ある catch ブロックが突然の事態に対処するとき、その catch ブロックが例外を捕捉（キャッチ）したと言います。
- finally ブロック内のコードは、必ず実行されます。finally ブロックは通常、try ブロックや try/catch ブロックの後に置きます。
- try ブロック内で例外が発生すると、それぞれに対応する catch ブロックや finally ブロックに制御が移り、try ブロックの残りの部分は実行されません。
- 例外は継承階層に従います。派生クラスの例外のみを処理できる catch ブロック（catch block2 とする）の前に、親クラスの例外を処理できる catch ブロック（catch block1 とする）を配置すると、コンパイル時エラーが発生することがあります。というのは、もし catch block1 の段階ですでに catch block2 が処理できる例外を処理することができてしまうと、コンパイラの観点からは、到達不可能なコードの例に当てはまるからです。つまり、制御を catch block2 に移す必要がまったくありません。
- try/catch、try/catch/finally、try/finally のうち、どんな組み合わせでも使えます。
- プログラム中で例外を処理しないと、CLR がプログラムに代わってそれを捕捉し、プログラムは途中で強制終了となるかもしれません。

ここで Java との大きな違いがあります。C# ではすべての例外に暗黙的なチェックがなく、throws キーワードを使いません。これを改善すべきかどうか、活発に議論されています。

それでは、リスト 13-1 で発生した例外をいかにして処理するかの実際を見てみましょう（リスト 13-2）。

リスト13-2：リスト 13-1 に例外処理を施す

```
using System;

namespace ExceptionEx1Modified
{
    class Program
    {
        static void Main(string[] args)
        {
            Console.WriteLine("*** 例外を研究 ***");
            int a = 100, b = 0;
            try
            {
                int c = a / b;
                Console.WriteLine("そうです。a/b の値は{0}です。", c);
            }
```

```
        catch (Exception ex)
        {
            Console.WriteLine("例外発生。内容は「{0}」", ex.Message);
        }
        finally
        {
            Console.WriteLine(
                "finally ブロックにいます。ここを通らないわけには行きませんよ。");
        }
        Console.ReadKey();
    }
  }
}
```

例外処理の実験
*** 例外を研究 ***
例外発生。内容は「0 で除算しようとしました。」
finally ブロックにいます。ここを通らないわけには行きませんよ。

コード解析

プログラムの出力から、以下のことを確認してください。

- `try` ブロック内で例外が発生すると、制御は対応する `catch` ブロックに移り、`try` ブロックの残りの部分は実行されませんでした。
- 例外が発生しても、`finally` ブロック内のコードは実行されました。
- 利用した `Message` というプロパティは、`System.Exception` の派生クラスに共通で使えるものです。`System.Exception` には、よく知られたプロパティがいくつかあります（図13-2）。

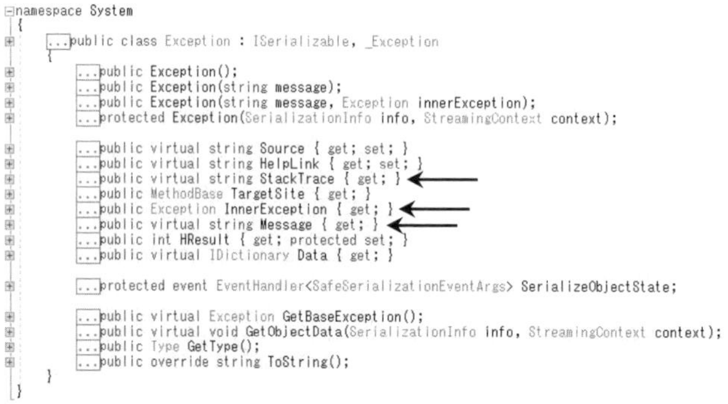

図13-2：System.Exception

13.1 例外処理を考える

矢印で示すように、必要なプロパティは、ほとんどの場合 Message、StackTrace、InnerException の 3 つです。本章では、さまざまな例で Message と StackTrace という 2 つのプロパティを使います。図 13-2 から、これらが get プロパティのみを持つ読み取り専用のプロパティであることが容易にわかります。下の 2 図は、上の画面の中でこれらの 3 つのプロパティの記述で折りたたまれている部分を開き、説明を示したものです。この説明を見るのが早いでしょう。

StackTrace プロパティ

例外を引き起こしたメソッド呼び出しの階層を取得します。呼び出しスタックの直前のフレームの文字列表現を取得します。

```
//
// 概要:
//     呼び出し履歴で直前のフレームの文字列形式を取得します。
//
// 戻り値:
//     呼び出し履歴の直前のフレームを説明する文字列。
public virtual string StackTrace { get; }
```

図13-3：StackTrace プロパティ

Message プロパティ

現在発生している例外の説明文を取得します。

```
//
// 概要:
//     現在の例外を説明するメッセージを取得します。
//
// 戻り値:
//     例外の理由を説明するエラー メッセージ、または空の文字列 ("")。
public virtual string Message { get; }
```

図13-4：Message プロパティ

InnerException プロパティ

現在の例外を引き起こした System.Exception インスタンスを取得します。

```
//
// 概要:
//     現在の例外の原因となる System.Exception インスタンスを取得します。
//
// 戻り値:
//     現在の例外を発生させたエラーを説明するオブジェクト。 System.Exception.InnerException
//     プロパティは、System.Exception.#ctor(System.String,System.Exception)
//     コンストラクターに渡されたものと同じ値を返します。内部例外の値がコンストラクターに渡
//     されなかった場合は null を返します。 このプロパティは読み取り専用です。
public Exception InnerException { get; }
```

図13-5：InnerException プロパティ

除数が 0 になるとまずいのなら、除算の前に if(b == 0) のような if ブロックを置けば、try/catch ブロックを使わなくていいし、簡単だと思いますが。

この単純な例だけを考えるから、例外処理など不要に思えるのです。確かにこの場合、除数は固定値なので、そのようにコードを保護することもできるでしょう。しかし、b の値も実行時に計算され、その値をあらかじめ推測できない場合を考えてください。また、他の多くの箇所で同じ問題が予測できて、そのたびにこのような事前措置を配置することになると、コードが汚くなったり、読んでも何が何だかわからなくなる恐れがあります。

C#の仕様で定義済みの例外クラスをいくつか、表 13-1 に示しておきますので、参照したいときはこれを利用してください。

表13-1：定義済み例外クラス（抜粋）

例外クラス	意味
System.ArithmeticException	算術演算中に発生する例外の基本クラス。派生型には System.DivideByZeroException や System.OverflowException などがある
System.ArrayTypeMismatchException	配列の要素として指定したデータ型と互換性のない型の値を格納しようとした
System.DivideByZeroException	整数値をゼロで除算しようとした
System.IndexOutOfRangeException	負の値、または配列の大きさ以上の値で配列にインデックスを付けようとした
System.InvalidCastException	基本型のクラスまたはインターフェイスから派生型への明示的な型変換が実行時に失敗した
System.NullReferenceException	参照型のオブジェクトが必須になる場面で、null 参照が使われている
System.OutOfMemoryException	new キーワードを介したメモリの割り当てに失敗した
System.StackOverflowException	保留中のメソッド呼び出しが多すぎて実行スタックが使い果たされた。再帰処理で非常に深部に至るか、無制限の再帰に陥ったときに、よく発生する
System.TypeInitializationException	静的コンストラクタが例外を投げたが、対応する catch 句が存在しない
System.OverflowException	checked でマークされたブロック内の算術演算がオーバーフローした

これ以外の例外も見るには、図 13-6 に示すように、Visual Studio で［Ctrl］+［Alt］+［E］キーを押して［例外設定］オプションの折りたたまれている部分を展開します。

13.1 例外処理を考える 249

図13-6：表 13-1 以外の例外クラス

　リスト 13-3 のプログラム例で、複数の catch ブロックで複数の例外を処理する方法を検討しましょう。

リスト13-3：複数の例外処理

```
using System;

namespace HandlingMultipleEx
{
    class Program
    {
        static void Main(string[] args)
        {
            Console.WriteLine("***複数の例外を処理 ***");
            string b1;
            int input;
            Console.WriteLine("0 か 1 のどちらかを入力してください");
            b1 = Console.ReadLine();
            // 入力文字列値を整数に変換できるか
            if (int.TryParse(b1, out input))
            {
                Console.WriteLine("{0}を入力しましたね", input);
                switch (input)
                {
                    case 0:
                        int a = 100, b = 0;
                        try
                        {
                            int c = a / b;
                            Console.WriteLine(
                                "したがって a/b の結果は「{0}」です", c);
                        }
```

```csharp
                    catch (DivideByZeroException ex)
                    {
                        Console.WriteLine(
                            "整数値に例外発生。内容は「{0}」", ex.Message);
                        Console.WriteLine(
                            "整数値に例外発生。スタックは「{0}」", ex.StackTrace);
                    }
                    catch (Exception ex)
                    {
                        Console.WriteLine(
                            "Choice0.Exception ブロックの中にいます。" +
                            "内容は  「{0}」",ex.Message);
                    }
                    break;
                case 1:
                    int[] myArray = { 1, 2, 3 };
                    try
                    {
                        Console.WriteLine(" myArray[0] :{0}", myArray[0]);
                        Console.WriteLine(" myArray[1] :{0}", myArray[1]);
                        Console.WriteLine(" myArray[2] :{0}", myArray[2]);
                        Console.WriteLine(" myArray[3] :{0}", myArray[3]);
                    }
                    catch (IndexOutOfRangeException ex)
                    {
                        Console.WriteLine("配列の要素に例外発生。" +
                            "内容は「{0}」 ", ex.Message);
                        Console.WriteLine("配列の要素に例外発生。" +
                            "スタックは「{0}」 ", ex.StackTrace);
                    }
                    catch (Exception ex)
                    {
                        Console.WriteLine(
                            "Choice0.Exception ブロックの中にいます。" +
                            "内容は  「{0}」 ", ex.Message);
                    }

                    break;
                default:
                    Console.WriteLine("0 か 1 しか入力できません。");
                    break;
            }
        }
        else
        {
            Console.WriteLine("整数値以外は入力できません。");
        }
        Console.ReadKey();
    }
  }
}
```

```
【ケース1  「0」を入力したとき】
  ***複数の例外を処理  ***
  0か1のどちらかを入力してください
  0
  0を入力しましたね
  整数値に例外発生。内容は「0 で除算しようとしました。」
  整数値に例外発生。スタックは「場所 HandlingMultipleEx.Program.Main(String[] args) 場
所 C:\Users\... 略...\Program.cs:行 24」

【ケース2  「1」を入力したとき】
  ***複数の例外を処理  ***
  0か1のどちらかを入力してください
  1
  1を入力しましたね
   myArray[0] :1
   myArray[1] :2
   myArray[2] :3
  配列の要素に例外発生。内容は「インデックスが配列の境界外です。」
  配列の要素に例外発生。スタックは「場所 HandlingMultipleEx.Program.Main(String[] args) 場
所 C:\Users\... 略...\Program.cs:行 44」

【ケース3  文字列を入力したとき】
  ***複数の例外を処理  ***
  0か1のどちらかを入力してください
  hjk
  整数値以外は入力できません。
```

コード解析

プログラムの出力から、以下のことが確認できます。

- 例外が1つ発生すると、catch 句は1つだけ実行されます。たとえば、catch(DivideByZeroException ex){..} ブロックが例外を処理できる場合は、catch(Exception ex){..} ブロックは無視されます。
- リスト 13-3 では、DivideByZeroException と IndexOutOfRangeException を除くすべての種類の例外が catch(Exception ex) のブロックの内側で捕捉されます。System.Exception クラスはすべての例外の基本クラスなので、最後の catch ブロックとして配置しなければなりません。

問題

出力を予想できますか？

```
using System;
namespace Quiz1Exception
{
```

```csharp
class Program
{
    static void Main(string[] args)
    {
        Console.WriteLine("*** 例外を研究 ***");
        int a = 100, b = 0;
        try
        {
            int c = a / b;
            Console.WriteLine("そうです。a/b の値は{0}です。", c);
        }
        catch (ArithmeticException ex)
        {
            Console.WriteLine("例外発生。内容は「{0}」", ex.Message);
        }
        // エラー。例外が複数あるときは、継承階層に従って配置しなければならない
        // このプログラムでは catch ブロックの配置順序が正しくない
        catch (DivideByZeroException ex)
        {
            Console.WriteLine(
                "DivideByZeroEsception が発生。" +
                "内容は「{0}」", ex.Message);
        }
        Console.ReadKey();
    }
}
```

解答

コンパイルエラーになります（図13-7）。

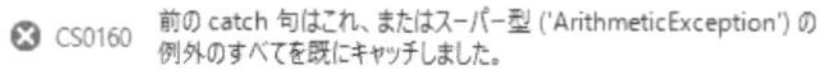

> ❌ CS0160 前の catch 句はこれ、またはスーパー型（'ArithmeticException'）の
> 例外のすべてを既にキャッチしました。

図13-7：コンパイラからのエラーメッセージ（CS0160）

コード解析

例外が複数あるときは継承階層に従います。したがって、catch ブロックを正しい順で配置しなければなりません。このプログラムにおいて、DivideByZeroException は ArithmeticException のサブクラスです。そしてさらに、ArithmeticException は、Exception のサブクラスです。これらの関係は Visual Studio で簡単に確認できます（図13-8）。

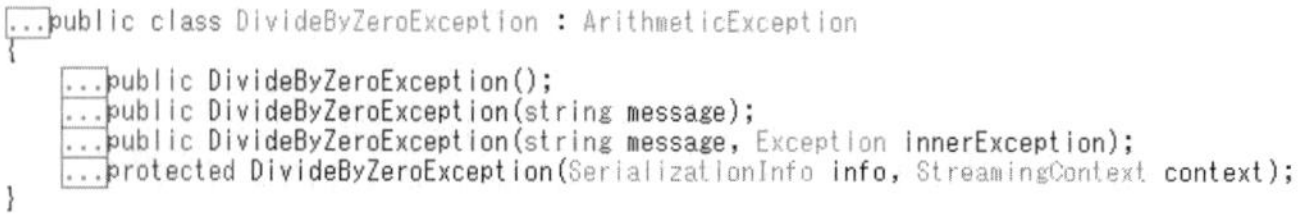

```
public class DivideByZeroException : ArithmeticException
{
    public DivideByZeroException();
    public DivideByZeroException(string message);
    public DivideByZeroException(string message, Exception innerException);
    protected DivideByZeroException(SerializationInfo info, StreamingContext context);
}
```

図13-8：継承階層を確認

> **覚えておこう**
> 複数の catch ブロックを扱うときは、最も範囲の狭い例外句を最初に配置しなければなりません。

catch 句の他の記述法

これまでに、catch ブロックの書き方には、いろいろあることを見てきました。たとえば、catch(<例外名> <例外参照>) の代わりに、単に catch(<例外名>) や catch {} を使えます。以下のコードブロックは catch 句の記述法の 1 つです。コンパイルエラーは発生しません。

```
catch (Exception)
{
    Console.WriteLine("例外が発生");
}
```

以下の書き方も catch 句の記述法の 1 つで、コンパイルは通ります。

```
catch ()
{
    Console.WriteLine("例外が発生");
}
```

しかし、この 2 つの書き方はよくありません。極力避けてください。

問題

コードはコンパイルできるでしょうか？

```
// この前に他のコード
catch (Exception)
{
    Console.WriteLine("例外が発生");

}
catch { }
// このあと他のコード
```

解答

コンパイルできます。しかし Visual Studio 2017 では、図 13-9 のような警告メッセージが表示されます。

第 13 章　例外処理

> ⚠ CS1058　前の catch 句は、すべての例外を既にキャッチしています。スローされる例外以外のものはすべて System.Runtime.CompilerServices.RuntimeWrappedException にラップされます。

図13-9：コンパイラからのメッセージ（CS1058）

問題

コードはコンパイルできるでしょうか？

```
// この前に他のコード
catch { }
catch (Exception)
{
    Console.WriteLine("例外が発生");
}
// このあと他のコード
```

解答

コンパイルできません。Visual Studio 2017 では、図 13-10 に示すエラーメッセージが表示されます。

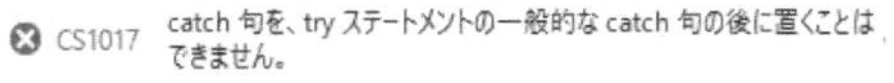

> ❌ CS1017　catch 句を、try ステートメントの一般的な catch 句の後に置くことはできません。

図13-10：コンパイラからのメッセージ（CS1017）

解説

　C#の仕様では、例外クラスを指定しない catch 節は、あらゆる例外を処理できることになっています。また System.Exception からの派生型でない「非 CLS 例外」も生じることがあります。C++/CLI を含む.NET 言語では、これらの例外も扱います。Visual C#では、非 CLS 例外を投げることはできませんが、捕捉はできます。Visual C#アセンブリはもともと非 CLS 例外をラップされた例外（前の問題で表示された警告メッセージ（図 13-9）を参照）として扱うので、catch(Exception ex){..} ブロックでも捕捉できるのです。

　C#の専門家の助言では、catch {} は、非 CLS 例外が発生した時にログエントリの書き込みなど特定のタスクを実行する必要がありますが、例外情報にまでアクセスする必要がないことがわかっているような場合にだけ使うことが推奨されています。この問題の詳細は、https://docs.microsoft.com/ja-jp/dotnet/csharp/programming-guide/exceptions/how-to-catch-a-non-cls-exception で説明されています。

　catch ブロックの他の記述法として、C# 6.0 で導入されたものがあります。新たに導入された3番目となる catch 節の記述法は、以下の通りです。

```
catch (WebException ex) when (ex.Status == WebExceptionStatus.Timeout)
{
    // 何かの処理
}
```

このシナリオでは、when 句がフィルタのような役割をします。WebException 例外が投げられても、when の後に続くブーリアン条件が真でなければ、この catch ブロックは例外を処理しません。この種のフィルタを複数使って、同じ例外を別の catch ブロックで再度捕捉して処理するようにできます。たとえば以下の通りです。

```
catch (WebException ex) when (ex.Status == WebExceptionStatus.Pending)
{
    // 何かの処理
}
```

または、

```
catch (WebException ex) when (ex.Status == WebExceptionStatus.ProtocolError)
{
    // 何かの処理
}
```

次に、メソッドがどのような方法で例外を投げるか見てみましょう。メソッドが例外を投げるには、throw キーワードを使います。リスト 13-4 では、除数が 0 のときに Divide メソッドから DivideByZeroException を投げ、catch ブロック内で処理します。

リスト13-4：例外の throw

```
using System;

namespace ThrowingExceptionEx
{
    class Program
    {
        static int a = 100, b = 0, c;
        static void Divide(int a, int b)
        {
            if (b != 0)
            {
                int c = a / b;
            }
            else
            {
                throw new DivideByZeroException("b に 0 が代入されています");
            }
        }
```

```
        static void Main(string[] args)
        {
            Console.WriteLine("*** 例外の研究。例外を投げる例 ***");
            try
            {
                Divide(a, b);
                Console.WriteLine("除算が完了しました。");
            }
            catch (DivideByZeroException ex)
            {
                Console.WriteLine("例外発生。内容は「{0}」", ex.Message);
            }
            Console.ReadKey();
        }
    }
}
```

```
*** 例外の研究。例外を投げる例 ***
例外発生。内容は「b に 0 が代入されています」
```

例外を発生させる方法にはどんな方法がありますか？

例外を発生させる方法は 2 通りあると考えてよいでしょう。

【方法1】　リスト 13-4 では、throw キーワードを使って例外を意図的に発生できることを確認しました。これはどのメソッドでもできます。throw 文は、ただちに例外を発生します。それに続く文に制御が来ることは決してありません。

【方法2】　C#の文や例外を処理していくときに、誤ったロジックや落とし穴があって、意図しない例外が発生することがあります。

　場合によっては、例外を繰り返し投げる必要も生じます。これは例外の再スローと呼ばれます。たとえば、ログエントリの書き込みや、新しい上位レベルの例外を送信したいときなどです。
　例外を繰り返し投げるには、次のように書きます。

```
try
{
    //何かの処理
}
```

```
catch(Exception ex)
{
    // ログの書き込みなどの処理
    // そして例外を再び投げる
    throw;
}
```

　例外を再び投げるとき、「throw ex」のようにthrowに例外名を付加してもコンパイルに問題こそ生じませんが、StackTraceプロパティが変更されることがわかります。このことから、例外名を指定しないthrowは、本当に元の例外を再度投げたい時だけにとどめるべきです。この問題を確認するには、リスト13-5の出力を参照してください。

リスト13-5：例外を再度投げる

```
using System;

namespace RethrowingExceptionEx
{
    class Program
    {
        static int a = 100, b = 1, c;
        static void Divide(int a, int b)
        {
            try
            {
                b--;
                c = a / b;
                // 何かの処理
            }
            catch(Exception ex)
            {
                // ただちにログの書き込み
                Console.WriteLine("a={0} b={1}", a,b);
                Console.WriteLine("メッセージの内容は「{0}」", ex.Message);
                Console.WriteLine("スタックトレースの内容は「{0}」", ex.StackTrace);
                // 例外を再び投げる
                throw;  // 今捕捉した例外を投げる
                // throw  new ArithmeticException();  // 親クラスの新しい例外を投げる
            }
        }
        static void Main(string[] args)
        {
            Console.WriteLine("*** 例外を再び投げる実験例 ***");
            try
            {
                Divide(a, b);
                Console.WriteLine("Main.Devide() が実行されました");
            }
            catch (DivideByZeroException ex)
            {
                Console.WriteLine("\na={0} b={1}", a, b);
```

```
                    Console.WriteLine("メッセージの内容は「{0}」", ex.Message);
                    Console.WriteLine("スタックトレースの内容は「{0}」", ex.StackTrace);
                }
                catch (Exception ex)
                {
                    Console.WriteLine("\nIn catch(Exception ex)");
                    Console.WriteLine("a={0} b={1}", a, b);
                    Console.WriteLine("メッセージの内容は「{0}」", ex.Message);
                    Console.WriteLine("スタックトレースの内容は「{0}」", ex.StackTrace);
                }
                Console.ReadKey();
            }
        }
    }
```

```
*** 例外を再び投げる実験例 ***
a=100 b=0
メッセージの内容は「0 で除算しようとしました。」
スタックトレースの内容は「場所 RethrowingExceptionEx.Program.Divide(Int32 a, Int32 b) 場
所 C:\Users\...略...\Program.cs:行 13」

a=100 b=1
メッセージの内容は「0 で除算しようとしました。」
スタックトレースの内容は「場所 RethrowingExceptionEx.Program.Divide(Int32 a, Int32 b) 場
所 C:\Users\...略...\Program.cs:行 23
   場     所 RethrowingExceptionEx.Program.Main(String[] args) 場     所 C:\Users\...
略...\Program.cs:行 32」
```

コード解析

　動きを見ると、最初にログに書き込むことが重要な理由がわかります。例外が発生したときは、ただちにログを書いているので、Divide() メソッドで分子となる b が 0 になったことがわかります。最初にログに記録しないと、最後のログだけを見たときに、b が 1 なのに、なぜこの例外が発生したのか疑問に思うかもしれません。

　リスト 13-5 で throw new ArithmeticException(); の行のコメント記号を除去し、例外を再び投げる文をコメントアウトしてみましょう。つまり、以下のようなコードにします。

```
// 例外を再び投げる
// throw; // 今キャッチした例外を投げる
throw new ArithmeticException(); //親クラスの新しい例外を投げる
```

　実行すると、出力が変わります。

```
*** 例外を再び投げる実験例 ***
a=100 b=0
メッセージの内容は「0 で除算しようとしました。」
スタックトレースの内容は「   場所 RethrowingExceptionEx.Program.Divide(Int32 a, Int32 b) 場
所 C:\Users\... 略... \Program.cs:行 13」

In catch(Exception ex)
a=100 b=1
メッセージの内容は「算術演算でオーバーフローまたはアンダーフローが発生しました。」
スタックトレースの内容は「   場所 RethrowingExceptionEx.Program.Divide(Int32 a, Int32 b) 場
所 C:\Users\... 略...\Program.cs:行 24
      場    所 RethrowingExceptionEx.Program.Main(String[] args) 場    所 C:\Users\...
略... \Program.cs:行 32」
```

この例を見ると、どんな例外でも再び投げることができそうですね？

そうです。しかし、例外を再び投げるのは決して良い方法ではありません。ただし、独自の例外の投げ方を習得すれば、この元の例外をカスタムの例外メッセージと組み合わせて読みやすくするために、もう一度投げるという方法もとれます。

13.2 独自の例外を投げる

　もっと役に立つメッセージを取得するために、独自の例外を定義したいことがあります。先に進む前に、次の点を押さえておきましょう。

- 例外階層では、主要な例外クラスが2種類あります。SystemException と ApplicationException です。SystemException はランタイムである CLR によって、ApplicationException はユーザープログラムによって投げられます。

  これまで、SystemException だけを使ってきましたが、ApplicationException が策定された当初は、ユーザー定義の例外はこれから派生させるように推奨されていました。しかし後から、MSDN の見解が次のようになりました。

  「独自の例外は ApplicationException クラスではなく、Exception クラスから派生させてください。コード内で ApplicationException 例外を投げないでください。また、元の例外を再び投げるのでなければ、ApplicationException 例外をキャッチしないでください」[1]。

---

[1] https://msdn.microsoft.com/en-us/library/system.applicationexception.aspx

- 独自の例外のクラス名は Exception という語で終わらせるべきです[2]。
- 独自の例外クラスのコンストラクタには 3 種のオーバーロードをすべて実装してください。これについてはリスト 13-6 で実践します。

独自の例外を作成するには、以上の要件をすべて満たすようにします。

リスト13-6：独自例外の実装

```
using System;

namespace CustomExceptionEx1
{
    class ZeroDivisorException : Exception
    {
        public ZeroDivisorException() : base("0 で除算しようとしています"){ }
        public ZeroDivisorException(string msg) : base(msg){ }
        public ZeroDivisorException(string msg, Exception inner) : base(msg, inner)
        { }
    }
    class TestCustomeException
    {
        int c;
        public int Divide(int a, int b)
        {
            if (b == 0)
            {
                // Ex.Message= "0 での除算はできません"
                throw new ZeroDivisorException("0 での除算はできません");
                // Ex.Message= "0 で除算しようとしています"
                // throw new ZeroDivisorException();
            }
            c = a / b;
            Console.WriteLine("除算を完了しました");
            return c;
        }
    }
    class Program
    {
        static void Main(string[] args)
        {
            Console.WriteLine("***独自の例外の例 ***");
            int a = 10, b = 1, result;
            try
            {
                b--;
                TestCustomeException testOb = new TestCustomeException();
                result = testOb.Divide(a, b);
            }
```

---

[2] https://docs.microsoft.com/ja-jp/dotnet/standard/exceptions/how-to-create-user-defined-exceptions

```
            catch (ZeroDivisorException ex)
            {
                Console.WriteLine(
                    "独自の例外をキャッチしました。内容は「{0}」", ex.Message);
            }
            finally
            {
                Console.WriteLine("\n 例題が完了しました ");
                Console.ReadKey();
            }
        }
    }
}
```

```
***独自の例外の例 ***
独自の例外をキャッチしました。内容は「0 での除算はできません」

例題が完了しました
```

コード解析

　プログラムでは、独自の例外クラスのコンストラクタ 3 種類のうち、2 番目のオーバーロード形を使いました。既定のコンストラクタはコメントアウトしてありますが、そちらを使うと別のメッセージが表示されるようにしています。

```
***独自の例外の例 ***
独自の例外をキャッチしました。内容は「0 で除算しようとしています」

例題が完了しました
```

13.3　まとめ

　本章では、以下の質問に対する回答を示しました。

- 例外とは何か
- プログラムのエラーを処理する方法
- C#の例外を扱う時によく使うキーワード
- `try`、`catch`、`finally` ブロックをプログラムに配置する方法と、その目的
- `catch` 句の他の書き方
- プログラム中で例外にフィルタを適用する方法
- 例外の分類
- 独自の例外の作成法

第14章
メモリの解放

　メモリ管理はプログラマにとって重要な関心事です。そこで.NETはプログラマの負担を軽減するために、ある時点を過ぎると、使われていないオブジェクトを責任もって回収するようにしました。プログラミングでは、使われておらず回収すべきオブジェクトのことをダーティオブジェクト、もしくは、未参照オブジェクトと呼びます。

　ガベージコレクタプログラムは、優先順位の低いスレッドとしてバックグラウンドで実行され、ダーティオブジェクトを追跡します。.NETランタイムは定期的にこのプログラムを呼び出して、未参照オブジェクトやダーティオブジェクトをメモリから削除します。

　しかし、この話には裏があります。オブジェクトによっては、リソースを解放するために特別な破棄コードを必要とします。よくあるのは、1つまたは複数のファイルを開いて何らかの操作（読み取り、書き込みなど）を実行した後、そのファイルを閉じるのを忘れたときです。管理されていないオブジェクト、ロック機構、プログラム内でOSを扱う場合など、他の状況でも同様の注意が求められることがあります。プログラマは、こうした種類のリソースを明示的に解放する必要があるのです。

　一般に、プログラマがメモリをクリーンアップや解放するためには、オブジェクトを破棄しなければなりません。しかしCLRがリソースの解放を自動的に処理する環境では、その仕事はガベージコレクタが実行しています。これをガベージコレクションが行われているともいいます。

覚えておこう
プログラマはオブジェクトを明示的に破棄してリソースを解放できます。もしくはCLRがガベージコレクションの仕組みを用いて自動的にリソースを解放します。

14.1　ガベージコレクタの動作

ガベージコレクタのうち、生存期間の長いオブジェクトよりも生存期間の短いオブジェクトをより頻繁に回収する仕組みを持つのが「世代別ガベージコレクタ」です。ここに、0世代、1世代、2世代の3つの世代があるとしましょう。生存期間の短いオブジェクトは0世代に置かれ、生存期間の長いオブジェクトは、1世代か2世代のどちらか高い世代にプッシュして追加されます。ガベージコレクタは、上位世代よりも下位世代で、より頻繁に活動します。作成されたオブジェクトは、まず0世代に入ります。0世代がいっぱいになると、ガベージコレクタが呼び出されます。0世代でガベージコレクションに引っかからなかったオブジェクトは、次の1世代に昇格します。同様に1世代でガベージコレクションに引っかからなかったオブジェクトは、最も高い階層の2世代に移ります。

ガベージコレクションは3つの異なるフェーズを持ち、異なる3つのケースで、それぞれ呼び出されるのが一般的です。この「3-3ルール」を覚えておいてください。

14.2　ガベージコレクションの3つのフェーズ

以下に、ガベージコレクションの3つの異なるフェーズを示します。

- フェーズ1　「マーキングフェーズ」と呼ばれ、ライブオブジェクトと呼ばれる有効なオブジェクトを、マークを付けるなどして識別します。
- フェーズ2　「再配置フェーズ」と呼ばれ、フェーズ3で圧縮されるオブジェクトの参照を更新します。
- フェーズ3　「コンパクション（デフラグメンテーション）フェーズ」と呼ばれ、使用も参照もされていないオブジェクトを回収してメモリを解放します。また、まだ使われているライブオブジェクトをメモリ上に密集させます。「コンパクション」とは、まだ使われており生き残っているオブジェクトを、メモリ領域のより古い端のほうへ詰めることです。

14.3　ガベージコレクタが呼び出される3つのケース

ガベージコレクタが呼び出されるケースとしてよく知られているのは、以下の3つです。

- ケース1：　メモリ不足。
- ケース2：　マネージドヒープに置かれたオブジェクトが、定義された閾値を超えた。
- ケース3：　プログラム中でSystem.GC()メソッドが呼び出された。

14.3 ガベージコレクタが呼び出される3つのケース

ガベージコレクタを強制的に実行したければ、GC.Collect() メソッドを使います。このメソッドには、たくさんのオーバーロード形があります。リスト 14-1 では、GC.Collect(Int32) を使って、0世代から指定された世代まで即時にガベージコレクションします。

この考え方を理解するために、プログラムと出力を見ていきましょう。ここでは System.GC() を呼び出して、ガベージコレクタを実行しています。これは上記のケース3に相当します。

リスト14-1：System.GC() を使ったガベージコレクト

```csharp
using System;

namespace GarbageCollectionEx4
{
    class MyClass
    {
        private int myInt;
        //private int myInt2;
        private double myDouble;

        public MyClass()
        {
            myInt = 25;
            //myInt2 = 100;
            myDouble = 100.5;
        }
        public void ShowMe()
        {
            Console.WriteLine("MyClass.ShowMe()");
        }
        public void Dispose()
        {
            GC.SuppressFinalize(this);
            Console.WriteLine("Dispose() が呼ばれました");
            Console.WriteLine("総メモリ量" + GC.GetTotalMemory(false));
        }
        ~MyClass()
        {
            Console.WriteLine("デストラクタが呼ばれました");
            Console.WriteLine(
                "破壊作業のあとの総メモリ量は" + GC.GetTotalMemory(false));
            // 最後の出力を得るまで、しばらく静止
            System.Threading.Thread.Sleep(60000);
        }
    }

    class Program
    {
        public static void Main(string[] args)
        {
            Console.WriteLine("***ガベージコレクションの研究***");
```

```csharp
try
{
    Console.WriteLine("GC の最大世代は" + GC.MaxGeneration);
    Console.WriteLine("総メモリ量は" + GC.GetTotalMemory(false));
    MyClass myOb = new MyClass();
    Console.WriteLine(
        "myOb は、{0}世代にいます", GC.GetGeneration(myOb));
    Console.WriteLine(
        "いまの総メモリ量は{0}", GC.GetTotalMemory(false));
    Console.WriteLine(
        "第 0 世代で行われた回収は{0}回", GC.CollectionCount(0));
    Console.WriteLine(
        "第 1 世代で行われた回収は{0}回", GC.CollectionCount(1));
    Console.WriteLine(
        "第 2 世代で行われた回収は{0}回", GC.CollectionCount(2));

    // myOb.Dispose();

    GC.Collect(0);  //第 0 世代でガベージコレクトする
    Console.WriteLine("\n GC.Cellect(0) 呼び出し後");

    Console.WriteLine(
        "第 0 世代で行われた回収は{0}回", GC.CollectionCount(0)); // 1
    Console.WriteLine(
        "第 1 世代で行われた回収は{0}回", GC.CollectionCount(1)); // 0
    Console.WriteLine(
        "第 2 世代で行われた回収は{0}回", GC.CollectionCount(2)); // 0

    Console.WriteLine(
        "myOb は、{0}世代にいます", GC.GetGeneration(myOb));
    Console.WriteLine("総メモリ量は" + GC.GetTotalMemory(false));

    GC.Collect(1);  // 第 1 世代と第 0 世代でガベージコレクトする
    Console.WriteLine("\n GC.Cellect(1) 呼び出し後");

    Console.WriteLine(
        "第 0 世代で行われた回収は{0}回", GC.CollectionCount(0)); // 2
    Console.WriteLine(
        "第 1 世代で行われた回収は{0}回", GC.CollectionCount(1)); // 1
    Console.WriteLine(
        "第 2 世代で行われた回収は{0}回", GC.CollectionCount(2)); // 0

    Console.WriteLine(
        "myOb は、{0}世代にいます", GC.GetGeneration(myOb));
    Console.WriteLine("総メモリ量は" + GC.GetTotalMemory(false));

    GC.Collect(2);  // 第 2 世代、第 1 世代、第 0 世代でガベージコレクトする

    Console.WriteLine("\n GC.Cellect(2) 呼び出し後");
```

```csharp
                    Console.WriteLine(
                        "第 0 世代で行われた回収は{0}回", GC.CollectionCount(0)); // 3
                    Console.WriteLine(
                        "第 1 世代で行われた回収は{0}回", GC.CollectionCount(1)); // 2
                    Console.WriteLine(
                        "第 2 世代で行われた回収は{0}回", GC.CollectionCount(2)); // 1

                    Console.WriteLine(
                        "myOb は、{0}世代にいます", GC.GetGeneration(myOb));
                    Console.WriteLine("総メモリ量は" + GC.GetTotalMemory(false));

                }
                catch (Exception ex)
                {
                    Console.WriteLine("エラー:" + ex.Message);
                }

                Console.ReadKey();
        }
    }
}
```

```
***ガベージコレクションの研究***
GC の最大世代は 2
総メモリ量は 38164
myOb は、0 世代にいます
いまの総メモリ量は 38164
第 0 世代で行われた回収は 0 回
第 1 世代で行われた回収は 0 回
第 2 世代で行われた回収は 0 回

 GC.Cellect(0) 呼び出し後
第 0 世代で行われた回収は 1 回
第 1 世代で行われた回収は 0 回
第 2 世代で行われた回収は 0 回
myOb は、1 世代にいます
総メモリ量は 40524

 GC.Cellect(1) 呼び出し後
第 0 世代で行われた回収は 2 回
第 1 世代で行われた回収は 1 回
第 2 世代で行われた回収は 0 回
myOb は、2 世代にいます
総メモリ量は 40612

 GC.Cellect(2) 呼び出し後
第 0 世代で行われた回収は 3 回
第 1 世代で行われた回収は 2 回
第 2 世代で行われた回収は 1 回
myOb は、2 世代にいます
総メモリ量は 40648
```

コード解析

出力がどうなっているのか理解するために、もう一度プログラムの流れをたどってください。そうすれば、ガベージコレクションがどのように行われたのかを理解できるでしょう。たとえば、第2世代でガベージコレクションを行うときは、必ず他のすべての世代のガベージコレクションも実行されます。また作成したオブジェクトは、最初に世代0に配置されます。

デストラクタはどうやって呼び出すのですか？

デストラクタを明示的に呼び出すことはできません。ガベージコレクタが自動で呼び出します。

マネージドヒープとは何ですか？

CLRはガベージコレクタの初期化時に、オブジェクトの保持と管理のためにメモリの領域を割り当てます。このメモリ領域は、マネージドヒープとして知られています。

一般に、`Finalize()`メソッド（もしくはオブジェクトのデストラクタ）は、メモリをすべて解放するために呼び出されます。ですからデストラクタを使うことで、オブジェクトが保持している参照されていないリソースを消去して、メモリを解放できます。その場合は、`Object`クラスの`Finalize()`メソッドをオーバーライドする必要があります。

では、ガベージコレクタは、いつ`Finalize()`メソッドを呼び出すのでしょうか。しかしそれは、私たちの知るところではありません。あるオブジェクトが参照されていないのが見つかったとき即座にかもしれませんし、もしくは後で、CLRがメモリを取り戻す必要があるときかもしれません。しかし`System.GC.Collect()`を呼び出せば、ガベージコレクタをある時点で強制的に実行できます。すでに、`GC.Collect(Int32)`を呼び出して強制的に実行する方法については見ましたね。

なぜコンパクションが必要なのでしょう。

GC（ガベージコレクタ）がヒープから目的のオブジェクト（すなわち、参照されていないオブジェクト）をすべて削除すると、ヒープに残ったオブジェクトは散在した状態になります。

ガベージコレクション直後のヒープの状態を、簡単に表すと図14-1のようになります。白いブロックが利用可能なメモリブロックに相当します。

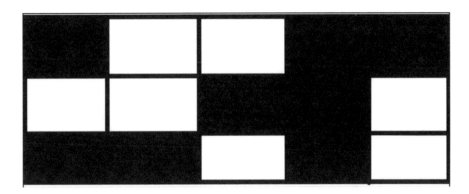

図14-1：GC 直後のヒープ状態

さてこのとき、このヒープ内で 5 つの連続したメモリブロックを割り当てたいとき、全体としては十分なスペースがあるのに、連続したメモリは割り当てることができません。そこでガベージコレクタは、残ったライブオブジェクトをすべて一方の端に移動し、空いたメモリブロックが 1 つの連続領域になるように形成します。これがコンパクションという方法です。操作後、このヒープは図 14–2 のようになります。

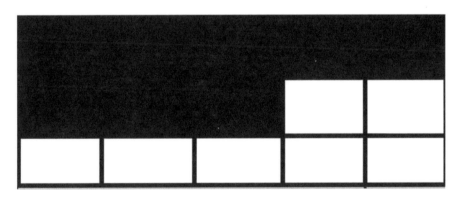

図14-2：コンパクション後のヒープ状態

これで、ヒープ内の 5 つ連続したメモリブロックをオブジェクトに割り当てることができます。
マネージドヒープと、旧来のアンマネージドヒープとの違いは、こういうところにあります。マネージドヒープでは、アドレスの連結リストを繰り返して新しいデータ用のスペースを探す必要はなく、単純にヒープポインタを使えばよいのです。したがって.NET ではオブジェクトのインスタンス化を、むしろレガシーシステムより速く行えます。オブジェクトが一旦コンパクションで適切な領域に移動させられれば、そのあとはそこに留まることが多いので、オブジェクトへのアクセスにもページスワッピングが少なくなり簡単かつ高速になります。そのため Microsoft では、コンパクション操作にコストがかかるとしても、その効果がもたらす最終的な利益はもっと大きいという

考え方をしています。

GC.Collect()を呼び出すタイミングはいつですか？

GCの起動は高くつきますが、いくつかの特別なシナリオでは、GCを起動できると、大きなメリットがあることは事実です。たとえば、コード内の多数のオブジェクトを間接参照した後が、そうした状況になると思われます。

他の状況としては、システム内のメモリリークを見つけるためにテストを繰り返し実行する場合などがあります。さまざまなカウンタでテストを繰り返してはメモリの増加を分析して、正しいカウンタを見つけるようなときは、それぞれの操作の最初にGC.Collect()を呼び出すとよいでしょう。

メモリリークについては、このあと手短に検討します。

アプリケーション実行中の、ある期間に、ある程度のメモリを再利用するにはどうすればよいですか？

.NETフレームワークには、IDisposableという特殊なインターフェイスがあります（図14-3）。

```
namespace System
{
    //
    // 概要:
    //     アンマネージ リソースを解放するためのメカニズムを提供します。 この型の .NET Framework ソース コードを参照する
    //     を参照してください。、 Reference
    //     Sourceです。
    [ComVisible(true)]
    public interface IDisposable
    {
        //
        // 概要:
        //     アンマネージ リソースの解放またはリセットに関連付けられているアプリケーション定義のタスクを実行します。
        void Dispose();
    }
}
```

図14-3：IDisposable インターフェイス

質問に出た操作には、このIDisposableインターフェイスを実装する必要があります。ということは当然、Dispose()メソッドのオーバーライドも必要です。開発者が自分でリソースを解放したいときは、これが最良の方法です。IDisposableインターフェイスを実装するもう1つの重要な利点は、参照されていないリソースを解放しようとするタイミングがプログラム側から把握できることです。

C#には、こうしたDispose()を用いた解放のための、特別な記法があります。using文を使うと、コードサイズを減らし、読みやすくできます。これはtry/finallyブロックの構文上のショートカットとして使えます。

> 　**覚えておこう**
>
> IDisposable インターフェイスを実装しているときは、プログラマが Dispose() メソッドを正しく呼び出すことが前提です。Dispose() を適切に呼び出さないときの予防策として、デストラクタも実装するのが良いとする専門家もいます。筆者も、実世界のプログラミングでは、こうした二重の実装が良策と思います。

14.4　メモリリークの解析

　一般に、コンピュータプログラムが実行されて長い時間が経っているのに、不要になったメモリリソースが解放されていないようだと、空きメモリがどこかに漏れ出しているかのように感じます。これがメモリリークです。この状態では、動作が時間の経過とともに遅くなり、最悪の場合クラッシュする恐れもあります。「私たちがどれほど早く異常に気付くか」は、リーク速度 ―― すなわち、アプリケーションのメモリの蓄積速度 ―― によることは明らかです。

　とても単純な例で考えてみましょう。ユーザーがデータをいくつか入力して［送信］ボタンをクリックするオンラインアプリケーションです。ユーザーが［送信］ボタンをクリックしたら、一部のメモリ割り当てを解放して良いはずなのに、開発者がそれを忘れたために、1 クリックあたり 512 バイトのメモリがリークすることになってしまったと仮定します。

　最初のクリックでパフォーマンスの低下に気付くことは、おそらくないでしょう。しかし、たくさんのオンラインユーザーが同時にアプリケーションを使っているとどうなるでしょう。仮に十万人が［送信］ボタンを押すと 48.8MB、百万回のクリックがあれば 4.76GB のメモリが失われます。

　つまり、アプリケーションやプログラムで 1 回の実行ごとに漏洩するメモリ量が、ごくわずかであるように見えても、時間が経てば何かおかしなことになってくるのです。たとえば、デバイスが System.OutOfMemoryException でクラッシュするとか、デバイス内の操作がとても遅くなってアプリケーションを頻繁に再起動する必要が出てくるなどです。C++のようなアンマネージド言語では、目的の作業が終わったら自分でメモリを解放しないと、時間が経つにつれて、メモリリークの影響が大きくなります。マネージドコードでは、CLR のガベージコレクタがこうしたほとんどの問題を防いでくれます。しかしそれでも、自分で注意してメモリリークの衝撃を避けるようにすべき場合もいくつかはあります。

　ガベージコレクタの適切な動作とはこういうことです。ある時点で、どこからも参照されていないオブジェクトがあれば、ガベージコレクタはそのオブジェクトを見つけ、不要になったとみなし、そのオブジェクトが占有していたメモリを取り戻します。

　それでは、どうすればリークを検出できるでしょうか。いくつかツールをご紹介しましょう。windbg.exe は、大規模なアプリケーションでメモリリークを見つけるためによく使われています。他に、Microsoft の CLR Profiler、SciTech の Memory Profiler、Red Gate の ANTS Memory Profiler などの GUI ツールでも、システム内のリークを見つけることができます。多くのソフトウェアプロジェクトやベンダーは、リークを検出したり分析したりするための独自のツールを持っ

ています。

　Visual Studio 2017には、メモリリークの検出と分析をする診断ツールがあります。これはわかりやすく、使いやすく、メモリ状態のそれぞれのスナップショットを、期間を変えて作成できます。また、ガベージコレクタの動作を示すマーカーもあります。このツールの真の力は、デバッグセッション続行中にリアルタイムでデータを分析できることです。グラフの形状に急上昇があれば、プログラマもすぐに異常に気付くことができます。リスト14-2では、プログラムの実行時に取得したメモリ状態のスナップショット（図14-4）も確認してください。

リスト14-2：メモリリークを起こすプログラム

```csharp
using System;
using System.Collections.Generic;

namespace AnalyzingLeaksWithSimpleEventEx1
{
    public delegate string MyDelegate(string str);

    class SimpleEventClass
    {
        public int ID { get; set; }

        public event MyDelegate SimpleEvent;

        public SimpleEventClass()
        {
            SimpleEvent += new MyDelegate(PrintText);
        }
        public string PrintText(string text)
        {
            return text;
        }

        static void Main(string[] args)
        {
            IDictionary<int, SimpleEventClass> col =
                new Dictionary<int, SimpleEventClass>();
            for (int objectNo = 0; objectNo < 500000; objectNo++)
            {
                col[objectNo] = new SimpleEventClass { ID = objectNo };
                string result = col[objectNo].SimpleEvent(
                                    "イベントを発生させています");
                Console.WriteLine(objectNo);
            }
            Console.ReadKey();
        }
    }
}
```

14.4 メモリリークの解析　273

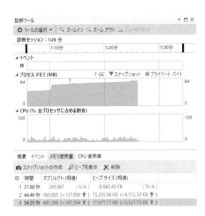

図14-4：リスト 14-2 実行後の診断結果

　図 14-4 は診断ツールウィンドウのスクリーンショットです。ある時点でメモリ使用量を分析した 3 つの異なるスナップショットが含まれています[1]。

　ヒープサイズが時間とともに増加するようすをご覧ください。この理由は、よく見るとわかります。このプログラムでは、以下のコードでイベントを登録していますが、登録解除をしていないのです。

```
SimpleEvent += new MyDelegate(PrintText);
```

　次に、Microsoft の CLR Profiler を使って、プログラムの実行に伴うメモリリークを分析するケーススタディも示します。このツールは、最近他に人気を奪われつつあるようですが、無料でとても使いやすいものです。

　.NET Framework 4 用の CLR Profiler は https://www.microsoft.com/en-in/download/confirmation.aspx?id=16273 からダウンロードできます[2]。

　CLR Profiler を使って、プログラムの実行に伴うリークを分析してみましょう。リスト 14-3 を使います[3]。プログラムの実行が終わったときの CLR Profiler の画面（図 14-5）も確認してください。

リスト14-3：メモリリーク分析プログラム

```
using System;
using System.IO; // FileStream を用いるため
```

---

[1] **訳注**：スナップショットを作成するには［スナップショットの作成］をクリックします。
[2] 本書翻訳時点（2019 年 2 月 22 日）で機能するリンクであり、将来的に変更／削除されるかもしれません。
[3] **訳注**：実行には、「C:¥MyFile」というフォルダをあらかじめ作成しておく必要があります。また CLR Profiler で実行する際には、［Profile］オプションで［Allocations］と［Calls］にチェックを付けておかないと結果のスクリーンショットで Heap Statistics や Garbage Collection Statitcs などが表示されません。

```csharp
// メモリリーク分析用のファイルを扱うプログラム
/* 特記事項、CLR の使い方
 * システム環境変数 PATH にコマンドパスを登録しておくこと。
 * コンパイルのコマンドは
 *     csc /t:exe /out:AnalyzingLeaksWithFileHandlingEx1.exe Program.cs
 *
 * 単に Files.cs をコンパイルし My.exe というファイルを作成するには
 *     csc /out:My.exe File.cs
 */
namespace AnalyzingLeaksWithFileHandlingEx1
{
    class Program
    {
        class FileOps
        {
            public void readWrite()
            {

                for (int i = 0; i < 1000; i++)
                {
                    String fileName = "Myfile" + i + ".txt";
                    String path = @"c:\MyFile\" + fileName;
                    {
                        FileStream fileStreamName;
                        try
                        {
                            fileStreamName = new FileStream(
                                            path, FileMode.OpenOrCreate,
                                            FileAccess.ReadWrite);
                            // using (fileStreamName = new FileStream(path,
                            //                        FileMode.OpenOrCreate,
                            //                        FileAccess.ReadWrite))
                            {
                                Console.WriteLine("{0}番目のファイルを作成しました", i);
                                // ここで、作成したファイルを閉じられないように例外を強制的
                                // に発生させる
                                if (i < 1000)
                                {
                                    throw new Exception("強制的な例外発生");
                                }
                            }
                            // ファイルストリームが閉じていない
                            // fileStreamName.Close();
                        }
                        catch (Exception e)
                        {
                            Console.WriteLine("例外発生" + e);
                        }
                    }
                }
            }
        }
```

```
static void Main(string[] args)
{
    FileOps filePtr = new FileOps();
    {
        filePtr.readWrite();
        Console.ReadKey();
    }
}
```

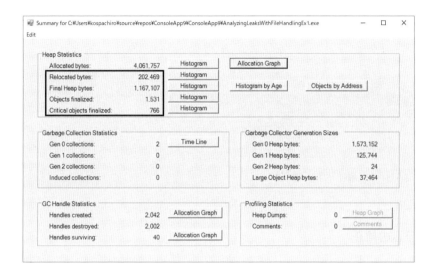

図14-5：リスト 14-3 実行後の CLR Profiler のレポート

コード解析

図 14-5 から、ガベージコレクタが各世代で不要なオブジェクトを一掃するまでの回数を見ることができます。また、対応するヒストグラムを表示すると、例外の問題がファイル処理に関連していることがわかります。

参考までに、[Final Heap bytes]（プログラム実行後の最終的にヒープに残ったオブジェクト）、[Objects finalized]（破棄されたオブジェクト）、[Relocated bytes]（再配置されたオブジェクトのバイトサイズ）を、ヒストグラムで示したものを図 14-6 に示します。

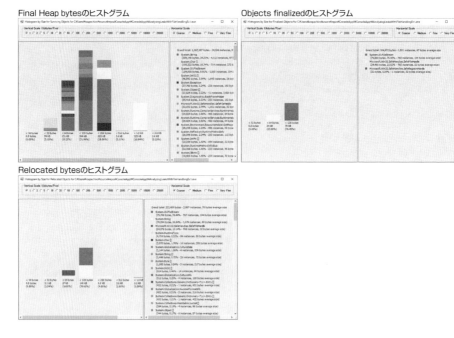

図14-6：リスト 14-3 実行後のヒストグラム

プログラムの修正

リスト 14-3 のプログラムにおいて、コメントアウトされていた using 文を有効にしてみましょう。以下のように修正します。

```
try
{
    // fileStreamName = new FileStream(
    //                  path, FileMode.OpenOrCreate,
    //                  FileAccess.ReadWrite);
    using (fileStreamName = new FileStream(path,
                            FileMode.OpenOrCreate,
                            FileAccess.ReadWrite))
    {
```

もう一度実行して確認すると、今度は、メモリ状態のレポートが、図 14-7 のように変わります。

14.4 メモリリークの解析　277

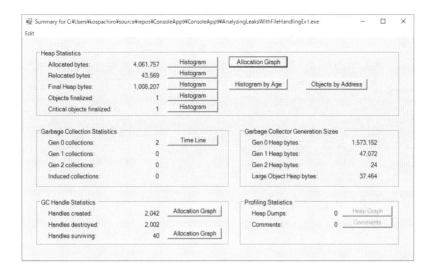

図14-7：リスト 14-3 修正後のメモリ状態

ヒストグラムも変わりました（図 14-8）。

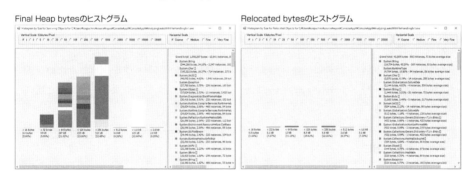

図14-8：ヒストグラムの結果

コード解析

　ご覧のようにプログラムを修正したら、`System.IO.FileStream` インスタンスを気にする必要はなくなりました。また、ガベージコレクタの動作回数も修正前よりはるかに少なくてすみます。

　他に、もう 1 つの大事な特徴に注目してください。IL コードを開くと、`try/finally` ブロックが記述されているのがわかります（図 14-9）。

第14章 メモリの解放

```
 FileOps::readWrite : void()
検索(F)  次を検索(N)
IL_002a:  stloc.2
IL_002b:  nop
.try
{
  IL_002c:  nop
  IL_002d:  ldloc.2
  IL_002e:  ldc.i4.4
  IL_002f:  ldc.i4.3
  IL_0030:  newobj      instance void [mscorlib]System.IO.FileStream::.ctor(string,
                                                    valuetype [mscorlib]System.IO.FileMode,
                                                    valuetype [mscorlib]System.IO.FileAccess)
  IL_0035:  dup
  IL_0036:  stloc.3
  IL_0037:  stloc.s     V_4
  .try
  {
    IL_0039:  nop
    IL_003a:  ldstr       bytearray (7B 00 30 00 7D 00 6A 75 EE 76 6E 30 D5 30 A1 30  // {.0.}.ju.vn0.0.0
                                      A4 30 EB 30 92 30 5C 4F 10 62 57 30 7E 30 57 30  // .0.0.0W0.bW0 ~0W0
                                      5F 30 )                                         // _0
    IL_003f:  ldloc.0
    IL_0040:  box         [mscorlib]System.Int32
    IL_0045:  call        void [mscorlib]System.Console::WriteLine(string,
                                                                    object)
    IL_004a:  nop
    IL_004b:  ldloc.0
    IL_004c:  ldc.i4      0x3e0
    IL_0051:  clt
    IL_0053:  stloc.s     V_5
    IL_0055:  ldloc.s     V_5
    IL_0057:  brfalse.s   IL_0065
    IL_0059:  nop
    IL_005a:  ldstr       bytearray (37 5F 36 52 B4 76 6A 30 B8 4F 16 59 7A 76 1F 75 )  // 7_6R.vj0.0.Yzv.u
    IL_005f:  newobj      instance void [mscorlib]System.Exception::.ctor(string)
    IL_0064:  throw
    IL_0065:  nop
    IL_0066:  leave.s     IL_0075
  }  // end .try
  finally
  {
    IL_0068:  ldloc.s     V_4
    IL_006a:  brfalse.s   IL_0074
    IL_006c:  ldloc.s     V_4
    IL_006e:  callvirt    instance void [mscorlib]System.IDisposable::Dispose()
    IL_0073:  nop
    IL_0074:  endfinally
  }  // end handler
```

図14-9：IL コードを確認する

　これは using 文を用いたために、コンパイラが try/finally ブロックを作成したためです。すなわち、using ステートメントが try/finally ブロック構文のショートカットであると述べた通りです。

>
> **覚えておこう**
> Microsoft の説明によると、using 文を使うと、オブジェクトのメソッドを呼び出し中に例外が発生したときでも Dispose() メソッドが確実に呼び出されます。これは、try ブロック内にオブジェクトを配置して、finally ブロック内で Dispose() メソッドを呼び出すようにしておくのと同じ効果があり、実際 using 文は、コンパイラによってそのように変換されています。

　すなわち、次のような using 文があるとすると、

```
using (FileStream fileStreamName =
    new FileStream(path, FileMode.OpenOrCreate, FileAccess.ReadWrite))
{
  // 何かのコード
}
```

以下のように変換されるということです。

14.4 メモリリークの解析

```
FileStream fileStreamName =
    new FileStream(path, FileMode.OpenOrCreate, FileAccess.ReadWrite);
try
{
  // 何かのコード
}
finally
{
  if (fileStreamName != null) ((IDisposable) fileStreamName).Dispose();
}
```

話題を変えて、次に進みましょう。まず重要な点を1つ覚えておいてください。現在のオブジェクトを GC.SuppressFinalize() メソッドに渡すと、そのオブジェクトのデストラクタに相当する Finalize() メソッドは呼び出されないという点です。

以下の3つのプログラムとその出力を通じて、C#でメモリを再利用する方法を理解しましょう。

リスト14-4：Dispose と Finalize

```
using System;

namespace GarbageCollectionEx1
{
    class MyClass : IDisposable
    {
        public int Sum(int a, int b)
        {
            return a + b;
        }
        public void Dispose()
        {
            GC.SuppressFinalize(this);
            Console.WriteLine("Dispose() が呼ばれました");
        }
        ~MyClass()
        {
            Console.WriteLine("デストラクタが呼ばれました");
            System.Threading.Thread.Sleep(5000);
        }
    }
    class Program
    {
        static void Main(string[] args)
        {
            Console.WriteLine("*** ガベージコレクタの研究、例その 1 ***");
            MyClass myOb = new MyClass();
            int sumOfIntegers = myOb.Sum(10,20);
            Console.WriteLine("10 と 20 を足すと" + sumOfIntegers);
            myOb.Dispose();
            Console.ReadKey();
        }
    }
}
```

リスト 4-5 では、Dispose() メソッドが呼び出されますが、オブジェクトのデストラクタは呼び出されないことに注意してください。

```
** ガベージコレクタの研究、例その 1 ***
10 と 20 を足すと 30
Dispose() が呼ばれました
```

リスト 14-5 では、「GC.SuppressFinalize(this);」という行と「Dispose() メソッドを呼び出す行」の両方をコメントアウトしました。

リスト14-5：Dispose も Finalize も呼ばない

```csharp
using System;

namespace GarbageCollectionEx2
{
    class MyClass : IDisposable
    {
        public int Sum(int a, int b)
        {
            return a + b;
        }
        public void Dispose()
        {
            // GC.SuppressFinalize(this);
            Console.WriteLine("Dispose() が呼ばれました");
        }
        ~MyClass()
        {
            Console.WriteLine("デストラクタが呼ばれました");
            // 出力を取得するためにしばらく停止させる
            System.Threading.Thread.Sleep(15000);
        }
    }
    class Program
    {
        static void Main(string[] args)
        {
            Console.WriteLine("*** ガベージコレクタの研究、例その 2 ***");
            MyClass myOb = new MyClass();
            int sumOfIntegers = myOb.Sum(10, 20);
            Console.WriteLine("10 と 20 を足すと" + sumOfIntegers);
            // myOb.Dispose();
            Console.ReadKey();
        }
    }
}
```

今度は、デストラクタのメソッドが呼ばれました[4]。

```
*** ガベージコレクタの研究、例その 2 ***
10 と 20 を足すと 30
デストラクタが呼ばれました
```

今度は「GC.SuppressFinalize(this);」はコメントアウトしたままですが、Dispose() メソッドは呼ぶことにします。

リスト14-6：Dispose のみ呼ぶ

```
using System;

namespace GarbageCollectionEx3
{
    class MyClass : IDisposable
    {
        public int Sum(int a, int b)
        {
            return a + b;
        }
        public void Dispose()
        {
            // GC.SuppressFinalize(this);
            Console.WriteLine("Dispose() が呼ばれました");
        }
        ~MyClass()
        {
            Console.WriteLine("デストラクタが呼ばれました");
            // 出力を取得するためにしばらく停止させる
            System.Threading.Thread.Sleep(30000);
        }
    }
    class Program
    {
        static void Main(string[] args)
        {
            Console.WriteLine("*** ガベージコレクタの研究、例その 3 ***");
            MyClass myOb = new MyClass();
            int sumOfIntegers = myOb.Sum(10, 20);
            Console.WriteLine("10 と 20 を足すと" + sumOfIntegers);
            myOb.Dispose();
            Console.ReadKey();
        }
    }
}
```

---

[4] 訳注：「デストラクタが呼ばれました」のメッセージは、何かキーを押した後に表示されます。次のリスト 14-6 も同様です。

第14章 メモリの解放

今度は Dispose() メソッドとデストラクタが、どちらも呼ばれました。

```
*** ガベージコレクタの研究、例その 3 ***
10 と 20 を足すと 30
Dispose() が呼ばれました
デストラクタが呼ばれました
```

問題

これまで試してきたことが理解できたら、リスト 14-7 の出力も予想できるでしょう。

このプログラムの構造は GarbageCollectionEx1 に似ているのに着目してください。唯一の違いは、あるクラスが別のクラスを含んでいることです。

リスト14-7：なにが呼ばれるでしょう

```csharp
using System;

namespace GarbageCollectionEx1._1
{
    class MyClassA : IDisposable
    {
        MyClassB classBObject;
        class MyClassB : IDisposable
        {
            public int Diff(int a, int b)
            {
                return a - b;
            }
            public void Dispose()
            {
                GC.SuppressFinalize(this);
                Console.WriteLine("MyClassB の Dispose() が呼ばれました");
            }
            ~MyClassB()
            {
                Console.WriteLine("MyClassB のデストラクタが呼ばれました");
                System.Threading.Thread.Sleep(5000);
            }
        }

        public int Sum(int a, int b)
        {
            return a + b;
        }
        public int Diff(int a, int b)
        {
            classBObject = new MyClassB();
            return classBObject.Diff(a, b);
        }
```

```csharp
        public void Dispose()
        {
            GC.SuppressFinalize(this);
            Console.WriteLine("MyClassA の Dispose() が呼ばれました");
            classBObject.Dispose();
        }
        ~MyClassA()
        {
            Console.WriteLine("MyClassA のデストラクタが呼ばれました");
            System.Threading.Thread.Sleep(5000);
        }
    }

    class Program
    {
        static void Main(string[] args)
        {
            Console.WriteLine("***問題：ガベージコレクションの研究 ***");
            MyClassA obA = new MyClassA();
            int sumOfIntegers = obA.Sum(100, 20);
            int diffOfIntegers = obA.Diff(100, 20);
            Console.WriteLine("10 と 20 の和は{0}",sumOfIntegers);
            Console.WriteLine("100 と 20 の差は{0}",diffOfIntegers);
            obA.Dispose();
            Console.ReadKey();
        }
    }
}
```

解答

```
***問題：ガベージコレクションの研究 ***
10 と 20 の和は 120
100 と 20 の差は 80
MyClassA の Dispose() が呼ばれました
MyClassB の Dispose() が呼ばれました
```

問題

では、リスト 14-7 を、以下のように classBObject の Dispose() メソッド呼び出しをコメントアウトしてみましょう。

```csharp
public void Dispose()
{
    GC.SuppressFinalize(this);
    Console.WriteLine("MyClassA の Dispose() が呼ばれました");
    // classBObject.Dispose();
}
```

出力はどうなるでしょうか？

解答

```
***問題：ガベージコレクションの研究 ***
10 と 20 の和は 120
100 と 20 の差は 80
MyClassA の Dispose() が呼ばれました
MyClassB のデストラクタが呼ばれました
```

コード解析

今度は、MyClassA の Dispose() メソッドと MyClassB のデストラクタが呼ばれたことに注目してください。

14.5 まとめ

本章では以下のトピックを取り上げました。

- ガベージコレクション（GC）とは何か、C#ではどのように動作するのか
- GC の世代にはどのような違いがあるか
- ガベージコレクタを呼び出す方法には、どのようなものがあるか
- GC を強制的に呼び出す方法
- メモリリークとは何か
- メモリリークの原因として、何が考えられるか
- Dispose() メソッドを使って、メモリを効率的に回収する方法
- Visual Studio の診断ツールや Microsoft の CLR Profiler を使った、メモリリークの解析方法

第3部

現実世界でのヒーローになる

第3部では、主に、次の事項を学びます。

- プログラミングで最も魅力的なデザインパターンの考え方
- 現実世界とコンピュータの世界における、3つのデザインパターンの実践例

第15章 デザインパターン入門

15.1 デザインパターンとは

　かなり昔から、ソフトウェアのエンジニアはみな、開発において同じような問題を抱えていました。ソフトウェアをどのように設計して、開発をどのように進めるかについて、頼れる基準がなかったのです。この問題がより深刻になるのは、新しいメンバーがチームに加わって、ゼロから何か作る、もしくは、すでにできあがっているソフトウェアに対して、何かを修正することになった場合です。その人には、経験があるかもしれませんし、ないかもしれません。これまではシステムの構造に関する標準がなかったため、個別のシステムの構造を理解するのに多大な努力が必要でした。この問題に対処するのがデザインパターンです。開発者はデザインパターンに従うことで、共通のプラットフォームを作ることができます。デザインパターンはみな、オブジェクト指向の設計として適用され、再利用されるというところが重要です。

　1995年頃、Erich Gamma（エーリヒ・ガンマ）、Richard Helm（リチャード・ヘルム）、Ralph Johnson（ラルフ・ジョンソン）、John Vlissides（ジョン・ブリシディーズ）の4人の著者が、ソフトウェア開発のデザインパターンの概念を記した著書『オブジェクト指向における再利用のためのデザインパターン』（翻訳・本位田真一、吉田和樹、刊・ソフトバンククリエイティブ、1999年）を刊行しました。

　この本の著者たちはギャングオブフォー（Gang of Four：GoF）として知られるようになります。彼らは、長きにわたるソフトウェア開発者の経験に基づいて構築された23のデザインパターンを紹介しています。

　新しいメンバーが開発チームに加わったとしましょう。その人が携わることになった新しいシステムが、あるデザインパターンに従っていることがわかれば、すぐにその構造に基づいた方針が見えてきて、他のチームメンバーとも協力し、大きな活躍ができるようになるはずです。

　実物を設計するデザインパターンという考え方を最初に取り入れたのは、建築家のChristopher Alexander（クリストファー・アレクサンダー）です。建物の設計において何かと似たような問題

を繰り返し経験してきた彼は、似たような問題に対して似たように解決できる統一された手法を考えようとしました。ソフトウェア開発においてアプリケーションを構築するのは、建築するのと考え方が似ています。そこでソフトウェア業界は、こうした考え方を自社製品開発に積極的に取り入れたのです。

> それぞれのパターンには、私たちの周りで何度も繰り返し発生する問題と、その問題の解決策の中核となる部分とをそれぞれ記述する。そうすることで、同じ方法をはじめから考え直す必要がなく、1つの解決策を何百万件にも適用できる。
>
> – Christopher Alexander

GoFの人々は、建物や町について記述したデザインパターンを、オブジェクト指向設計にもそのまま適用できると言っています。壁やドアというもともとの考え方を、オブジェクトやインターフェイスに置き換えます。建築分野とソフトウェア分野のどちらのデザインパターンにも共通する考え方の基本となるのは、ある適用範囲で何らかの解決策を見出そうとすることです。

ソフトウェアデザインパターンは、はじめはC++で1995年に議論されました。そのあと、C#が2000年に登場しました。本書では、C#を使って、3つのデザインパターンを検討します。Java、C++など、他の主要なプログラミング言語をよく知っていれば、C#のデザインパターンもすぐに理解できるでしょう。本書では読者が自分のソフトウェアにデザインパターンを適用していくときの助けになるように、簡単な例だけでなく、少し難しくても覚えやすい例を選びました。

15.2　キーポイント

- デザインパターンは、よく発生する似たような問題を共通に扱える、適用範囲が広く再利用可能な問題解決手法です。
- デザインパターンの目的は、多くの異なる状況で使えるような問題解決法のテンプレートを作成することです。
- ソフトウェアデザインの考え方は、オブジェクトやクラスがどのように作用し合うかを記述しておき、ソフトウェア設計上の汎用的な問題を特定の箇所での問題に合わせてカスタマイズできるようにすることです。

ギャングオブフォーと呼ばれるデザインパターンの創始者たちが、23のパターンを検討しました。このパターンは、3つの大きなカテゴリに分類できます。

❶ **生成に関するパターン**

インスタンスの作成方法を抽象化し、オブジェクトの構造、作成過程、表現と切り離したシステムを作ろうとするものです。以下の5つのパターンがこのカテゴリにあります。

- シングルトンパターン
- プロトタイプパターン

- ファクトリメソッドパターン
- ビルダーパターン
- 抽象的な工場パターン

❷ **構造に関するパターン**

比較的大きな構造を作っているクラスやオブジェクトの組み合わせに注目します。その多くは、継承を使ってインターフェイスやその実装を構成します。以下の 7 つのパターンが、このカテゴリに分類されます。

- プロキシパターン
- フライウェイトパターン
- コンポジットパターン
- ブリッジパターン
- ファサードパターン
- デコレータパターン
- アダプターパターン

❸ **振る舞いに関するパターン**

アルゴリズムやそれぞれのオブジェクト間での責任の分担、オブジェクト間のコミュニケーションプロセスに注目します。オブジェクト同士がどのように接続するかを見極めなければなりません。以下の 11 のパターンが、この分類に入ります。

- オブザーバパターン（出版–購読型モデル）
- ストラテジー（戦略）パターン
- テンプレートメソッドパターン
- コマンドパターン
- イテレータパターン
- メメントパターン
- ステートパターン
- メディエータパターン
- 責任の鎖パターン
- ビジターパターン
- インタープリタパターン

本書では、それぞれのカテゴリから 1 つを取り上げ、全部で 3 つのデザインパターンを検討します。理解しやすいよう、最も簡単な例を選んでいます。自分でそれぞれの例を繰り返し考え、練習し、また他の問題に結び付け、そして最終的に自分のコードで活かしてください。そうした過程で学習したことが、身に付いていきます。

15.3　シングルトンパターン

GoFによる定義
クラスはインスタンスを1つしか持ちません。そのインスタンスには、グローバルな接点を通じてアクセスできます。

考え方
ある種のクラスはインスタンスを1つしか持つべきでないことがあります。そうしたインスタンスは、必要に応じて使い回します。

実生活での例
スポーツチームのメンバーを考えます。このチームがトーナメントで他のチームと対戦しますが、双方のキャプテンがコイン投げで先攻を決めなければならないとします。もしチームにキャプテンがいない場合は、誰かをキャプテンとして選出する必要がありますし、チームのキャプテンは一人だけでなければなりません。

コンピュータの世界での例
ソフトウェアシステムでは、リソースの集中管理に用いるファイルシステムを、1つだけに絞らなければならないことがあります。

概要説明
この例では、通常の方法でインスタンス化できないようにコンストラクタをプライベートにします。クラスのインスタンスを作成しようとすると、利用可能なコピーがすでにあるかどうかを確認します。そのようなコピーがないときは、作成します。既存のコピーがすでにあるときは、単純に、そのコピーを再利用します。

クラス図

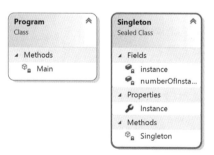

図15-1：このソリューションにおけるクラス図

ソリューションエクスプローラにおけるビュー

図 15-2 は、プログラムの高レベル構造を示したものです。

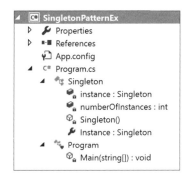

図15-2：このソリューションの構造

検討事項

ここでは、シングルトンパターンの考え方を説明するために、とても単純な例を実装してみました。この方法は「静的初期化」として知られています。

当初、C++の仕様には、静的変数の初期化順序に曖昧な点がありました。.NET Framework では、この問題は解決されています。

この実装例において注目すべきところは、次の通りです。

- CLR（共通言語ランタイム）が変数を初期化します。
- クラスのメンバのいずれかが参照されたときに、インスタンスが作成されます。
- `pubic static` としたメンバで、グローバルな接点を構成します。この例において `public static` としたメンバは `Instance` プロパティです。クラスの `Instance` プロパティを呼び出すまでインスタンス化プロセスが開始されません（すなわち、遅延初期化が可能です）。`sealed` キーワードを指定することで、クラスからの派生型が作成されないようにします。子クラスを通じて誤った使い方をされないようにするためです。`readonly` キーワードを使って、代入が静的初期化中に行われるようにします。
- シングルトンクラスのコンストラクタは `private` で、外部からインスタンス化できないようにしています。これはシステムに存在する唯一のインスタンスとして参照されるようにする措置です。

第 15 章　デザインパターン入門

実装

リスト15-1：シングルトンパターンに則った実装例

```csharp
using System;

namespace SingletonPatternEx
{
    public sealed class Singleton
    {
        private static readonly Singleton instance=new Singleton();
        private int numberOfInstances = 0;
        // private なコンストラクタで、クラス外から new キーワードで
        // インスタンスを作られないようにする

        private Singleton()
        {
            Console.WriteLine("private なコンストラクタの内部でのインスタンス化");
            numberOfInstances++;
            Console.WriteLine("インスタンスの数は{0}件", numberOfInstances);
        }
        public static Singleton Instance
        {
            get
            {
                Console.WriteLine("すでにあるインスタンスを使ってください。"
                return instance);
            }
        }
        // public static int MyInt = 25;
    }
    class Program
    {
        static void Main(string[] args)
        {
            Console.WriteLine("*** シングルトンパターンのデモ ***\n");
            // Console.WriteLine(Singleton.MyInt);
            // private なコンストラクタなので、new キーワードは使えない
            Console.WriteLine("インスタンス s1 を作成しようとしています");
            Singleton s1 = Singleton.Instance;
            Console.WriteLine("インスタンス s2 を作成しようとしています");
            Singleton s2 = Singleton.Instance;
            if (s1 == s2)
            {
                Console.WriteLine("インスタンスは 1 つだけです");
            }
            else
            {
                Console.WriteLine("他にもインスタンスがあります");
            }
            Console.Read();
        }
    }
}
```

```
*** シングルトンパターンのデモ ***

インスタンス s1 を作成しようとしています
private なコンストラクタの内部でのインスタンス化
インスタンスの数は 1 件
すでにあるインスタンスを使ってください。
インスタンス s2 を作成しようとしています
すでにあるインスタンスを使ってください。
インスタンスは 1 つだけです
```

克服すべき課題

以下のコードを見てください。シングルトンクラスにコードを 1 行追加したとします。矢印の部分です。

```
public sealed class Singleton
{
    private static readonly Singleton instance = new Singleton();
    private int numberOfInstances = 0;
    // privateなコンストラクタで、クラス外からnewキーワードで
    // インスタンスを作られないようにする

    private Singleton()
    {
        Console.WriteLine("privateなコンストラクタの内部でのインスタンス化");
        numberOfInstances++;
        Console.WriteLine("インスタンスの数は{0}件", numberOfInstances);
    }
    public static Singleton Instance
    {
        get
        {
            Console.WriteLine("すでにインスタンスがあります。それを使ってください。");
            return instance;
        }
    }
    public static int MyInt = 25;
}
```

図15-3：リスト 15-1 に 1 行追加

さらに、このプログラムの Main() メソッドを、次のようにします。

```
class Program
{
    static void Main(string[] args)
    {
        Console.WriteLine("*** シングルトンパターンのデモ ***\n");
        Console.WriteLine(Singleton.MyInt);
        Console.Read();
    }
}
```

すると出力は、次のようになってしまいます。

```
private なコンストラクタの内部でのインスタンス化
インスタンスの数は 1 件
***シングルトンパターンのデモ ***

25
```

この手法の欠点はここです。`Main()` の内部では、静的変数である `MyInt` を使おうとしただけですが、アプリケーションは `Singleton` クラスのインスタンスまで作成しています。つまり、インスタンス化プロセスを管理できていません。インスタンス化プロセスは、クラスのメンバのいずれかを参照すると、そのたびに開始されてしまいます。

とはいえ、ほとんどの場合、.NET では、この方法がおおむね好ましいとされています。

なぜ、このようなややこしいことになっているのですか？ シングルトンクラスを、単純に、次のように書いてはいけないのでしょうか。

```
public class Singleton
{
    private static Singleton instance;

    private Singleton() { }

    public static Singleton Instance
    {
        get
        {
            if (instance == null)
            {
                instance = new Singleton();
            }
            return instance;
        }
    }
}
```

この書き方は、シングルスレッド環境なら機能します。

しかし、マルチスレッド環境を考えてみましょう。2つ（以上）のスレッドが以下の条件を評価しようとしているとします。

```
if (instance == null)
```

この時点で、どちらのスレッドも、インスタンスがまだ作成されていないと判断すれば、それぞれ新しいインスタンスを作成しようとします。その結果、クラスに複数のインスタンスが発生する恐れがあります。

シングルトンデザインパターンをモデル化するための他の手法はありますか？

多くの方法が提唱されており、それぞれ長所も短所もあります。

そのうちの1つであるダブルチェックロックを紹介しましょう。この手法のMSDNによる概要はリスト15-2の通りです。

リスト15-2：ダブルチェックロック法

```
using System;

public sealed class Singleton
{
    /* インスタンスがアクセスされる前にインスタンス変数への代入が
     * 確実に完了するように、volatileを使います
     */
    private static volatile Singleton instance;
    private static object lockObject = new Object();

    private Singleton() { }

    public static Singleton Instance
    {
        get
        {
            if (instance == null)
            {
                lock (lockObject)
                {
                    if (instance == null)
                        instance = new Singleton();
                }
            }
            return instance;
        }
    }
}
```

この手法なら、本当に必要なときまでインスタンスを作成せずにおくことができます。しかしロックの仕組みは、一般にコスト高です。

インスタンスを volatile に指定するのはなぜですか？

C#の仕様では、次のように説明されています。

volatile キーワードは、フィールドが同時に実行されている複数のスレッドによって変更される可能性があることを示します。volatile 宣言されたフィールドは、シングルスレッドによるアクセスを前提としたコンパイラの最適化の対象にはなりません。これにより、常に最新の値がフィールドに表示されます。

簡単に説明すると、volatile キーワードは、シリアル化アクセスの仕組みを整える役割をします。これは、すべてのスレッドが、実行順序に従って他のスレッドによる変更を監視できるからです。volatile キーワードはローカル変数に対して指定することはできず、クラスフィールドまたは構造体フィールドに対して使います。

シングルトンパターンのさまざまな手法については http://csharpindepth.com/Articles/General/Singleton.aspx の記事における Jon Skeets（ジョン・スキーツ）のコメントを参照してください。シングルトンパターンをモデル化するためのさまざまな代替案（長所と短所）が説明されています。

15.4　アダプターパターン

GoF による定義

クラスのインターフェイスをクライアントが期待する別のインターフェイスに変換します。アダプターを使うと、互換性のないインターフェイスから派生したクラス同士でも連携が可能になります。

考え方

基本コンセプトは、以下のような例で考えるのが最もわかりやすいでしょう。

実生活での例

最もわかりやすい例は、電源アダプターです。AC 電源には、必要に応じてさまざまな種類のソケットがあります。また、携帯電話の充電は事あるごとに必要ですが、それにはコンセントを経由して充電器を使います。しかし自分の充電器が、コンセントと形状が合わなかったり、給電特性に対応しなかったりする場合は、アダプターが必要になります。言語の翻訳者も、実生活上において、アダプターの役割を果たしています。

以下のような仕組みを想像してください。アプリケーション中で、あるインターフェイスを使うためにアダプターに接続されており、アダプターがないとアプリケーションとインターフェイスを

結合できないとします。図中央の、X型をしているのがアダプターです。
　アダプターに接続する前のようすは図15-4の通りです。

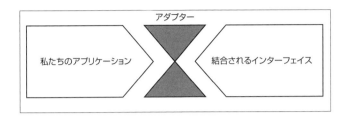

図15-4：アダプターに接続前

　アダプターを使って結合すると、図15-5のようになります。

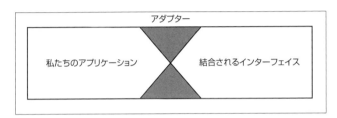

図15-5：結合した状態

コンピュータの世界での例
　コンピュータの世界でこのパターンがよく使われる場面は、まさに以下の事例の通りです。

概要説明
　この例では、長方形の面積を簡単に計算する方法が用意されています。`Calculator`クラスとその`GetArea()`メソッドに注目してください。四角形の領域を取得するには、`GetArea()`メソッドで四角形を指定します。このとき三角形の面積を取得したいとします。ただし、同じく`Calculator`の`GetArea()`を使うという制約を付けます。どうすればよいでしょうか？
　この要求を満たすのが、三角形用のアダプターです。この例では`CalculatorAdapter`というクラスを作成し、その`GetArea()`メソッドに三角形を渡すことにします。このメソッドは三角形を長方形のように扱って`Calculator`クラスの`GetArea()`を呼び出し、領域を取得します。

クラス図

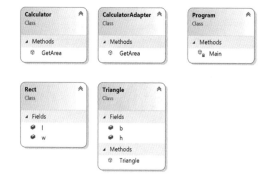

図15-6：このソリューションにおけるクラス図

有向グラフのドキュメント（DGML）

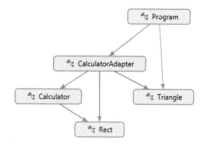

図15-7：ドキュメントダイアグラム

ソリューションエクスプローラにおけるビュー

図 15-8 は、プログラムの高レベル構造を示したものです。

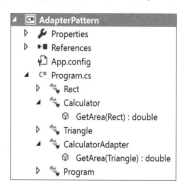

図15-8：このソリューションの構造

実装

リスト15-3：アダプターパターンに則った実装

```csharp
using System;

namespace AdapterPattern
{
    class Rect
    {
        public double l;
        public double w;
    }
    class Calculator
    {
        public double GetArea(Rect r)
        {
            return r.l * r.w;
        }
    }
    // 三角形の面積を計算するため、Calculator クラスに三角形を Rect 型として渡す
    class Triangle
    {
        public double b; // 底辺
        public double h; // 高さ
        public Triangle(int b, int h)
        {
            this.b = b;
            this.h = h;
        }
    }
    class CalculatorAdapter
    {
        public double GetArea(Triangle t)
        {
            Calculator c = new Calculator();
            Rect r = new Rect();
            r.l = t.b;
            r.w = 0.5 * t.h; // 三角形の面積 = 0.5 * 底辺 * 高さ
            return c.GetArea(r);
        }
    }
    class Program
    {
        static void Main(string[] args)
        {
            Console.WriteLine("***アダプターパターンのデモ ***\n");
            CalculatorAdapter cal = new CalculatorAdapter();
            Triangle t = new Triangle(20,10);
            Console.WriteLine("三角形の面積は" + cal.GetArea(t) + "平方単位");
            Console.ReadKey();
        }
    }
}
```

```
***アダプターパターンのデモ ***
三角形の面積は 100 平方単位
```

この手法を改変していきましょう。

リスト 15-3 で示したのは、アダプター設計パターンの、とても単純な例です。しかし、オブジェクト指向の設計原則に従うならば、この例は修正の必要があります。主な修正の 1 つは、通常のクラスではなくインターフェイスを使うことです。そこで、`Calculator` の `GetArea()` を使って三角形の面積を求めるという目標は変えず、方法だけを変更しましょう。

新たに作るにあたって、次の指針を採用しました。

- `Rect` クラスには `RectInterface` インターフェイスを実装し、その `CalculateAreaOfRectangle()` メソッドを使って、四角形オブジェクトの面積を計算するようにしました。
- `Triangle` クラスは `TriInterface` インターフェイスを実装し、その `CalculateAreaOfTriangle()` メソッドで三角形オブジェクトの面積を計算するようにしました。
- この例では、三角形の面積を計算するには `RectInterface` を使用すべしという制約があるので、`RectInterface` と通信できるアダプターを作成しました。

このとき、アダプターパターンの威力が発揮されます。`Rectangle` コードも `Triangle` コードも変更する必要はありません。アダプターで `RectInterface` を呼び出すことになったので、高レベルから見ると、`RectInterface` メソッドで三角形の面積を計算しているかのように見えています。

`GetArea(RectInterface r)` メソッドは、実は `TriangleAdapter` を通じて、`Rectangle` オブジェクトではなく `Triangle` オブジェクトを取得しているのですが、メソッド自身はそれを認識していないのが面白いところです。

他にも重要な事実や使い方があります。「たくさんの長方形のオブジェクトが必要だが、今それが足りない」という状況を想像してください。そんなとき、このパターンでは、もし三角形オブジェクトでも事足りるのであれば、プログラム上では四角形オブジェクトと同じように扱えます。これを実現するためにアダプターを使います。アダプターを使うことで、`CalculateAreaOfRectangle()` を呼んでいながらも、実際には `CalculateAreaOfTriangle()` を呼んでいるのです。ですから、必要に応じてメソッド本体を変更できます。たとえば、算出された三角形の面積をさらに 2.0 倍して 200 平方単位の面積三角形を得るようにすれば、「200 平方単位の面積を持つオブジェクトが欲しい」と言うときに、長さ 20 単位・幅 10 単位の長方形オブジェクトを呼ぶのと同じように三角形でも対応できる……、というようなシナリオに使えます。

なお、C#標準命名規則では、インターフェイス名は「I」で始めるべきですが、この例では読みやすくするために、この命名規則には従っていません。

ソリューションエクスプローラにおけるビュー

図15-9は、プログラムの高レベル構造を示したものです。

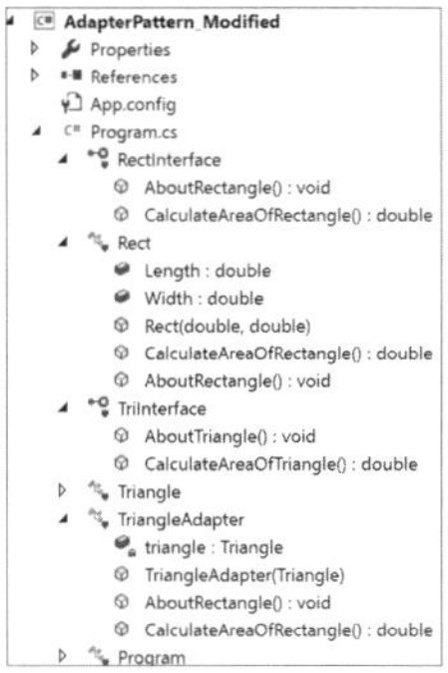

```
AdapterPattern_Modified
  Properties
  References
  App.config
  Program.cs
    RectInterface
      AboutRectangle() : void
      CalculateAreaOfRectangle() : double
    Rect
      Length : double
      Width : double
      Rect(double, double)
      CalculateAreaOfRectangle() : double
      AboutRectangle() : void
    TriInterface
      AboutTriangle() : void
      CalculateAreaOfTriangle() : double
    Triangle
    TriangleAdapter
      triangle : Triangle
      TriangleAdapter(Triangle)
      AboutRectangle() : void
      CalculateAreaOfRectangle() : double
    Program
```

図15-9：このソリューションの構造

実装

リスト15-4：アダプターパターンを使った例

```csharp
using System;
namespace AdapterPattern_Modified
{
    interface RectInterface
    {
        void AboutRectangle();
        double CalculateAreaOfRectangle();
    }
    class Rect : RectInterface
    {
        public double Length;
        public double Width;
        public Rect(double l, double w)
        {
            this.Length = l;
            this.Width = w;
        }

        public double CalculateAreaOfRectangle()
        {
            return Length * Width;
        }

        public void AboutRectangle()
        {
            Console.WriteLine("実は私は長方形です");
        }
    }
```

```csharp
interface TriInterface
{
    void AboutTriangle();
    double CalculateAreaOfTriangle();
}
class Triangle : TriInterface
{
    public double BaseLength; // 底辺
    public double Height; // 高さ
    public Triangle(double b, double h)
    {
        this.BaseLength = b;
        this.Height = h;
    }

    public double CalculateAreaOfTriangle()
    {
        return 0.5 * BaseLength * Height;
    }

    public void AboutTriangle()
    {
        Console.WriteLine("実は私は三角形です");
    }
}

/*
 * TriangleAdapter は RectInterface を実装しているため、
 * 実装元のインターフェイスで定義された
 * すべてのメソッドを実装する必要があります
 */
class TriangleAdapter:RectInterface
{
    Triangle triangle;
    public TriangleAdapter(Triangle t)
    {
        this.triangle = t;
    }

    public void AboutRectangle()
    {
        triangle.AboutTriangle();
    }

    public double CalculateAreaOfRectangle()
    {
        return triangle.CalculateAreaOfTriangle();
    }
}
```

```csharp
class Program
{
    static void Main(string[] args)
    {
        Console.WriteLine("***アダプターパターンのデモ、修正版***\n");
        // CalculatorAdapter cal = new CalculatorAdapter();
        Rect r = new Rect(20, 10);
        Console.WriteLine(
            "長方形の面積は{0}平方単位です", r.CalculateAreaOfRectangle());
        Triangle t = new Triangle(20, 10);
        Console.WriteLine(
            "三角形の面積は{0}平方単位です", t.CalculateAreaOfTriangle());
        RectInterface adapter = new TriangleAdapter(t);
        // 長方形の代わりに三角形を渡す
        Console.WriteLine(
            "三角形アダプターを用いて計算した三角形の面積は{0}平方単位です",
            GetArea(adapter));
        Console.ReadKey();
    }
    /*
     * GetArea(RectInterface r) メソッドは、TriangleAdapter を通じて、
     * Rectangle ではなく Triangle を取得していることを認識していません
     */
    static double GetArea(RectInterface r)
    {
        r.AboutRectangle();
        return r.CalculateAreaOfRectangle();
    }
}
```

```
***アダプターパターンのデモ、修正版***

長方形の面積は 200 平方単位です
三角形の面積は 100 平方単位です
実は私は三角形です
三角形アダプターを用いて計算した三角形の面積は 100 平方単位です
```

特記事項

GoF では、アダプターは 2 種類あるとしています。オブジェクトアダプターとクラスアダプターです。

- オブジェクトアダプターは、オブジェクトコンポジションを通じて役割を果たします。上記の例で説明したアダプターは、オブジェクトアダプターの一例です。他にも多くの場所で、オブジェクトアダプターの、この典型的なクラス図（図 15-10）を目にすることでしょう。

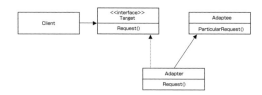

図15-10：オブジェクトアダプターの例

この例では、`TriangleAdapter`が「`Adapter`」に相当し、「`Target`」インターフェイスである`RectInterface`を実装しています。そして`Triangle`が「`Adaptee`」に相当します。`Adapter`は、`Adaptee`インスタンスを保持していることがわかります。つまりこの例では、オブジェクトコンポジションが実装されています。

- 一方、クラスアダプターはサブクラス化で役目を果たします。クラスアダプターは多重継承に負うところが大きいのですが、C#では、クラスを介した多重継承はサポートしません。多重継承の考え方を実装するには、インターフェイスが必要です。

図 15-11 は、多重継承するクラスアダプターのクラス図です。

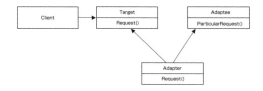

図15-11：多重継承するクラスアダプター

 C#でクラスアダプターのデザインパターンを実装するには、どうすればよいですか？

 今のクラスの子クラスを作成して、適切なインターフェイスを実装します。以下のコードブロックを見てください。

```csharp
class ClassAdapter : Triangle, RectInterface
{
    public ClassAdapter(double b, double h) : base(b, h)
    {
    }
```

```csharp
    public void AboutRectangle()
    {
        Console.WriteLine("実は私はアダプターです");
    }

    public double CalculateAreaOfRectangle()
    {
        return 2.0 * base.CalculateAreaOfTriangle();
    }
}
```

ただしこの手法は、すべてのシナリオに適用できるわけではありません。たとえば、C#インターフェイスで仕様にないメソッドを適応させる必要があるときは適用できません。そのような場合は、オブジェクトアダプターのほうが使いやすいです。

15.5　ビジターパターン

GoFによる定義

オブジェクトを構成する要素に対して実行される操作を表現します。ビジターパターンでは、操作対象となる要素に対して、それが属するクラスを変更せずに、新しい操作を定義できます。

考え方

ビジターパターンを使うと、オブジェクトの構造からアルゴリズムを分離することができます。すなわち既存のオブジェクトの構造を変更することなく、それらに新しい操作を追加することができます。ビジターパターンは、「オープン／クローズ」の原則に従っています。つまり、拡張は許可しますが、クラス、関数、モジュールなどのようなエンティティに対する変更は許可しません。

実生活での例

タクシー予約のシナリオを考えましょう。タクシーが客の家の前に到着して、客がタクシーに乗り込むとします。すると、訪問したタクシー（＝ビジター）に、移動の制御が移ります。

コンピュータの世界での例

このパターンは、パブリックAPIに独自の機能をプラグインできるので、とても便利です。クライアントはビジタークラスを使って、ソースを変更せずにクラスに対して操作できます。

概要説明

図15-12に、ビジター型のデザインパターンを説明するための、簡単な例を示します。ここでは、2つのクラス階層を見ていきます。左側は元のクラス階層で、右側が独自に作成するものです。このような構成において、IOriginalInterface階層内の変更／更新操作を、元のコードを乱すことなく、この新しいクラス階層を介して実行することを考えます。

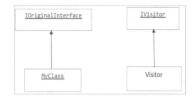

図15-12：ビジターパターンの例

　単純な場合を考えてみましょう。上の例で、`MyClass` の初期整数値を変更したいけれども、既存の階層（図の左側の階層）のいずれのコードも変更できないという制約があるとします。

　この要件を満たすために、以下のサンプルプログラムでは、機能の実装としてのアルゴリズムを元のクラス階層から分離し、すべてのロジックをビジタークラス階層に納めます。

クラス図

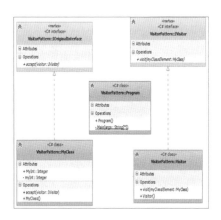

図15-13：このソリューションにおけるクラス図

ソリューションエクスプローラにおけるビュー

　図 15-14 は、プログラムの高レベル構造を示したものです。

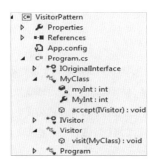

図15-14：このソリューションの構造

実装

リスト15-5：ビジターパターンを使った例

```
using System;

namespace VisitorPattern
{
    interface IOriginalInterface
    {
        void accept(IVisitor visitor);
    }
    class MyClass : IOriginalInterface
    {
        private int myInt = 5;// 初期値もしくは既定値

        public int MyInt
        {
            get
            {
                return myInt;
            }
            set
            {
                myInt = value;
            }
        }
        public void accept(IVisitor visitor)
        {
            Console.WriteLine("整数の初期値は{0}", myInt);
            visitor.visit(this);
            Console.WriteLine("\n 整数の今の値は{0}", myInt);
        }
    }

    interface IVisitor
    {
        void visit(MyClass myClassElement);
    }
    class Visitor : IVisitor
    {
        public void visit(MyClass myClassElement)
        {
            Console.WriteLine("ビジターが整数値を変更しようとしています");
            myClassElement.MyInt = 100;
            Console.WriteLine("Visitor クラスのメソッド visit から抜けます");
        }
    }
    class Program
    {
        static void Main(string[] args)
        {
            Console.WriteLine("***ビジターパターンのデモ ***\n");
```

```
            IVisitor v = new Visitor();
            MyClass myClass = new MyClass();
            myClass.accept(v);
            Console.ReadLine();
        }
    }
}
```

```
***ビジターパターンのデモ ***

整数の初期値は 5
ビジターが整数値を変更しようとしています
Visitor クラスのメソッド visit から抜けます

整数の今の値は 100
```

ビジターデザインパターンの実装を使うと良さそうなのは、どんなときですか？

既存の構造を変更せずに機能を追加する必要があるときです。それがビジターパターンの主な目的です。ビジターパターンは、カプセル化は主な関心事ではありません。

ビジターパターンに何か欠点はありますか？

ビジターパターンでは、カプセル化にこだわりません。そのためビジターパターンを用いるときは、カプセル化を壊さなければならないことが多々あります。また、既存の構造側に新しいクラスを頻繁に追加する必要がある場合、ビジター側の階層を維持するのが難しくなります。たとえば、元の階層に別のクラスを追加したいとします。すると、この例では、その追加に合わせて、ビジター側の階層も変更しなければならなくなります。

15.6 まとめ

本章では、以下の事項を紹介しました。

- デザインパターン
- ギャングオブフォーが提唱するデザインパターンのうちの 3 つ。すなわち、「シングルトンパターン」「アダプターパターン」「ビジターパターン」に関する、C#における実装

第16章
これから歩む道

　おめでとうございます。あなたは旅の目的地に到達しました。旅を始めるのは誰にでもできますが、熱心に歩んで旅路を終えることができる人はわずかしかいません。あなたはその数少ない中の一人であり、ここまでの道を歩き続ける驚くべき能力を持っています。本書での学習を楽しい経験としてくれたと信じます。本書で得た経験をもとにして、同じ分野のさらに新しい事柄を学んで行けるでしょう。本書の別のところでも言いましたが、ここに記された質問と回答を繰り返して考察すると、意味することがより明確となり確信を得て、プログラミングの世界で一歩抜け出た人になれるでしょう。

　C#言語とそのすべての機能を完全に網羅するには、さらに多くのページが必要になるため、本のサイズが肥大化し、読者も内容を消化できなくなるでしょう。それでここで終わったわけですが、次はどうしましょうか？　そうです、「継続は力なり」の基本原則に立つことです。本書を励みとして、C#の中心となる事項をより深く学んで行ってもらえればと思います。そうすれば、もっと高度な話題や、これから登場する新機能も学びやすくなるでしょう。

　本書を読み終えたら、コレクション、LINQ、並行性、シリアル化、リフレクション、マルチスレッド化、並列プログラミング、非同期プログラミング、デザインパターンなどの高度な機能を詳しく学んでいけます。これらのどれについても、本書で説明した考え方を十分に役立てることができるでしょう。

　最後になりますが、私は読者のみなさんからの反響を待っています。良くないところも指摘してくださって結構です。でもそのときには、よかったところも一緒に知らせてくださいね。世の中、批判は簡単ですが、どんな種類の仕事にも、真の努力がなされていることを見出すには、芸術的なものの見方と広い心が必要です。本書をお読みいただき感謝します。これからもコーディングを楽しんでください！

付録 A

本文から漏れた話題など

A.1 基本

　C#は、オブジェクト指向の言語です。Java や C++、Visual Basic と多くの類似点があります。プログラマの多くは、力任せの処理もできて高効率な C++と、クリーンなオブジェクト指向設計の Java、そして平易な Visual Basic の長所をあわせもった言語として、この C#という言語の使いやすさを歓迎しています。まず、C#についての基本的な疑問と回答を駆け足で見て行きましょう。

A.2　C#のセオリー

　C#など、.NET 準拠したプログラミング言語を使って.NET プログラムをコンパイルすると、最初にソースコードが MSIL（Microsoft Intermediate Language）と呼ばれる中間コードに変換されます。CLR が IL コードのインタープリタとして働き、IL コードはプログラムの実行時に、バイナリの実行可能コードに変換されます。変換されたコードは、「ネイティブコード」とも呼ばれます。

■ IL コード

　IL コードは、オペレーティングシステムやハードウェアに依存しません。どの.NET 言語でも似たようなコードになるため、異なる言語間を結び付けるのにも役立ちます。

■ CLR

　CLR は.NET Framework を考える上で最も重要です。オペレーティングシステムの上に置かれているフレームワーク層であり、.NET アプリケーションの実行を担います。それぞれのプログラムは OS と直接やりとりすることはなく、必ず CLR を介さなければなりません。

■ IL コードを見たい

　以下のプログラム（リスト A–1）を使って IL コードの表示と見方を説明します。

リストA-1：IL コード確認用プログラム

```
using System;
namespace ILCodeTest
{
    class Program
    {
        static void Main(string[] args)
        {
            Console.WriteLine("C#の IL コードを確認");

            Console.WriteLine("整数値を入力してください");
            string a = Console.ReadLine();
            int myInt = int.Parse(a);
            Console.WriteLine(a + "を入力しましたね");

            double myDouble = 21.9;
            Console.WriteLine("double 型の値の例は" + myDouble);

            float myFloat = 100.9F;
            Console.WriteLine("float 型の値の例は" + myFloat);

            Console.Read();
        }
    }
}
```

IL コードを確認する手順は、次の通りです。

1. Visual Studio のコマンドプロンプト（開発者コマンドプロンプト）を開きます。
2. 「ildasm」と入力して［Enter］キーを押します。次のようなウィンドウがポップアップします。

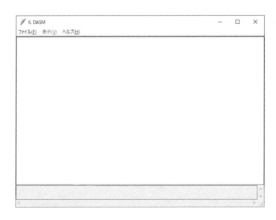

A.2 C#のセオリー 313

3. このウィンドウに、.exe 形式の実行ファイルをドラッグします。

4. 「Main:void(string[])」をダブルクリックします。

■ JITer

「JITer」は「Just-in-time コンパイラ」の省略名です。CLR が JITer を呼び出して、IL コードを

ネイティブの実行可能コードにコンパイルします。たとえば、.exe や.dll などです。これらはマシンと OS に固有のものです。一度コンパイルすると、その後 CLR は、コンパイル済みのコピーを再利用するため、再コンパイルに際しては、時間を節約するだけでなく、再コンパイルを回避できることもあります。

関数を呼び出すと、IL からネイティブコードへの変換は、必要になったとき（Just-in-time）に行われます。プログラム中のある部分を実行するときに、使わない部分は変換されません。

■ C#と C++の速度

Microsoft は、両言語で速度を競わせるのは無意味だと考えています。専門家の見解では、プログラムを実行して長い時間が経って関数がみな呼び出されてしまえば、呼び出し時のパフォーマンス上のペナルティはない、もしくは、あったとしてもわずかになるだろうということです。とすれば、JITer のコード処理は C++よりも速いでしょう。それ以外の場合は、C#の実行時コンパイルに時間がかかるため、C++のほうが高速ということになります。

■「プロジェクト」と「ソリューション」

「プロジェクト」には、アプリケーションやモジュールを作成するための実行可能ファイルとライブラリが含まれていると考えてください。C#におけるプロジェクトファイルの拡張子は.csprojです。これにはコンソールアプリケーション、クラスライブラリ、Windows フォームアプリケーションなどがあります。

「ソリューション」は、論理的に結び付いている異なるプロジェクトを含むプレースホルダです。ソリューションファイルの拡張子は.sln です。たとえば、1 つのソリューションにコンソールアプリケーションプロジェクトと Windows フォームプロジェクトを含むことができます。

■ 1 つのプログラム内で同じ名前の異なるクラスを使いたいが、名前の衝突は避けたい

名前空間（ネームスペース）を使ってください。

■「using System」

System 名前空間で定義されているすべてのクラスを使えるようにすることです。ただし、System から派生した名前空間のクラスにはアクセスできません。

■標準のシグニチャ

以下は、C#の Main() メソッドの標準のシグニチャです。

```
class Program
{
    static void Main(string[] args)
    {
    }
}
```

Main
このプログラムのエントリポイント（最初に呼ばれるメソッド）。

static
CLRがProgramクラスのオブジェクトを作成せずにMainメソッドを呼び出せるようにするため。

void
メソッドは値を戻さない。

string[] args
コマンドラインからプログラムを実行するとき、Main()に渡せるパラメータのリスト。

■ C#プログラムに複数のMain()メソッドを記述したい

複数のMain()メソッドを記述してもかまいませんが、エントリポイントを指定しなければなりません。指定しないと、図A-1のようなエラーになります。

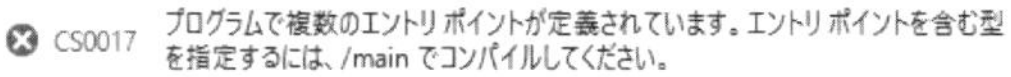

> ⊗ CS0017　プログラムで複数のエントリポイントが定義されています。エントリポイントを含む型を指定するには、/mainでコンパイルしてください。

図A-1：複数のエントリポイントに起因するエラー（CS0017）

そこで、たとえば以下のようなMain()が2つあるプログラムを考えてみましょう。

```
using System;

namespace MultipleMainMethodTest
{
    class Program1
    {
        static void Main(string[] args)
        {
            Console.WriteLine("私はProgram-1にいます");
        }
    }
    class Program2
    {
        static void Main(string[] args)
        {
            Console.WriteLine("私はProgram-2にいます");
        }
    }
}
```

このプログラムを実行するには、プロジェクトのプロパティを開き、スタートアップオブジェクトを設定します。図A-2は、Program1を選択したところです。

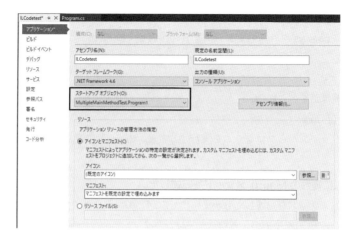

図A-2：プロジェクトのプロパティ

このように設定してからアプリケーションを実行すると、次の出力が得られます。

```
私は Program-1 にいます
```

■ **C#と Java の似ているところ**

オブジェクト指向言語であること、ガベージコレクションを内蔵していること、多重継承ができないこと、マネージドコードの範囲では、ポインタが使えないことなどです。

■ **C#と Java の異なるところ**

C#は、演算子のオーバーロード、列挙、関数ポインタの役割をするデリゲートをサポートしています。また、アンマネージドコードでは、プリプロセッサディレクティブやポインタも使えます。

Java にあって C#にないのが、throws という特別なキーワードです。throw というキーワードは C#にも Java にもありますが、これは throws とは違います。

Java で throws を使えば、どのメソッドでも、例外を未チェックで投げるように宣言できるのです。C#にはそのような構文はありません[1]。

A.3　選択ステートメント

選択ステートメントを使うと、プログラムの流れを特定の方向に変えることができます。選択ステートメントでは、記述されたコードを実行する前に条件を確認するのが普通です。

---

[1] 詳細については、https://msdn.microsoft.com/en-us/library/ms836794.aspx を参照してください。

選択ステートメントの種類

選択ステートメントには、2種類あります。if-else と switch です。

リスト A-2 に、if-else を使ったサンプルプログラムを示します。

リストA-2：if-else を使った例

```
using System;

namespace Example_if_else
{
    class Program
    {
        static void Main(string[] args)
        {
            Console.WriteLine("*** if-else の例 ***");
            string input;
            int number;
            Console.WriteLine("数を入力してください");
            input = Console.ReadLine();
            // 入力された文字列を整数に変換できるか検査
            if (int.TryParse(input, out number))
            {
                Console.WriteLine("{0}を入力しましたね", input);
            }
            else
            {
                Console.WriteLine("入力内容が不適切です");
            }
            if (number % 2 == 0)
            {
                Console.WriteLine("{0}は偶数です", number);
            }
            else
            {
                Console.WriteLine("{0}は奇数です", number);
            }
            Console.ReadKey();
        }
    }
}
```

●出力例：7 を入力したとき

```
*** if-else の例***
数を入力してください
7
7 を入力しましたね
7 は奇数です
```

●出力例：24 を入力したとき

```
*** if-else の例***
数を入力してください
24
24 を入力しましたね
24 は偶数です
```

switch は if-else とは異なり、変数が取り得る値のリストを持ちます。switch ステートメント内の変数と case ステートメントの値が一致すれば、そこに制御を移します（リスト A-3）。

リストA-3：switch を使った例

```csharp
using System;

namespace Example_switch
{
    class Program
    {
        static void Main(string[] args)
        {
            Console.WriteLine("*** switch ステートメントの例 ***");
            Console.WriteLine("40 より小さいなら 1");
            Console.WriteLine("41 と 60 の間なら 2");
            Console.WriteLine("61 と 79 の間なら 3");
            Console.WriteLine("80 より大きい なら 4");
            Console.WriteLine("スコアを入力してください");

            // 簡単にするため Parse() を使っています。tryParse() を使ってください。

            int score = int.Parse(Console.ReadLine());
            switch (score)
            {
                case 1:
                    Console.WriteLine("もっと頑張りましょう");
                    break;
                case 2:
                    Console.WriteLine("もう少しです");
                    break;
                case 3:
                    Console.WriteLine("よくできました");
                    break;
                case 4:
                    Console.WriteLine("大変よくできました");
                    break;
                default:
                    break;
            }
            Console.ReadKey();
        }
    }
}
```

```
*** switch ステートメントの例 ***
40 より小さいなら 1
41 と 60 の間なら 2
60 と 79 の間なら 3
80 より大きい なら 4
スコアを入力してください
4
大変よくできました
```

■ default の case ステートメントを置く場所

通常は末尾に置く case ステートメントの default ですが、他の case ステートメントの間に置けるでしょうか。

```
class Program
{
    static int score;

    static void Main(string[] args)
    {
        switch (score)
        {
            case 1:
                Console.WriteLine("もっと頑張りましょう");
                break;
            case 2:
                Console.WriteLine("よくできました");
                break;
            default:
                break;
            case 3:
                Console.WriteLine("大変よくできました");
                break;
        }
    }
}
```

問題ありません。とはいえ、可読性やバグの混入を防ぐという点からも末尾に置くのがベストでしょう。

問題

次のコードは、コンパイルできるでしょうか？

```csharp
using System;

namespace SelectionStmtsTests
{
    class Program
    {
        static int score;

        static void Main(string[] args)
        {
            switch (score)
            {
                case 1:
                    Console.WriteLine("もっと頑張りましょう");
                    break;
                case 2:
                    Console.WriteLine("よくできました");
                    // break;
                default:
                    break;
                case 3:
                    Console.WriteLine("大変よくできました");
                    break;
            }
        }
    }
}
```

解答

コンパイルできません。C#では、1つの case ラベルから次に抜ける「フォールスルー」はできないことになっています（図 A-3）。

> ❌ CS0163　コントロールはひとつの case ラベル ('case 2:') から別のラベルへ流れ落ちることはできません。

図A-3：フォールスルーエラー（CS0163）

問題

次のコードはどのような出力となるでしょう。

```csharp
using System;

namespace SelectionStmtsTests2
{
```

```
    class Program
    {
        static int score;

        static void Main(string[] args)
        {
            int number = 5;
            if (number % 2 == 0)
                Console.WriteLine("{0}は偶数です", number);
                Console.WriteLine("if 文に波括弧を用いませんでした");
            else
                Console.WriteLine("{0}は奇数です", number);
        }
    }
}
```

解答

コンパイルエラーになります。if-else ブロックには、常に波括弧（{}）を使うようにしましょう。問題の箇所は、次のように書き直してください。

```
int number = 5;
if (number % 2 == 0)
{
    Console.WriteLine("{0}は偶数です", number);
    Console.WriteLine("if 文に波括弧を用いませんでした");
}
else
    Console.WriteLine("{0} is an odd  number", number);
```

■ if-else と switch の処理速度

switch が速いと考える人が多いですが、実際は状況によって異なります。入力値がある傾向に偏っている場合は、if ステートメントのほうが、switch ステートメントよりも効率的です[2]。

A.4 繰り返しステートメント

■繰り返しステートメントが必要になるとき

ループを作成するときです。指定された回数までコードブロックを実行するときにも使います。

■繰り返しステートメントの種類

while ループ、do...while ループ、for ループ、foreach ループがあります。

while ループの典型的な例をリスト A-4 に示します。

リストA-4：while ループの使い方

---

[2] 詳細については https://www.dotnetperls.com/if-switch-performance で資料や議論を調べてみてください。

```
Console.WriteLine("*** while ループの例 ***");
int i = 0;
while (i < 5)
{
    Console.WriteLine("i の現在の値は{0}です", i);
    i++;
}
```

■ while と do...while の使い分け

do...while を使うと、ループの最後で条件がチェックされます。そのため、条件が偽であっても、do...while ループは少なくとも 1 回は実行されます。

次のプログラムと出力を考えてみてください。do{...} でメッセージを出力したあとに、while の部分で j の値が 10 より小さいかどうかをチェックしている点に注意してください。

```
using System;

namespace DoWhileEx
{
    class Program
    {
        static void Main(string[] args)
        {
            Console.WriteLine("*** do...while の例 ***");
            int j = 5;
            do
            {
                Console.WriteLine("ループの中にいます。j の値は現在{0}", j);
                j++;
            } while (j < 10);
            Console.WriteLine("ループの外に出ました。最終的な j の値は{0}", j);
            Console.ReadKey();
        }
    }
}
```

```
*** do...while の例 ***
ループの中にいます。j の値は現在 5
ループの中にいます。j の値は現在 6
ループの中にいます。j の値は現在 7
ループの中にいます。j の値は現在 8
ループの中にいます。j の値は現在 9
ループの外に出ました。最終的な j の値は 10
```

セオリー

　forループでは、指定した式が真である間、ステートメントの下に書いたブロックを繰り返し実行します。言い換えれば、評価が偽になるとき、forブロックから制御を抜け出します。forループの機能はwhileループに似ていますが、大きな違いは、すべてのforループには、初期化子、条件、そして、増分／減分であるイテレータの3つのセクションがあることです。そのあとに処理の本体が続きます。forステートメントの全体構造は、次の通りです。

```
for(初期化子セクション; 条件セクション; イテレータセクション)
{
    // ステートメントで構成されるブロック
}
```

　forループの典型的な例をリストA–5に示します。

リストA–5：forループの使い方

```csharp
using System;

namespace ForLoopEx
{
    class Program
    {
        static void Main(string[] args)
        {
            Console.WriteLine("*** for ループの例 ***");
            for (int i = 0; i < 5; i++)
            {
                Console.WriteLine("i の値は現在{0}です", i);
            }
            Console.ReadKey();
        }
    }
}
```

```
*** for ループの例 ***
i の値は現在 0 です
i の値は現在 1 です
i の値は現在 2 です
i の値は現在 3 です
i の値は現在 4 です
```

■リスト A-5 と同じ結果となるコードを `while` ループを使って書く

```
int i = 0;
while (i < 5)
{
    Console.WriteLine("i の値は現在{0}です", i);
    i++;
}
```

問題

次のコードは、コンパイルできますか？

```
for (int i = 0; ; i++)
{
    Console.WriteLine("i の値は現在{0}です", i);
}
```

解答

コンパイルはできますが、実行すると無限ループになります。

問題

次のコードは、コンパイルできますか？

```
for (int i = 5; i < 10; )
{
    Console.WriteLine("i の値は現在{0}です", i);
}
```

解答

コンパイルはできますが、実行すると無限ループになります。

問題

次のコードは、コンパイルできますか？

```
int i = 5;
while (i)
{
    Console.WriteLine("i の値は現在{0}です", i);
    i++;
}
```

解答

コンパイルできません。図 A-4 が表示されます。C#では、この書き方はできません。

> ❌ CS0029　型 'int' を 'bool' に暗黙的に変換できません

図A-4：コンパイラからのメッセージ（CS0029）

問題

次のコードは、コンパイルできますか？

```
int i = 5;
while ()
{
    Console.WriteLine("i の値は現在{0}です", i);
    i++;
}
```

コンパイルできません。図 A-5 が表示されます。C#では、この書き方はできません。

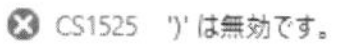

> ❌ CS1525　')' は無効です。

図A-5：コンパイラからのメッセージ（CS1525）

問題

次のコードは、コンパイルできますか？

```
int i = 5;
int j = 0;
while (true && true)
{
  Console.WriteLine("i の値は現在{0}です", i);
  i++;
}
```

コンパイルはできますが、実行すると無限ループになります。

■ for ループと foreach ループとの相違点

専門家は for のほうがわずかに速いと言っているようですが、簡単に言うと、以下のような違いがあります。

- コレクションを扱っていてインデックスにこだわらないのであれば、foreach が書きやすく、わざわざループ終了条件を書かなくて良い利点があります。
- 「要素２つごとに」とか「３回繰り返すごとに」など、飛び飛びでの利用・出力・読み書きをしたいときは、for ループが便利です。
- for ループはコレクションだけでなく、他のデータ型も扱えます。

MSDN では、以下のように説明されています。

> foreach ステートメントは、コレクションを繰り返し処理して必要な情報を取得するために使われますが、予期しない副作用を避けるため、元のコレクションのアイテムに対して、追加や削除はできません。それには、for ループを使ってください。

次のプログラムと出力を考えてみてください。ここでは foreach ループと、それと等価の for ループを使っています。

```
using System;
using System.Collections.Generic;

namespace ForVsForEachDemo
{
    class Program
    {
        static void Main(string[] args)
        {
            List<int> list = new List<int>() { 1, 2, 3, 4, 5 };
            Console.WriteLine("foreach ループを実行中");
            foreach (int i in list)
            {
                Console.WriteLine("\t" + i);
            }
            Console.WriteLine("for ループを実行中");
            for (int i = 0; i < list.Count; i++)
            {
                int j = list[i];
                Console.WriteLine("\t" + j);
            }
            Console.ReadKey();
        }
    }
}
```

```
foreach ループを実行中
        1
        2
        3
        4
        5
for ループを実行中
        1
        2
        3
        4
        5
```

ここでは、for ループと foreach ループをそれぞれ使って、同様の操作をしてみました。1、3、

5 など、単純に要素を 1 つずつ増やしていく以外の操作をするなら for のほうが簡単で、for ループのインクリメント部分のみを変更すればすみます。以下は、i++の代わりに、i += 2 を使う例です。

```
for (int i = 0; i < list.Count; i += 2)
```

コレクションは高度な考え方です。コレクションについて、この時点で、まったくはじめてであれば、ここでの話題は読み飛ばしてください。どこか他の場所でコレクションについて学んだときに、また読み返してみるといいでしょう。

A.5　ジャンプステートメント

ジャンプステートメントとは、break、continue、goto、return、throw などを用いた文です。

■ break と continue との相違点

次のプログラム（リスト A-6）を考えてください。まず break を使い、次に continue を使います。出力を比較しましょう。

リスト A-6：break を使った例

```
using System;

namespace BreakVsContinueStatements
{
    class Program
    {
        static void Main(string[] args)
        {
            Console.WriteLine("*** break と continue の違い ***");
            int i = 5;
            while (i != 10)
            {
                i++;
                Console.WriteLine("i の値は現在{0}です", i);
                if (i == 8)
                {
                    Console.WriteLine("if ループに入ります");
                    break;
                    // continue;
                    // 以下のコードに到達することはない
                    Console.WriteLine("まだ if ループにいます");
                }
            }
            Console.ReadKey();
```

```
        }
    }
}
```

```
** break と continue の違い ***
i の値は現在 6 です
i の値は現在 7 です
i の値は現在 8 です
if ループに入ります
```

次に、このコードから break ステートメントをコメントアウトし、continue ステートメントのコメント記号を外します。つまり、リスト A–7 のようにします。

リストA–7：continue を使った例

```
...
if (i == 8)
{
    Console.WriteLine("if ループに入ります");
    // break;
    continue;
    // CS0162：到達できないコードが検出されました」という警告が出る
    Console.WriteLine("まだ if ループにいます");
}
.....
```

```
*** break と continue の違い  ***
i の値は現在 6 です
i の値は現在 7 です
i の値は現在 8 です
if ループに入ります
i の値は現在 9 です
i の値は現在 10 です
```

■コード解析

この 2 つの出力を比べると、break と continue の違いは明白です。break ではループ本体の実行を終了しますが、continue ではループの残りの部分をスキップして、繰り返しの次の番の先頭に制御を移します。

セオリー

次にこのプログラムを、goto ステートメントを使う例に修正します。goto ステートメントは、命令ブロック内の指定されたラベルに制御を移すものです。

```csharp
using System;

namespace UseOfgoto
{
    class Program
    {
        static void Main(string[] args)
        {
            Console.WriteLine("*** goto ステートメントの例 ***");
            int i = 5;
            // ラベル
            starttesting:
            while (i != 10)
            {
                i++;
                Console.WriteLine("i の値は現在{0}です", i);
                if (i == 8)
                {
                    Console.WriteLine("if ループに入ります");
                    i++; // ここで i = 9 になります
                    goto starttesting; // 制御を移動させます
                    // CS0162: 到達できないコードが検出されました」という警告が出ます
                    Console.WriteLine("まだ if ループにいます");
                }
            }
            Console.ReadKey();
        }
    }
}
```

```
*** goto ステートメントの例 ***
i の値は現在 6 です
i の値は現在 7 です
i の値は現在 8 です
if ループに入ります
i の値は現在 10 です
```

問題

次のように、ラベルを「int i = 5」という文の前に付けると、何が起こるでしょうか？

```csharp
// ラベル
starttesting:
int i = 5;
while (i != 10)
{
    i++;
    Console.WriteLine("i の値は現在{0}です", i);
    if (i == 8)
```

```
        {
            Console.WriteLine("if ループに入ります");
            i++;  // ここで i=9 にします
            goto starttesting;// 制御を移動させます
            // CS0162: 到達できないコードが検出されました」という警告が出ます
            Console.WriteLine("まだ if ループにいます");
        }
}
```

無限ループに陥ります。 i = 8 になるといつも、値を増加させたあと指定されたラベルに行くことになっているところに注意してください。そこで変数 i に再び 5 が割り当てられるので、このループに戻ってしまいます。

A.6　その他

using 文の使い方

using 文は、通常、名前空間を使うことを宣言するのに使います。以下はその例です。

```
using System;
```

もう 1 つ、とてもよく使われるのは、IDisposable オブジェクトを正しく扱うための用法で、そのオブジェクトの Dispose メソッドを呼び出すためです。この使い方をすれば、オブジェクトのメソッド呼び出し中に例外が発生した場合でも、Dispose() メソッドが呼び出されます。簡単に言えば、try ブロックと finally ブロックを使わなくてよくなります。なお、using ブロック内では、オブジェクトを変更することはできません。オブジェクトは読み取り専用になります。

次のようなプログラムを書いたとしましょう。

```
using System;
using System.IO;

namespace AnalysisOfUsingStatement
{
    class Program
    {
        static void Main(string[] args)
        {
            using (FileStream s =
                new FileStream(@"C:\MyFile.txt", FileMode.OpenOrCreate))
            {
                // 実際に書いたコード
                BinaryWriter bw = new BinaryWriter(s);
                bw.Write("Hello World!");
            }
            Console.ReadKey();
```

```
        }
    }
}
```

このILコードを開くと、図A-6のようになります。

```
IL_000c:  stloc.0
.try
{
   IL_000d:  nop
   IL_000e:  ldloc.0
   IL_000f:  newobj      instance void [mscorlib]System.IO.BinaryWriter::.ctor(class [mscorlib]System.IO.Stream)
   IL_0014:  stloc.1
   IL_0015:  ldloc.1
   IL_0016:  ldstr       "Hello World!"
   IL_001b:  callvirt    instance void [mscorlib]System.IO.BinaryWriter::Write(string)
   IL_0020:  nop
   IL_0021:  nop
   IL_0022:  leave.s     IL_002f
}  // end .try
finally
{
   IL_0024:  ldloc.0
   IL_0025:  brfalse.s   IL_002e
   IL_0027:  ldloc.0
   IL_0028:  callvirt    instance void [mscorlib]System.IDisposable::Dispose()
   IL_002d:  nop
   IL_002e:  endfinally
}  // end handler
IL_002f:  call         valuetype [mscorlib]System.ConsoleKeyInfo [mscorlib]System.Console::ReadKey()
IL_0034:  pop
```

図A-6：IL コードで確認

CLR が using ステートメントを `try{}`、と `finally{}` ブロックに変換しています。これらの考え方については、「例外処理」（13 章）と「メモリの解放」（14 章）の中で詳しく説明しています。

A.7　文字列

C# では、文字列を表すために `string` キーワード、または別名として `System.String` を使います。以下のように二重引用符で囲んで表します。

```
string title = " Welcome to C# Basics"; // C#の基礎へようこそ
```

文字列は、`string` キーワード（または `System.String`）で表されます。文字列はユニコード文字のイミュータブルなシーケンスです。C# には、文字列関連のメソッドがいろいろあります。そのうちいくつかをここで使ってみましょう。

文字列の結合には、`+` 演算子を使います。以下は、その例です。

```
string helloMrX= "Hello" + " Mr. X";
```

string.Concat(string s1, string s2) メソッドを使うこともできます。以下は、その一例です。

```
string.Concat("hello", "world!");
```

文字を大文字や小文字に揃えて出力するには、それぞれ ToUpper() メソッドと ToLower() メソッドを使います。

```
// 文字を大文字で出力する
string title = "Welcome to C# Basics";
Console.WriteLine(title.ToUpper());
// 文字を小文字で出力する
Console.WriteLine(title.ToLower());
```

A.8　文字列を使ったコード例

■文字列として二重引用句を出力する

「"ドリームワールド"へようこそ」というように、文字列自体に二重引用句が含まれるコード例は以下のようになります。

```
string doubleQuotesEx=@"""ドリームワールド""へようこそ";
Console.WriteLine(doubleQuotesEx);
```

■ \\abcd\ef のような URL を出力するには？

```
string urlEx = @"\\abcd\ef";
Console.WriteLine(urlEx);
```

■文字列の先頭の空白を除去する

```
// 行頭に空白文字があります
string blankSpaceAtbeginning="       This line contains blank spaces at beginning.";
Console.WriteLine(blankSpaceAtbeginning.Trim());
```

■文字列"This line contains blank and tab spaces at End.　"（行末に空白とタブがあります）から末尾の「d」「ドット（.）」「空白」「タブ」「スペース」などの文字を削除する

```
char[] trimCharacters = ' ','\t','.','d';
// 行末に空白とタブがあります
string blankSpaceAtEnd = "This line contains blank and tab spaces at End.          ";
Console.WriteLine(blankSpaceAtEnd.TrimEnd(trimCharacters));
```

```
This line contains blank and tab spaces at En
```

■文字列から1文字ずつ取り出すには？

文字列はIEnumerable<char>を実装しているので、foreachループを使って、次のように書けます。

```
string welcome = "Welcome, to C# Basics.";
foreach (char c in welcome)
{
    Console.Write(c);
}
```

■空の文字列とヌル文字列を区別するには？

空の文字列の長さを求めると0という答が得られますが、null文字列ではNullReferenceExceptionが発生します。

次のコードを書いて、試してみてください。

```
string emptyString = String.Empty;
string nullString = null;
Console.WriteLine("emptyString の長さは 0", emptyString.Length); // 0
Console.WriteLine("nullString の長さは 0", nullString.Length); // 例外
```

出力は以下の図A-7のようになります。

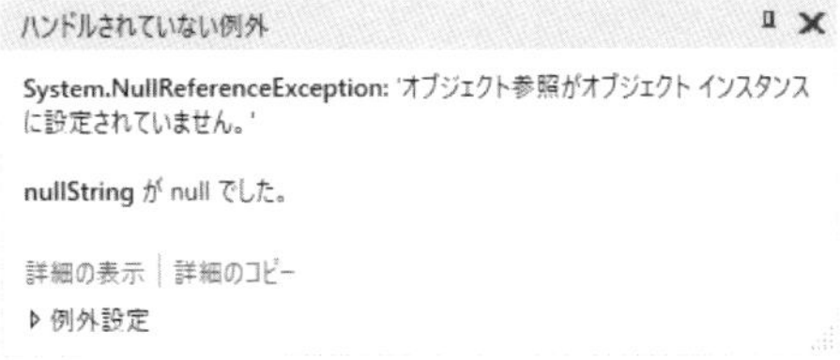

図A-7：null文字列により引き起こされるエラー

この違いは、以下のコードでも確認できます。

```
Console.WriteLine(emptyString==""); // True
Console.WriteLine(nullString==""); // False
```

■文字列がヌルまたは空白であることを確かめる

```
Console.WriteLine(string.IsNullOrEmpty(emptyString)); // True
Console.WriteLine(string.IsNullOrEmpty(nullString)); // True
```

■文字列の行頭に「*」を3つ、行末に「#」を3つ付けて出力する簡単な方法

```
string welcome = "C#プログラミングへようこそ";
string welcome1=welcome.PadLeft(welcome.Length+3,'*');
string welcome2= welcome1.PadRight(welcome1.Length+3,'#');
Console.WriteLine(welcome2);
```

```
***C#プログラミングへようこそ###
```

■以下の出力はどうなるだろう

```
string welcome = " C#プログラミングへようこそ";
Console.WriteLine(welcome.PadRight(5,'*'));
```

元の文字列のままです。文字列の長さが5を超えているのに、「文字列を5文字にするために足りない文を記号で埋める」という処理をしようとしているからです。

■ XMLを文字列として読み込み、空でない従業員の名前だけを出力するプログラムを書く

XML文書構造として以下を使うと考え、プログラムを書いてください。

```
<EmpRecord>
  <Employee1>
      <EmpName>Rohit</EmpName>
      <EmpId>1001</EmpId>
  </Employee1>
  <Employee2>
      <EmpName>Amit</EmpName>
      <EmpId>1002</EmpId>
  </Employee2>
  <Employee3>
      <EmpName></EmpName>
      <EmpId>1003</EmpId>
  </Employee3>
```

```
        <Employee4>
            <EmpName>Soham</EmpName>
            <EmpId>1004</EmpId>
        </Employee4>
    </EmpRecord>";
```

解答例としてリスト A-8 を挙げておきます。

リストA-8：解答例

```csharp
using System;
using System.Collections.Generic;

namespace ReadingXMLFormatEx
{
    class Program
    {
        static void Main(string[] args)
        {
            string employee =
              @"<EmpRecord>
                <Employee1>
                    <EmpName>Rohit</EmpName>
                    <EmpId>1001</EmpId>
                </Employee1>
                <Employee2>
                   <EmpName>Amit</EmpName>
                   <EmpId>1002</EmpId>
                </Employee2>
                <Employee3>
                    <EmpName></EmpName>
                    <EmpId>1003</EmpId>
                </Employee3>
                <Employee4>
                    <EmpName>Soham</EmpName>
                    <EmpId>1004</EmpId>
                </Employee4>
            </EmpRecord>";
            string[] splt = { "<EmpName>", "</EmpName>" };
            List<string> empNamesList = new List<string>();
            string[] temp =
                employee.Split(splt, StringSplitOptions.RemoveEmptyEntries);
            for (int i = 0; i < temp.Length; i++)
            {
                if (!temp[i].Contains("<"))
                {
                    empNamesList.Add(temp[i]);
                }
            }
            Console.WriteLine("従業員名は以下の通りです\n");
```

```
            foreach (string s in empNamesList)
            {
                Console.WriteLine(s);
            }
            Console.ReadKey();
        }
    }
}
```

```
従業員名は以下の通りです

Rohit
Amit
Soham
```

■「回文」かどうかを確認するプログラム:その1

　文字列のキャラクタの順序を逆転させてから、元の文字列と比較して同じであれば、その文字列は回文文字列です。

```
Console.WriteLine("文字列を入力してください");
string s1 = Console.ReadLine();
// string s1 = "abccba";
char[] tempArray = s1.ToCharArray();
Array.Reverse(tempArray);
// 元の文字列の順序を逆にして比べる
string reverseStr = new string(tempArray);
if (s1.Equals(reverseStr))
{
    Console.WriteLine("文字列{0}は回文です。逆さに読むと{1}", s1, reverseStr);
}
else
{
    Console.WriteLine("文字列{0}は回文ではありません。逆さに読むと{1}", s1, reverseStr);
}
```

```
出力1:回文の場合
文字列を入力してください
たけやぶやけた
文字列たけやぶやけたは回文です。逆さに読むとたけやぶやけた
出力2:回文でない場合
文字列を入力してください
きのこたけのこ
文字列きのこたけのこは回文ではありません。逆さに読むとこのけたこのき
```

A.8　文字列を使ったコード例

■文字列の長さを求める

```
Console.WriteLine("文字列を入力してください");
string inputString = Console.ReadLine();
Console.WriteLine("文字列{0}の長さは{1}", inputString, inputString.Length);
```

```
文字列を入力してください
こんにちは
文字列こんにちはの長さは 5
```

■文字列の長さを計算するために、Length プロパティを使わないコードを書く

```
Console.WriteLine("文字列を入力してください");
string inputString = Console.ReadLine();
int len = 0;
foreach (char c in inputString)
{
    len++;
}
Console.WriteLine("文字列{0}の長さは{1}", inputString, len);
```

```
文字列を入力してください
ごきげんいかが？　ジョーさん
文字列ごきげんいかが？　ジョーさんの長さは 14
```

■文字列を逆から読むプログラムを、Array.Reverse メソッドを使わないで書く

　文字列要素をキャラクタの配列に納めて、その配列のインデックスが最大から 0 までの要素を繰り返して出力します。

```
Console.WriteLine("文字列を入力してください");
string inputString = Console.ReadLine();
char[] tempArray=inputString.ToCharArray();
string outputString = String.Empty;
for (int i = tempArray.Length-1; i >= 0; i--)
{
    outputString = outputString + tempArray[i];
}
Console.WriteLine("文字列を逆から読むと{0}です",outputString );
```

```
文字列を入力してください
hello abc!
文字列を逆から読むと!cba olleh です
```

■「回文」かどうかを確認するプログラム：その2

　文字列が回文かどうかを確かめるのに、「その1」では文字列を逆転させ、それをたどる方法で確認しました。ここでは別の方法を取ります。

　文字列の中央から左右の文字を比べつつ両側に進んで行きましょう。ただし、回文の長さが偶数（abccba など）の時と、奇数（abcdcba など）の時の違いに注意が必要です。

```csharp
Console.WriteLine("文字列を入力してください");
string test = Console.ReadLine();
char[] testForPalindrome = test.ToCharArray();
int len = testForPalindrome.Length;
int mid = len / 2;
bool flag = true;

// 長さが奇数
if (len % 2 != 0)
{
    int j = mid + 1;
    for (int i = mid - 1; i >= 0; i--)
    {
        if (testForPalindrome[i] != testForPalindrome[j])
        {
            flag = false;
        }
        j++;
    }
    Console.WriteLine("文字列{0}は回文でしょうか？ {1}", test, flag);
}
// 長さが偶数
else
{
    int j = mid;
    for (int i = mid - 1; i >= 0; i--)
    {
        if (testForPalindrome[i] != testForPalindrome[j])
        {
            flag = false;
        }
        j++;
    }
    Console.WriteLine("文字列{0}は回文でしょうか？ {1}", test, flag);
}
```

```
出力 1：回文の場合
文字列を入力してください
しんぶんし
文字列しんぶんしは回文でしょうか？ True
出力 2：回文でない場合
文字列を入力してください
しんぶんざっし
文字列しんぶんざっしは回文でしょうか？ False
```

■ String と StringBuilder との相違点

　文字列（String）はイミュータブルで、編集不可です。ある文字列インスタンスに対して何らかの操作をしたことで元の文字列が変更されると、変更された値を持つ新しい文字列インスタンスが別の場所に作成されます。

　一方、StringBuilder は変更操作に対して新しいインスタンスを作成しません。すなわち、ミュータブルです。インスタンスに対して変更すると、それ自身の内容が更新されます。

　リスト A-9 のプログラムとその出力を考えてみましょう。StringBuilder 用の新しいインスタンスが作成されないことを確認します。String は System 名前空間で定義されているのに対し、StringBuilder は System.Text 名前空間で定義されているなど、他の基本的な違いも覚えておきましょう。

リストA-9：String と StringBuilder の相違

```
using System;
using System.Runtime.Serialization; // ObjectIDGenerator を用いるため
using System.Text;// StringBuilder を用いるため

namespace StringVsStringBuilderEx
{
    class Program
    {
        static void Main(string[] args)
        {
            Console.WriteLine("***String と String builder の比較***\n");
            ObjectIDGenerator idGenerator = new ObjectIDGenerator();
            bool firstTime = new bool();

            string myString = "Hello World";
            Console.WriteLine("{0}のインスタンス ID は現在{1}です",
                myString, idGenerator.GetId(myString, out firstTime));
            // 新しいインスタンス ID が作成される
            myString = myString + ",programmer";
            Console.WriteLine("{0}のインスタンス ID は現在{1}です",
                myString, idGenerator.GetId(myString, out firstTime));

            StringBuilder myStringBuilder =
                new StringBuilder("Hello, Mr StringBuilder");
```

```
                Console.WriteLine("{0}のインスタンス ID は現在{1}です",
                    myStringBuilder, idGenerator.GetId(myStringBuilder, out firstTime));
                // 新しいインスタンス ID は作成されない
                myStringBuilder = myStringBuilder.Replace("Hello", "Welcome");
                Console.WriteLine("{0}のインスタンス ID は現在{1}です",
                    myStringBuilder, idGenerator.GetId(myStringBuilder, out firstTime));
                Console.ReadKey();
            }
        }
    }
```

```
***String と String builder の比較***

Hello World のインスタンス ID は現在 1 です
Hello World,programmer のインスタンス ID は現在 2 です
Hello, Mr StringBuilder のインスタンス ID は現在 3 です
Welcome, Mr StringBuilder のインスタンス ID は現在 3 です
```

A.9 配列

配列 Array 型は、同じ型のデータを格納します。System.Collection には大きさを動的に変えられる配列もありますが、Array 型の長さ（Length）は不変で、要素は連続した場所に納められます。Array 型は、1 次元にも多次元にもできます。

1 次元配列

リスト A-10 の例を考えてください。整数の配列を作成して出力します。この配列には、3 つの整数を収納しています。

リストA-10：1 次元配列のサンプルプログラム

```
using System;

namespace ArrayEx1
{
    class Program
    {
        static void Main(string[] args)
        {
            Console.WriteLine("** デモ：簡単な配列の操作例 ***");
            int[] myInts = new int[3];
            myInts[0] = 5;
            myInts[1] = 15;
            myInts[2] = 25;
            Console.WriteLine("配列 myInts の要素は以下の通り");
```

```
            for(int i=0;i<3;i++)
            {
                Console.WriteLine(myInts[i]);
            }
            Console.ReadKey();
        }
    }
}
```

```
** デモ:簡単な配列の操作例 ***
配列 myInts の要素は以下の通り
5
15
25
```

■特記事項

　これは簡単なサンプルプログラムなので、配列には 3 つの要素しかないことがわかっています。ですから 3 回繰り返しています。しかし、配列の要素を 1 つずつ調べるときは、次のように配列の Length プロパティを使ったほうがよいでしょう。

```
for (int i = 0; i < myInts.Length; i++)
{
    Console.WriteLine(myInts[i]);
}
```

　配列を作成するには 3 つの方法があり、どれを使ってもかまいません。

```
// 2 つめの作成法
int[] myInts = new int[] { 5, 15, 25 };
// 3 つめの作成法
int[] myInts = { 5, 15, 25 };
```

　このプログラムでは整数配列を使いましたが、もちろん、他のデータ型の配列も作成できます。

多次元配列

　多次元配列には、矩形配列とジャグ配列の 2 種類があります。矩形配列では、各行は同数の列を持ちます。ジャグ配列では、各行が異なる列数を持つことができます。特定の深さにある個々の次元で、異なる数の要素を含むことができます。これは同じ深さにある他の次元に関係ありません。ジャグ配列は、他の配列を再帰的に含むこともできます。

　リスト A-11 を考えましょう。任意の次元で行列を作成します。目で見てわかるように、出力は適切なマトリックス形式で出力しています。

リストA-11：多次元配列のサンプルプログラム

```csharp
using System;

namespace RectangularArrayEx
{
    class Program
    {
        static void Main(string[] args)
        {
            Console.WriteLine("*** 多次元配列のデモ ***");
            Console.WriteLine("好きな行数を入力してください");
            String rowSize = Console.ReadLine();
            int row = int.Parse(rowSize);
            Console.WriteLine("好きな列数を入力してください");
            String columnSize = Console.ReadLine();
            int column = int.Parse(columnSize);
            int[,] myArray=new int[row,column];
            Console.WriteLine("データを入力してください");
            for (int i = 0; i < row; i++)
            {
                for (int j = 0; j < column; j++)
                {
                    myArray[i, j] = int.Parse(Console.ReadLine());
                }
            }
            // 配列を表示する
            Console.WriteLine("配列は以下のようになります");
            for (int i = 0; i < row; i++)
            {
                for (int j = 0; j < column; j++)
                {
                    Console.Write(myArray[i, j]+"\t");
                }
                Console.WriteLine();
            }
        }
    }
}
```

```
*** 多次元配列のデモ ***
好きな行数を入力してください
3
好きな列数を入力してください
4
データを入力してください
1
2
3
4
5
6
```

```
7
8
9
10
11
12
配列は以下のようになります
1       2       3       4
5       6       7       8
9       10      11      12
```

　このサンプルでは、各行が3つという同数の列を持っているので、矩形の2次元（2D）配列です。次に、ジャグ配列を作成しましょう。

　0行目に3つの要素、1行目に4つの要素を含むジャグ配列を作成するのであれば、図A-8が完成目標です。

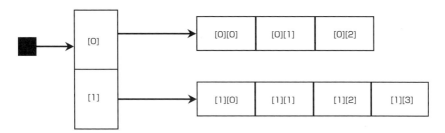

図A-8：ジャグ配列の完成目標図

　以下のサンプル（リストA-12）では、3行のジャグ配列を作成しています。0行目には3つ、1行目には4つ、2行目には2つの要素を含むようにしました。

リストA-12：3行のジャグ配列を作成する

```
using System;

namespace JaggedArrayEx
{
    class Program
    {
        static void Main(string[] args)
        {
            Console.WriteLine("***多次元ジャグ配列のデモ***\n");
            int[][] myJaggedArray = new int[3][];
            myJaggedArray[0] = new int[3];
            myJaggedArray[1] = new int[4];
            myJaggedArray[2] = new int[2];
```

```csharp
            // データの代入
            // 0 行目
            myJaggedArray[0][0] = 1;
            myJaggedArray[0][1] = 2;
            myJaggedArray[0][2] = 3;
            // 1 行目
            myJaggedArray[1][0] = 4;
            myJaggedArray[1][1] = 5;
            myJaggedArray[1][2] = 6;
            myJaggedArray[1][3] = 7;
            // 2 行目
            myJaggedArray[2][0] = 8;
            myJaggedArray[2][1] = 9;

            // 要素を出力する
            foreach (int[] rows in myJaggedArray)
            {
                foreach (int i in rows)
                {
                    Console.Write(i + "\t");
                }
                Console.WriteLine();
            }
            Console.ReadKey();
        }
    }
}
```

```
***多次元ジャグ配列のデモ***

1       2       3
4       5       6       7
8       9
```

問題

次のコードは何を意味しているでしょう？

```csharp
int[][] jaggedArray = new int[3][];
```

解答

変数 jaggedArray が、3 つの 1 次元配列を含む 2 次元ジャグ配列を指しているという意味です。

問題

次のコードはどんな出力となるでしょう。

```
using System;

namespace QuizOnArray
{
    class Program
    {
        static void Main(string[] args)
        {
            Console.WriteLine("*** 配列の初期化テスト ***");
            int[] myIntArray = new int[4];
            for (int i = 0; i < myIntArray.Length; i++)
            {
                Console.WriteLine("myIntArray[i] の値は{0}", myIntArray[i]);
            }
            Console.WriteLine();
            string[] myStringArray = new string[4];
            for (int i = 0; i < myStringArray.Length; i++)
            {
                bool value = string.IsNullOrEmpty(myStringArray[i]);
                if (value)
                {
                    Console.WriteLine("myStringArray[" + i + "] はヌル");
                }
                else
                {
                    Console.WriteLine("myStringArray[" + i + "] はヌルではない");
                }
            }
            Console.ReadKey();
        }
    }
}
```

解答

```
*** 配列の初期化テスト ***
myIntArray[i] の値は 0
myIntArray[i] の値は 0
myIntArray[i] の値は 0
myIntArray[i] の値は 0

myStringArray[0] はヌル
myStringArray[1] はヌル
myStringArray[2] はヌル
myStringArray[3] はヌル
```

配列の要素は、要素の既定値で初期化されます。int は値型であり、既定値は 0 です。しかし文字列は、参照型です。そのため文字列配列である myStringArray は、null 参照で初期化されます。参照型については、明示的にインスタンス化する必要があることを覚えておきましょう。文字列配

列（myStringArray）の要素をインスタンス化するには、たとえば以下のようにします。

```
myStringArray[0] = "abc";
```

■ジャグ配列と矩形配列の適用ケース

　ジャグ配列は基本的に配列の配列を作成するときに用います。必ずしも1行にすべての要素を当てはめた矩形配列にする必要がないときもあります。このような場合、ジャグ配列は、行内の要素数が等しくなくてよいため、より適しています。典型的な例は、ほとんどの要素がゼロである「疎行列（スパース行列）」です。なお、逆にほとんどの要素がゼロでない行列は「密行列」と呼びます。

問題

　次のコードの出力はどうなるでしょうか？

```
using System;

namespace QuizOnArray
{
    class Program
    {
        static void Main(string[] args)
        {
            Console.WriteLine("*** 配列に関する問題 ***");
            int[][] jaggedArray = new int[3][];
            jaggedArray[0] = new int[4] { 1, 2, 3, 4 };
            jaggedArray[1] = new int[6] { 5, 6, 7, 8, 9, 10 };
            jaggedArray[2] = new int[2] { 11,12 };
            Console.WriteLine(jaggedArray[0].GetUpperBound(0));//3
            Console.WriteLine(jaggedArray[1].GetUpperBound(0));//5
            Console.WriteLine(jaggedArray[2].GetUpperBound(0));//1
            Console.ReadKey();
        }
    }
}
```

解答

```
*** 配列に関する問題 ***
3
5
1
```

問題

　いまと同じジャグ配列に対して、次のコードで操作をしたときの出力は？

```
Console.WriteLine(jaggedArray[0].GetUpperBound(1));
```

解答

jaggedArray[0] は 1 次元配列なので、IndexOutOfRangeException という例外が発生します（図A-9）。

図A-9：ハンドルされていない例外エラー

問題

やはり同じジャグ配列に対して、次のコードで操作したときの出力は？

```
Console.WriteLine(jaggedArray.GetUpperBound(0)); // 2
Console.WriteLine(jaggedArray.Length); // 3
```

解答

```
2
3
```

問題

ジャグ配列を、次のように作り直した場合、その出力は？

```
int[][] jaggedArray=new int[4][];
jaggedArray[0]=new int[4]{1,2,3,4};
jaggedArray[1]=new int[6]{5,6,7,8,9,10};
jaggedArray[2]=new int[2] {10,20};
jaggedArray[3]=new int[3] {3,7,15};
Console.WriteLine(jaggedArray.Length);
```

解答

```
4
```

問題

次の矩形配列に対する操作において、出力は？

```
int[,] rectArray = new int[3,4];
Console.WriteLine(rectArray.Length);
```

ヒント：3 × 4 = 12 です。

解答

```
12
```

A.10　列挙体

列挙体は、enum キーワードで作成します。Enum は、.NET Framework におけるすべての列挙体の基本クラスです。値のデータ型は、ユーザーが定義します。列挙体のそれぞれメンバに対して、整数値である名前付き定数のセットを割り当てることができます。この整数型は System.Int32 が既定です。

リスト A-13 は enum キーワードの使い方を示したものです。

リストA-13：enum を使う

```
using System;

namespace EnumEx1
{
    class Program
    {
        enum Values { val1, val2, val3, val4, val5 };
        static void Main(string[] args)
        {
            Console.WriteLine("*** enum の簡単な使い方 ***");
            int x1 = (int)Values.val1;
            int x2 = (int)Values.val2;
            int x3 = (int)Values.val3;
            int x4 = (int)Values.val4;
            int x5 = (int)Values.val5;
            Console.WriteLine("x1={0}", x1);
            Console.WriteLine("x2={0}", x2);
            Console.WriteLine("x3={0}", x3);
            Console.WriteLine("x4={0}", x4);
            Console.WriteLine("x5={0}", x5);
            Console.ReadKey();
        }
    }
}
```

```
*** enum の簡単な使い方 ***
x1=0
x2=1
x3=2
x4=3
x5=4
```

■コード分析

　既定では、それぞれのメンバは整数値を取ります。ですから、x1、x2、x3……は、それに対応する自動的に割り当てられた値となります。これらは基本的に定数で、割り当ては 0 から始まり、自動的に 1 ずつ増分されていきます（この例では、x1 は 0、x2 は 1、x3 は 2 が割り当てられました）。割り当て値は、メンバの宣言順に増えます。

問題

　宣言を以下のように書きました。これは正しいでしょうか。

```
enum Values  val1 = 37, val2 = 69, val3 = 175 ;
```

解答

　正しいです。列挙型のメンバに明示的に値を代入することは、まったく問題ありません。

問題

　次のコードの出力はどうなるでしょうか。

```
using System;

namespace EnumQuizes
{
    class Program
    {
        enum Values { val1, val2 = 26, val3 = 12, val4, val5 };
        static void Main(string[] args)
        {
            Console.WriteLine("*** enum に関する問題 ***");
            int x1 = (int)Values.val1; // 0
            int x5 = (int)Values.val5; // 14
            Console.WriteLine(x1);
            Console.WriteLine(x5);
            Console.ReadKey();
        }
    }
}
```

ヒント：val1 は既定の規則通り、0 で初期化されます。しかし val3 に 12 を設定しているため、

その次の val4、val5 では、val3 の値から 1 ずつ増えた値が割り当てられます。

解答

```
*** enum に関する問題 ***
0
14
```

問題

次のコードの出力はどうなるでしょう。

```
using System;

namespace EnumQuizes
{
    class Program
    {
        int a = 50;
        enum Values { val1, val2 = a, val3 = 12, val4, val5 };
        static void Main(string[] args)
        {
            Console.WriteLine("*** enum に関する問題 ***");
            int x1 = (int)Values.val1; // 0
            int x5 = (int)Values.val5; // 14
            Console.WriteLine(x1);
            Console.WriteLine(x5);
            Console.ReadKey();
        }
    }
}
```

解答

図 A-10 に示すコンパイルエラーが発生します。

> ❌ CS0120　静的でないフィールド、メソッド、またはプロパティ 'Program.a' で、オブジェクト参照が必要です

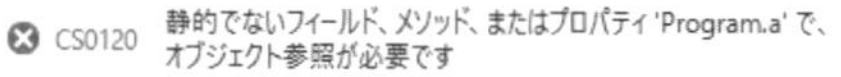

図A-10：コンパイラからのメッセージ（CS0120）

問題

それでは、int a = 50 を static int a = 50 に変更すると、上記のコードはコンパイルできますか？

解答

いいえ。コンパイルできません。図 A-11 に示すコンパイルエラーが発生します。

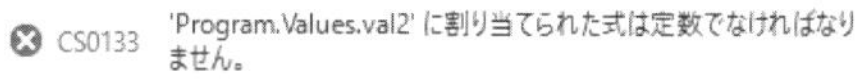

> ⊗ CS0133 'Program.Values.val2' に割り当てられた式は定数でなければなりません。

図A-11：コンパイラからのメッセージ（CS0133）

■特記事項
ここで重要なのは、列挙体のメンバの値の初期化に変数を使うことはできないということです。

問題
次のコードは、コンパイルできますか？

```csharp
using System;

namespace EnumQuizes
{
    class Program
    {
        const int MYCONST = 50; //ok
        enum Values { val1, val2 = MYCONST, val3, val4 = 21, val5 };
        static void Main(string[] args)
        {
            Console.WriteLine("*** enum に関する問題 ***");
            int x1 = (int)Values.val1;//0
            int x2 = (int)Values.val2;//50
            int x3 = (int)Values.val3;//50+1=51
            int x4 = (int)Values.val4;//21
            int x5 = (int)Values.val5;//21+1=22
            Console.WriteLine("x1={0}", x1);
            Console.WriteLine("x2={0}", x2);
            Console.WriteLine("x3={0}", x3);
            Console.WriteLine("x4={0}", x4);
            Console.WriteLine("x5={0}", x5);
            Console.ReadKey();
        }
    }
}
```

解答
できます。結果は、次のようになります。コメント行を見て、値がどのように割り当てられる（またはインクリメントされる）かを確認しましょう。

```
*** enum に関する問題 ***
x1=0
x2=50
x3=51
x4=21
x5=22
```

問題

いまのコードにおいて、const キーワードを static readonly に置き換えることはできますか？

解答

できません。図 A-12 に示すコンパイルエラーとなります。

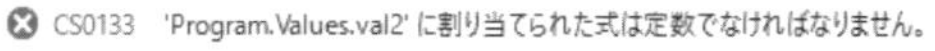

> ❌ CS0133 'Program.Values.val2' に割り当てられた式は定数でなければなりません。

図A-12：コンパイラからのメッセージ（CS0133）

問題

列挙型には、次のように int 以外の整数型も指定できますか？

```
enum Values :byte val1 , val2, val3 ;
```

解答

できます。上記のコードは、まったく問題ありません。

問題

次のコードはコンパイルできますか？

```
enum simpleColors : string
{
    red, green, yellow, black, blue, pink
};
```

解答

できません。許可されているデータ型は、byte、sbyte、short、ushort、int、uint、long、ulong のみです。そのため図 A-13 のようなエラーが表示されます。

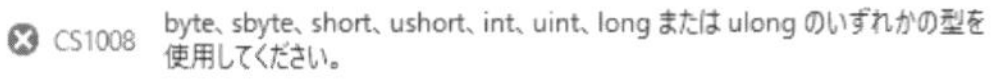

> ❌ CS1008 byte、sbyte、short、ushort、int、uint、long または ulong のいずれかの型を使用してください。

図A-13：コンパイラからのメッセージ（CS1008）

問題

enum の既定のデータサイズを確認するには、どのようにすればよいですか？

解答

リスト A-14 の例で考えてみましょう。

リストA-14：enum の既定のデータサイズを確認

```csharp
using System;

namespace EnumQuizesPart2
{
    class Program
    {
        enum Values { val1, val2 = 26, val3 = 12, val4, val5 };
        enum TrafficLight : byte
        {
            red, green = (int)Values.val3, yellow
        };
        static void Main(string[] args)
        {
            Console.WriteLine("*** enum に関する問題 ***");
            Console.WriteLine(
                "Values の既定のデータ型をデータサイズに注目して表示すると、{0}です",
                Enum.GetUnderlyingType(typeof(Values)));//System.Int32
            Console.WriteLine(
                "TrafficLight の既定のデータ型をデータサイズに注目して表示すると、{0}です",
                Enum.GetUnderlyingType(typeof(TrafficLight)));//System.Byte
            Console.ReadKey();
        }
    }
}
```

解答

```
*** enum に関する問題 ***
Values の既定のデータ型をデータサイズに注目して表示すると、System.Int32 です
TrafficLight の既定のデータ型をデータサイズに注目して表示すると、System.Byte です
```

問題

次のプログラムはどんな出力となるでしょう。

```csharp
using System;

namespace EnumQuizesPart3
{
    class Program
    {
        enum Values { val1, val2 = 100, val3 = 50, val4, val5 };
        static void Main(string[] args)
        {
            Console.WriteLine("*** enum に関する問題 ***");
            foreach (Values v in Enum.GetValues(typeof(Values)))
            {
```

```
                Console.WriteLine("{0} に割り当てられた値は {1}", v, (int)v);
            }
            Console.ReadKey();
        }
    }
}
```

解答

```
*** enum に関する問題 ***
val1 に割り当てられた値は 0
val3 に割り当てられた値は 50
val4 に割り当てられた値は 51
val5 に割り当てられた値は 52
val2 に割り当てられた値は 100
```

出力は並べ替えられて表示されているのに注目してください。

問題

次のプログラムはどんな出力となるでしょう。

```
class Program
{
    enum TrafficLight : byte
    {
        red, green, yellow
    };
    enum Values { val1 = 12, val2 = (int)TrafficLight.green, val3, val4 = 200 };

    static void Main(string[] args)
    {
        Console.WriteLine("*** enum の簡単な使用法 ***");
        foreach (Values v in Enum.GetValues(typeof(Values)))
        {
            Console.WriteLine("{0} に割り当てられた値は {1}", v, (int) v);
        }
    }
}
```

解答

```
*** enum の簡単な使用法 ***
val2 に割り当てられた値は 1
val3 に割り当てられた値は 2
val1 に割り当てられた値は 12
val4 に割り当てられた値は 200
```

出力は並べ替えられて表示されているのに注目してください。

問題

次のプログラムはどんな出力となるでしょう。

```csharp
class Program
{
    enum TrafficLight : byte
    {
        red, green=(int)Values.val3, yellow
    };
    enum Values { val1 = 12, val2 = (int)TrafficLight.green, val3, val4 = 200 };

    static void Main(string[] args)
    {
        Console.WriteLine("*** enum の簡単な使用法 ***");
        foreach (Values v in Enum.GetValues(typeof(Values)))
        {
            Console.WriteLine("{0} に割り当てられた値は {1}", v, (int) v);
        }
    }
}
```

解答

コンパイルエラーが発生します（図 A-14）。これは事実上、循環定義になるためです。val2 は TrafficLight.green から値を取得しています。val3 は val2 の値から 1 増加する規則ですから、val3 は TrafficLight.green に依存することになります。しかし、TrafficLight.green は val3 に依存しています。

> ❌ CS0110 'Program.TrafficLight.green' の定数値の評価により、循環定義が発生します。

図A-14：コンパイラからのメッセージ（CS0110）

問題

次のコードの出力はどうなりますか？

```csharp
class Program
{
    enum TrafficLight : byte
    {
        red, green=(int)Values.val3, yellow
    };
    enum Values { val1 = 12, val2 = (int)TrafficLight.red, val3, val4 = 200 };
    // val2 を修正しました
    static void Main(string[] args)
    {
```

```
            Console.WriteLine("*** enum の簡単な使用法 ***");
            foreach (Values v in Enum.GetValues(typeof(Values)))
            {
                Console.WriteLine("{0} に割り当てられた値は {1}", v, (int) v);
            }
        }
    }
}
```

解答

これならコードを実行できます。次のような出力が得られます。

```
*** enum の簡単な使用法 ***
val2 に割り当てられた値は 0
val3 に割り当てられた値は 1
val1 に割り当てられた値は 12
val4 に割り当てられた値は 200
```

A.11　構造体

　C#において構造体は、struct キーワードで記述します。構造体はクラスと多くの類似点がありますが、根本的な違いは、クラスは参照型であるのに対し、構造体が値型であるということです。

　リスト A-15 は、構造体の使い方を示すサンプルプログラムです。

リストA-15：構造体の使い方

```
using System;

namespace StructsEx1
{
    struct MyStructure
    {
        public int i;
        public MyStructure(int i)
        {
            this.i = i;
        }
    }

    class Program
    {
        static void Main(string[] args)
        {
            Console.WriteLine("*** C#において構造体を用いるさまざまな方法 ***");
            MyStructure myS1 = new MyStructure();//OK
            myS1.i = 1;
            Console.WriteLine(" myS1.i={0}", myS1.i);
```

```
            // 構造体の使い方をもう 1 つ
            MyStructure myS2 = new MyStructure(10);//OK
            Console.WriteLine(" myS2.i={0}", myS2.i);

            // 構造体の使い方をさらにもう 1 つ
            MyStructure myS3;
            myS3.i = 100;
            Console.WriteLine(" myS3.i={0}", myS3.i);
            Console.ReadKey();
        }
    }
}
```

```
*** C#において構造体を用いるさまざまな方法 ***
 myS1.i=1
 myS2.i=10
 myS3.i=100
```

問題

構造体はインターフェイスを実装できますか？

解答

できます。以下のプログラムと出力を見てください。

```
using System;

namespace StructureImplementsInterfaceEx
{
    interface IMyInterface
    {
        void ShowMe();
    }

    struct MyStructure : IMyInterface
    {
        public void ShowMe()
        {
            Console.WriteLine("MyStructure は IMyInterface を実装しています");
        }
    }

    class Program
    {
        static void Main(string[] args)
        {
            Console.WriteLine("*** デモ：構造体はインターフェイスを実装できる ***");
            MyStructure myS = new MyStructure();
```

```
            myS.ShowMe();
            Console.ReadKey();
        }
    }
}
```

```
*** デモ：構造体はインターフェイスを実装できる ***
MyStructure は IMyInterface を実装しています
```

問題

次のコードはコンパイルできますか？

```
struct MyStructure1
{
}

struct MyStructure2 : MyStructure1
{
}
```

解答

コンパイルできません。構造体は、他の構造体を継承することはできません（図A–15）。

> ❌ CS0527　インターフェイス リストの型 'MyStructure1' はインターフェイスではありません。

図A–15：他の構造体を継承しようとした（CS0527）

問題

次のコードは、コンパイルできますか？

```
class A
{
}

struct MyStructure2 : A
{
}
```

解答

できません。構造体はクラスを継承できません（図A–16）。

> ✗ CS0527　インターフェイス リストの型 'MyStructure1' はインターフェイスではありません。

図A-16：構造体でクラスを継承しようとした（CS0527）

問題

次のコードはコンパイルできますか？

```
struct MyStructure1
{
    int i = 25;
}
```

解答

コンパイルできません。ここでの初期化はできません（図 A-17）。

> ✗ CS0573　'MyStructure1': 構造体にインスタンス プロパティまたはフィールド初期化子を含めることはできません。

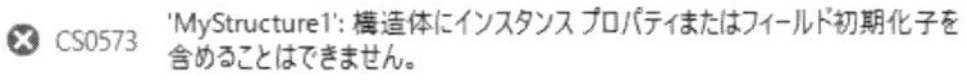

図A-17：コンパイラからのメッセージ（CS0573）

問題

構造体のインスタンスは new キーワードなしで作成できますか？

解答

できます。構造体に関する最初のサンプルプログラム（リスト A-15）を参照してください。

問題

次のコードはコンパイルできますか？

```
struct MyStructure3
{
    MyStructure3()
    { }
}
```

解答

コンパイルできません（図 A-18）。ここで、明示的な無引数コンストラクタは使えません。

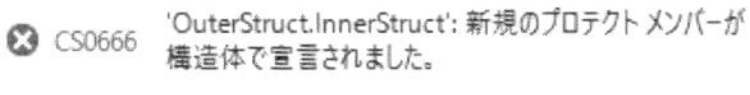

> ✗ CS0666　'OuterStruct.InnerStruct': 新規のプロテクト メンバーが構造体で宣言されました。

図A-18：コンパイラからのメッセージ（CS0568）

問題

構造体は、プロパティを持てますか？

解答

持てます。以下のコードは、問題なく実行できます。

```
struct MyStructure3
{
    private int myInt;
    public int MyInt
    {
        get
        {
            return myInt;
        }
        set
        {
            myInt = value;
        }
    }
}
```

■構造体がクラスより望ましい時

軽量のオブジェクトでは、構造体のほうが良いでしょう。必要とするデータサイズが小さいときは、システムとしてはクラスより構造体を使うほうが効率的です。`System.Int32`、`System.Double`、`System.Byte`、`System.Boolean` などほとんどの.NET Framework の既定データ型は、構造体として実装されています。

問題

次のような構造体は、作成できますか？

```
struct S
{
    protected int i;
}
```

解答

作成できません。Microsoft は、構造体はインターフェイスを実装できますが、他の構造体の継承はできないと明言しています。そのため、構造体メンバに `protected` キーワードを付けての宣言はできないのです（図 A-19）。

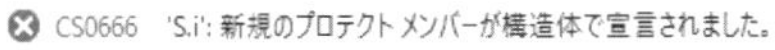

❌ CS0666 'S.i': 新規のプロテクト メンバーが構造体で宣言されました。

図A-19：コンパイラからのメッセージ（CS0666）

問題

次のコードはコンパイルできますか？

```
using System;

namespace QuizOnStructures
{
    #region Quizes-finishing parts
    struct OuterStruct
    {
        public void Show()
        {
            Console.WriteLine("OuterStruct.Show()");
        }
        internal struct InnerStruct
        {
            public void Show()
            {
                Console.WriteLine("InnerStruct.Show()");
            }
        }
    }
    #endregion

    class Program
    {
        static void Main(string[] args)
        {
            Console.WriteLine("*** 構造体についての問題 ***");
            OuterStruct.InnerStruct obS = new  OuterStruct.InnerStruct();
            // InnerStruct obS = new InnerStruct(); // エラー
            obS.Show();
            Console.ReadKey();
        }
    }
}
```

解答

できます。出力は、次の通りです。

```
*** 構造体についての問題 ***
InnerStruct.Show()
```

問題

次のコードはコンパイルできますか？

```
using System;

namespace QuizOnStructures
{
    struct OuterStruct
    {
        public  void Show()
        {
            Console.WriteLine("OuterStruct の中にいます");
        }
        // internal struct InnerStruct
        protected  struct InnerStruct
        {
            public void Show()
            {
                Console.WriteLine("InnerStruct の中にいます");
            }
        }
    }
}
```

解答

コンパイルできません。ここでは `protected` や `protected internal` キーワードは許可されません。

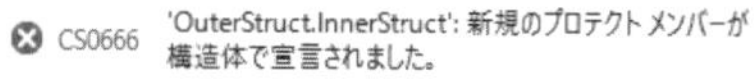

> ❌ CS0666 'OuterStruct.InnerStruct': 新規のプロテクトメンバーが構造体で宣言されました。

図A-20：コンパイラからのメッセージ（CS0666）

■構造体とクラスの違い

構造体は値型ですが、クラスは参照型です。

構造体は継承できませんが、クラスはできます（クラスであっても、多重継承はできません）。

構造体に、既定のコンストラクタや明示的な無引数コンストラクタを指定することはできません。

構造体は `System.ValueType` を直接実装しています。簡単な構造体を作成して、作成されるILコードで確認できます。

付録 B

参考文献

本書の内容については、以下の書籍・オンライン文書を参考にしてください。

書籍

- Joseph Albahari and Ben Albahari, "C# 6.0 in a Nutshell", 4th Edition, O'Reilly, 2015
- Christian Nagel, Bill Evjen, Jay Glynn, Karli Watson, and Morgan Skinner, "Professional C# 4.0 and .NET 4", Wrox, 2010
- Vaskaran Sarcar, "Design Patterns in C#", Apress, 2015

オンライン資料・Web サイト

- CODE PROJECT
  https://www.codeproject.com
- C# Corner
  https://www.c-sharpcorner.com
- {C#} Station
  https://www.csharp-station.com
- Dot Net Perls
  https://www.dotnetperls.com
- Programmers Heaven
  https://www.programmersheaven.com
- Sanfoundry
  https://www.sanfoundry.com
- Tutorials Teacher – C# Tutorials
  https://www.tutorialsteacher.com/csharp/csharp-tutorials

- Microsoft Docs – C# programming guide
  https://docs.microsoft.com/en-us/dotnet/csharp/programming-guide/index
- MSDN
  https://msdn.microsoft.com

索引

■記号・数字

.csproj ……………………………… 314
.sln ………………………………… 314
1次元 ……………………………… 340
3-3ルール ………………………… 264

■A

abstract …………………………… 86, 97
Actionデリゲート ………………… 219
Adapter …………………………… 304
add ………………………………… 208
add_<EventName> ……………… 209
ANTS Memory Profiler ………… 271
ApplicationException …………… 259
Array型 …………………………… 340
as …………………………………… 154

■B

backing field …………………… 115
backing store …………………… 115
base ………………………………… 42
break ……………………… 327, 328

■C

catch ……………………………… 244
CLR ………………………………… 311
CLR Profiler ……………………… 271
const ……………………… 173, 176
continue ………………… 327, 328

■D

default …………………… 106, 230
Dispose() ………………………… 270
do...while ………………………… 321

■E

Enum ……………………………… 348
enum ……………………………… 348
event ……………………………… 204

■F

Finalize() ………………………… 268
finally …………………………… 244
for ………………………………… 321
foreach …………………………… 326
Funcデリゲート ………………… 218

■G

GC …………………………………… 268
GC.Collect() ……………………… 270
GC.SuppressFinalize() …………… 279
get ………………………………… 113
goto ……………………………… 328

■H

「has a」関係 …………………… 182

■I

IDisposable ……………… 270, 330

IEnumerable<char> 333
if-else 317
ILコード 311
in 238
InnerException 247
interface 95
is 154
「is a」関係 182

■J
JITer 313
Just-in-timeコンパイラ 313

■M
Memory Profiler 271
Message 247
MSIL 311

■N
new 84
NullReferenceException 333

■O
OOP 3
Object 36, 268
operator 63
out 159, 238
override 65, 84

■P
Predicateデリゲート 220
private 43, 74, 76, 79, 80, 113

protected 66, 360
public 63, 66, 101, 106
publisher-subscriberモデル 203

■R
readonly 78, 173, 174, 176
ref 159
remove_<EventName> 209
remove 208

■S
sealed 74, 75, 77, 79
set 113
StackTrace 247
static 63, 74, 135
String 339
string 331
StringBuilder 339
struct 21, 356
super 46
switch 317
System 314
System.ArithmeticException 247
System.ArrayTypeMismatchException 248
System.Delegate 191
System.DivideByZeroException 248
System.Exception 244
System.GC() 264
System.IndexOutOfRangeException ... 248
System.InvalidCastException 248

System.NullReferenceException ……… 248

System.Object ………………………… 36

System.OutOfMemoryException ……… 248

System.OverflowException …………… 248

System.StackOverflowException ……… 248

System.String ……………………… 331

System.TypeInitializationException … 248

SystemException ………………… 259

■T

this ……………………… 19, 23, 125

throw ……………………… 244, 255

throws ………………………… 316

try ……………………………… 244

ToLower() ……………………… 332

ToUpper() ……………………… 332

try/catchブロック ……………… 244

■U

unsafe ………………………… 170

using …………………………… 278

■V

value …………………………… 114

virtual ……………………… 65, 82

volatile ………………………… 296

■W

when …………………………… 255

windbg.exe ……………………… 271

where ………………………… 235

while …………………………… 321

■エラーコード

CS0017 ……………………… 57, 58, 315

CS0028 ……………………………… 56

CS0029 …………………………… 325

CS0030 …………………………… 146

CS0101 …………………………… 54

CS0106 ………………… 78, 92, 108, 109

CS0108 ……………………… 47, 65

CS0110 …………………………… 355

CS0114 ……………………… 65, 84

CS0120 …………………………… 350

CS0122 ……………… 37, 76, 92, 114

CS0131 …………………………… 174

CS0132 …………………………… 143

CS0133 ……………………… 351, 352

CS0144 …………………………… 90

CS0149 …………………………… 25

CS0160 …………………………… 252

CS0163 …………………………… 320

CS0165 …………………………… 161

CS0176 ……………………… 140, 142

CS0219 …………………………… 195

CS0227 …………………………… 172

CS0236 …………………………… 44

CS0239 …………………………… 76

CS0266 ……………………… 146, 147

CS0269 …………………………… 162

CS0272 …………………………… 124

CS0506	65
CS0507	93
CS0508	67
CS0509	80
CS0515	143
CS0524	110
CS0525	106
CS0527	110, 358, 359
CS0534	91
CS0535	98
CS0542	55
CS0558	63
CS0568	359
CS0573	359
CS0644	196
CS0663	166
CS0666	361, 362
CS0708	137
CS0709	137
CS0712	136
CS0723	136
CS1008	352
CS1017	254
CS1058	254
CS1061	37, 104, 226, 235
CS1503	228
CS1525	325
CS1593	195
CS1717	24
CS1721	39, 184
CS7036	195
CS8059	119

■あ

アクセサ	113
アクセス指定子	5
アクセス修飾子	17
アクセス制限	36
値型	20, 147, 148, 167
値型変数	159
アダプターパターン	289, 300
アップキャスト	148, 151
アノニマスメソッド	215
安全でない	21
アンボクシング	146
アンボックス化	146
アンマネージドヒープ	269
暗黙的	145
暗黙的キャスト	145

■い

一方向	181
イテレータ	323
イテレータパターン	289
イニシャライザ	28
イベント	202
イベントアクセサ	208
イベント処理メソッド	204
イベントハンドラ	204

| イミュータブル型 …………………… 120
| インスタンス ………………………… 5
| インスタンスコンストラクタ ………… 15
| インスタンス変数 …………………… 23
| インスタンスメソッド ……………… 136
| インターフェイス ……………5, 95, 106
| インターフェイスでインデクサ …… 130
| インタープリタパターン …………… 289
| インデクサ …………………………… 125
| インデクサのオーバーロード ……… 129

■え

| 演算子オーバーロード ……………… 60
| エントリポイント ……………… 57, 314

■お

| オーバーライド ……………6, 38, 71, 132
| オーバーロード不可の演算子 ………… 60
| オブザーバ ………………………… 202
| オブザーバパターン ………………… 289
| オブジェクト ……………………… 5, 9
| オブジェクトアダプター …………… 303
| オブジェクト型 ……………… 147, 148
| オブジェクト参照 …………………… 191
| オブジェクト指向プログラミング …… 3
| 親クラス ……………………………… 6
| 親クラスの参照 ……………………… 153

■か

| 階層継承 ……………………… 33, 34
| 階層チェイン ………………………… 6

| 回文 ………………………………… 336
| 書き込み専用プロパティ …………… 116
| 拡張メソッド ………………… 105, 142
| 型の保証 …………………………… 146
| 型変換 ……………………………… 145
| カプセル化 ………… 5, 12, 113, 180
| ガベージコレクション …………… 21, 263
| ガベージコレクタ ………………… 21, 263
| ガベージコレクタプログラム ……… 263
| 空のインターフェイス ……………… 105
| 関数 …………………………………… 4
| 関連 ………………………………… 181
| 関連の関係 ………………………… 182

■き

| 既存のクラス ………………………… 6
| 既定のコンストラクタ ……………… 15
| 基本クラス ……………………… 6, 244
| 基本クラスへのアクセス …………… 46
| キャスト …………………………… 145
| キャスト演算子 ……………… 145, 146
| キャッチ …………………………… 245
| 強制型変換 …………………………… 70
| 共変性 ……………… 199, 200, 236, 239

■く

| 矩形配列 …………………………… 341
| 組み込みデータ型 …………………… 5
| クラス ………………………… 5, 9, 362
| クラスアダプター …………………… 304

クラス指定 ……………………………… 224
クラスメンバ …………………………… 12
グローバル変数 ………………………… 4

■け

継承 ……………………………………… 6, 33
継承階層 ………………………………… 245
継承の種類 ……………………………… 33

■こ

構造化プログラミング ………………… 4
構造体 ………………… 21, 356, 360, 362
後方継承 ………………………………… 48
コールバックメソッド ………………… 198
子クラス ………………………………… 6
子クラスによるオーバーライドを防ぐ … 74
コマンドパターン ……………………… 289
コレクション …………………………… 327
コンストラクタ ……………………… 11, 15
コンストラクタのオーバーロード …… 54
コンストラクタの型 …………………… 15
コンパイル時バインディング ……… 71, 72
コンパイル時ポリモーフィズム … 7, 51, 82
コンパクション ………………… 268, 269
コンパクションフェーズ ……………… 264
コンポジション …………………… 48, 181
コンポジットパターン ………………… 289

■さ

再配置フェーズ ………………………… 264
再利用性 ………………………………… 6

サブルーチン …………………………… 4
参照 …………………………… 11, 20, 21
参照型 ………………… 20, 147, 148, 167
参照型変数 ……………………………… 159

■し

ジェネリック …………………………… 223
ジェネリック型 ………………………… 167
ジェネリック型デリゲート …………… 203
式形式のプロパティ …………………… 117
式ツリー ………………………………… 215
式本体プロパティ ……………………… 117
シグネチャ ………………………… 53, 82
実現 ……………………………………… 187
実行時ポリモーフィズム ………… 7, 82
自動実装プロパティ …………………… 117
自動プロパティ宣言 …………………… 117
死の関係 ………………………………… 182
ジャグ配列 ………………………… 341, 346
ジャンプステートメント ……………… 327
修飾子 ……………………………… 5, 13
集約 ………………………………… 181, 185
出版 – 購読型モデル ……………… 203, 289
条件 ……………………………………… 323
状態 ……………………………………… 10
情報の隠蔽 ……………………………… 5
省略可能な引数 ………………………… 29
初期化 …………………………………… 15
初期化子 ………………………………… 323
シリアル化アクセス …………………… 296

シングルトン	76, 80, 139
シングルトンデザインパターン	76
シングルトンパターン	288, 291

■す

スタートアップオブジェクト	315
スタック	20
ステートパターン	289
ストラテジーパターン	289
スパース行列	346
スロー	244

■せ

静的クラス	135
静的クラスの制限	136
静的コンストラクタ	15, 142
静的初期化	291
静的バインディング	51
静的変数	135
静的ポリモーフィズム	82
静的メソッド	135, 139
責任の鎖パターン	289
世代別ガベージコレクタ	264
宣言	349
選択ステートメント	316
戦略パターン	289

■そ

早期バインディング	51, 72
双方向	181
疎行列	346
ソリューション	314

■た

ダーティオブジェクト	263
代入の互換性	237
代表	192
タイプセーフ	146
タイプセーフ関数ポインタ	195
タイプセーフな関数ポインタ	191
ダイヤモンド問題	39, 183
ダウンキャスト	70, 148, 151
多階層継承	33, 34
タギングインターフェイス	105
タグインターフェイス	105
多次元配列	341
多重継承	33, 35
多態性	6, 51
ダブルチェックロック	295
単純継承	34
単純な継承	33

■ち

小さな塊	4
遅延バインディング	7
チャンク	4
抽象化	6
抽象クラス	85, 97, 106
抽象的な工場パターン	289
抽象プロパティ	122
抽象メソッド	86, 106

抽象メンバ ……………………………… 86

■て

ディクショナリ ………………………… 126
定数変数 ………………………………… 173
データ ……………………………………… 9
デコレータパターン …………………… 289
デザインパターン ………………… 48, 287
デストラクタ …………………………… 268
デフラグメンテーションフェーズ ……… 264
デリゲート ……………………………… 191
テンプレートメソッドパターン ……… 289

■と

動作 ……………………………………… 10
動的バインディング ……………………… 7
動的ポリモーフィズム ………………… 82
独自のデータ型 …………………………… 5
匿名メソッド …………………………… 215
特化 ……………………………………… 187

■な

名前空間 ………………………………… 314
生の型制約 ……………………………… 236

■ね

ネイティブコード ……………………… 311
ネームスペース ………………………… 314

■は

ハイブリッド継承 ………………… 33, 40
配列 ……………………………………… 340

破棄コード ……………………………… 263
派生 ……………………………………… 33
バッキングストア ……………………… 115
バッキングフィールド ………………… 115
パブリックコンストラクタ …………… 12
パラメータ化されたコンストラクタ …… 15
汎化 ……………………………………… 187
反変性 ………………… 199, 201, 236, 239

■ひ

非CLS例外 ……………………………… 254
ヒープ …………………………………… 20
引数をとらないコンストラクタ ……… 15
菱形継承問題 …………………… 39, 182
ビジターパターン ………… 289, 305, 308
非静的コンストラクタ ………………… 15
非静的メソッド ………………………… 136
非変性 …………………………………… 238
ビルダーパターン ……………………… 289

■ふ

ファクトリメソッドパターン ………… 289
ファサードパターン …………………… 289
フィールド …………………………… 9, 12
フィールドの初期化 …………………… 14
フォールスルー ………………………… 320
複数のMain()メソッド ………………… 58
複数のインデクサ ……………………… 129
フライウェイトパターン ……………… 289
ブリッジパターン ……………………… 289

■ふ

プリミティブデータ型 ………………… 5
プロキシパターン ………………… 289
プロシージャ ………………… 4
プロジェクト ………………… 314
プロトタイプパターン ………………… 288
プロパティ ………………… 113, 360

■へ

変数 ………………… 12

■ほ

ポインタ ………………… 21, 170, 172
ポインタ型 ………………… 21, 167
ボクシング ………………… 146
捕捉 ………………… 245
ボックス ………………… 147
ボックス化 ………………… 146
ボックス化解除 ………………… 146
ポリモーフィズム ………………… 6, 51, 68

■ま

マーカーインターフェイス ………………… 105
マーキングフェーズ ………………… 264
マネージドヒープ ………………… 268, 269
マルチキャストデリゲート … 196, 199, 203

■み

未参照オブジェクト ………………… 263
密行列 ………………… 346

■む

無名メソッド ………………… 215, 216

■め

明示的 ………………… 145
明示的なインターフェイス実装 ………… 100
メソッド ………………… 6, 9, 12
メソッドオーバーロード ………………… 53
メソッドシグネチャ ………………… 53
メソッドのオーバーライド ………… 63, 82
メソッドのオーバーロード ………………… 82
メソッドの宣言 ………………… 91
メソッドを再定義 ………………… 38
メディエータパターン ………………… 289
メメントパターン ………………… 289
メモリ管理 ………………… 263
メモリリーク ………………… 271

■も

文字列 ………………… 331, 339

■ゆ

ユーザー定義コンストラクタ ………… 17

■よ

読み書き可能プロパティ ………………… 116
読み取り専用プロパティ ………… 116, 120

■ら

ライブオブジェクト ………………… 264
ラムダ演算子 ………………… 217
ラムダ式 ………………… 215

■れ

例外 ………………… 243

例外オブジェクト …………………………… 243
例外処理 …………………………………… 243
例外の再スロー …………………………… 256
例外名を指定 ……………………………… 257
例外を投げた ……………………………… 244
列挙型 ……………………………………… 352
列挙体 ……………………………………… 348

■ろ

ローカル変数 …………………………… 4, 23
ロック ……………………………………… 212
ロック操作 ………………………………… 212

装丁　山口了児（zuniga）

実力養成 C# ワークブック
<small>じつりょくようせいしーしゃーぷ</small>

2019年03月22日　初版第1刷発行

著　者　Vaskaran Sarcar（バスカラン・サルカー）
翻　訳　清水美樹（しみず・みき）
監　修　大澤文孝（おおさわ・ふみたか）
発行人　佐々木幹夫
発行所　株式会社翔泳社（https://www.shoeisha.co.jp/）
印刷・製本　株式会社加藤文明社印刷所

本書は著作権法上の保護を受けています。本書の一部または全部について（ソフトウェアおよびプログラムを含む）、株式会社翔泳社から文書による許諾を得ずに、いかなる方法においても無断で複写、複製することは禁じられています。

本書へのお問い合わせについては、ii ページに記載の内容をお読みください。

落丁・乱丁はお取り替えいたします。03-5362-3705 までご連絡ください。

ISBN978-4-7981-6021-4　　　　　　　　　　　　Printed in Japan